北京课工场教育科技有限公司 出品

课工场
kgc.cn

新技术技能人才培养系列教程

云计算工程师系列

计算机网络通信

肖睿 胡旻 况少平 / 主编
周春吟 刘鑫 谢泽奇 / 副主编

人 民 邮 电 出 版 社
北 京

图书在版编目（CIP）数据

计算机网络通信 / 肖睿，胡旻，况少平主编. -- 北京 : 人民邮电出版社，2019.10
新技术技能人才培养系列教程
ISBN 978-7-115-51769-2

Ⅰ. ①计… Ⅱ. ①肖… ②胡… ③况… Ⅲ. ①计算机通信网－教材 Ⅳ. ①TN915

中国版本图书馆CIP数据核字(2019)第168786号

内 容 提 要

本书共 9 章，分别介绍了计算机网络的概念及发展、计算机网络参考模型、网络布线与数制转换、交换机的基本原理与配置、网络层协议、路由技术基础、传输层协议、虚拟局域网和设备管理等内容。每章最后都提供了本章作业，帮助读者巩固对本章理论知识的理解。

通过本书的学习，读者对计算机网络将有初步的了解，并具备设计、管理、维护和配置小型网络的能力，同时对网络中的数据传输过程具有比较清晰的认知。

本书可以作为云计算相关专业课程的教材，也可以作为云计算培训班的教材，还适合网络工程师、运维工程师、项目经理和广大云计算技术爱好者自学使用。

◆ 主　　编　肖　睿　胡　旻　况少平
副 主 编　周春吟　刘　鑫　谢泽奇
责任编辑　祝智敏
责任印制　马振武

◆ 人民邮电出版社出版发行　　北京市丰台区成寿寺路 11 号
邮编　100164　　电子邮件　315@ptpress.com.cn
网址　https://www.ptpress.com.cn
北京盛通印刷股份有限公司印刷

◆ 开本：787×1092　1/16
印张：13.75　　2019 年 10 月第 1 版
字数：309 千字　　2024 年 7 月北京第 5 次印刷

定价：42.00 元

读者服务热线：(010)81055256　印装质量热线：(010)81055316
反盗版热线：(010)81055315
广告经营许可证：京东市监广登字 20170147 号

云计算工程师系列

编 委 会

前　言

据中国互联网络信息中心（China Internet Network Information Center，CNNIC）最新统计，截止到 2018 年 12 月，我国网民数量为 8.29 亿人，互联网的普及率已达到 59.6%，超过全球平均水平。这些迅速增长的数字对云计算、虚拟化、移动互联、大数据、物联网等应用的安全、高速、稳定提出了越来越高的要求。

本书是网络技术的入门教材，旨在帮助读者循序渐进地学习计算机网络相关技术。其中，第 1 章介绍计算机网络及其发展史，第 2 章介绍网络中的分层模型——开放系统互联（Open System Interconnect，OSI）参考模型，这是理解计算机网络的基石，第 3～8 章逐层介绍相关的技术和设备，第 9 章介绍设备管理方面的知识。

本书具有以下特点。

1．内容以满足企业需求为目的

本书内容研发团队通过对数百位一线技术专家进行访谈、上千家企业人力资源情况进行调研、上万个企业招聘岗位进行需求分析，实现了对技术的准确定位，从而使内容与企业需求高度契合。

2．案例选自企业真实项目

书中的技能点均由案例驱动，每个案例都来自企业的真实项目，不仅可以让读者结合应用场景进行学习，还可以帮助读者迅速积累真实的项目经验。

3．理论与实践紧密结合

章节中包含前置知识点和详细的操作步骤，通过这种理论结合实践的设计，可以让读者知其然也知其所以然，同时可以融会贯通、举一反三。

4．以“互联网+”实现终身学习

本书可配合课工场 App 一起使用，读者扫描二维码可观看配套视频的理论讲解和案例操作，同时可在“课工场在线”下载案例代码及案例素材。此外，课工场还为读者提供了体系化的学习路径、丰富的在线学习资源和活跃的学习社区，方便读者随时学习。

本书由课工场云计算教研团队组织编写，参与编写的还有胡旻、况少平、周春吟、刘鑫、谢泽奇、金建等院校老师。尽管编者在写作过程中力求准确、完善，但书中不妥之处仍在所难免，殷切希望广大读者批评指正。同时，欢迎读者将意见反馈给编者，以便尽快修改，编者将不胜感激。为解决本书存在的疑难问题，读者可以访问“课工场在线”，也可以发送邮件到 ke@kgc.cn，客服专员将竭诚为您服务。

感谢您阅读本书，希望本书能成为您学习云计算的好伙伴！

编者

2019 年 5 月

智慧教材使用方法

扫一扫查看视频介绍

由课工场“大数据、云计算、全栈开发、互联网 UI 设计、互联网营销”等教研团队编写的系列教材，配合课工场 App 及在线平台的技术内容更新快、教学内容丰富、教学服务反馈及时等特点，结合二维码、在线社区、教材平台等多种信息化资源获取方式，形成独特的“互联网+”形态——智慧教材。

智慧教材为读者提供专业的学习路径规划和引导，读者还可体验在线视频学习指导，按如下步骤操作可以获取案例代码、作业素材及答案、项目源码、技术文档等教材配套资源。

1．下载并安装课工场 App。

（1）方式一：访问网址 www.ekgc.cn/app，根据手机系统选择对应课工场 App 安装，如图 1 所示。

图1　课工场App

（2）方式二：在手机应用商店中搜索“课工场”，下载并安装对应 App，如图 2、图 3 所示。

图2　iPhone版手机应用下载

图3　Android版手机应用下载

2．登录课工场 App，注册个人账号，使用课工场 App 扫描书中二维码，获取教材配套资源，依照图 4 至图 6 所示的步骤操作即可。

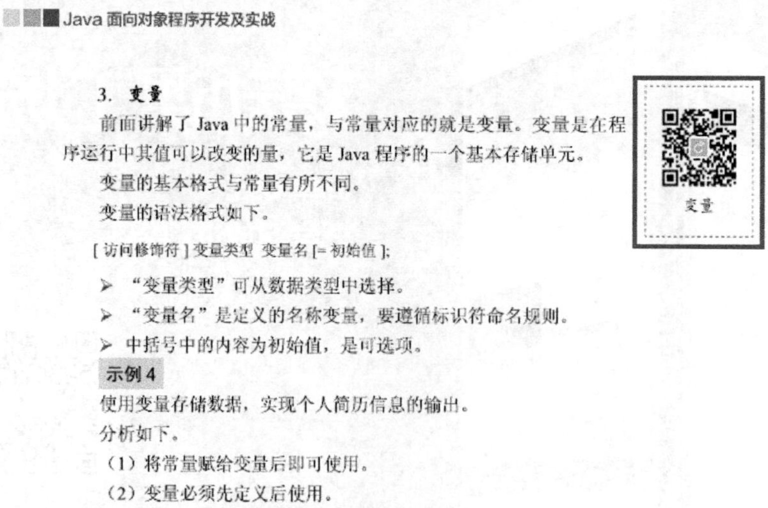

Java 面向对象程序开发及实战

3．变量

前面讲解了 Java 中的常量，与常量对应的就是变量。变量是在程序运行中其值可以改变的量，它是 Java 程序的一个基本存储单元。

变量的基本格式与常量有所不同。

变量的语法格式如下。

[访问修饰符] 变量类型 变量名 [= 初始值];

- “变量类型”可从数据类型中选择。
- “变量名”是定义的名称变量，要遵循标识符命名规则。
- 中括号中的内容为初始值，是可选项。

示例 4

使用变量存储数据，实现个人简历信息的输出。

分析如下。

（1）将常量赋给变量后即可使用。

（2）变量必须先定义后使用。

变量

图4　定位教材二维码

图5　使用课工场App“扫一扫”扫描二维码

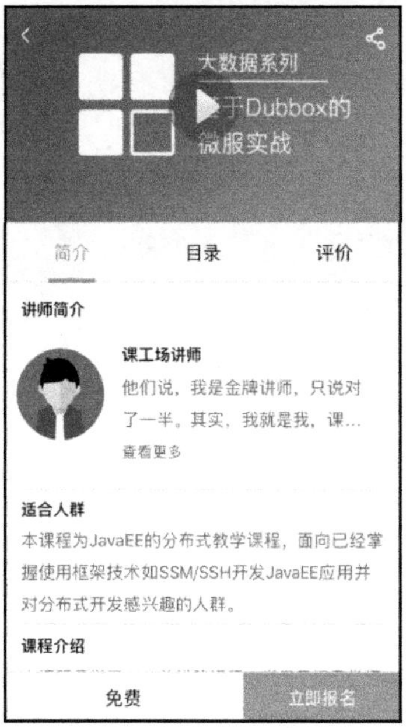

图6　使用课工场App免费观看教材配套视频

3．获取专属的定制化扩展资源。

（1）普通读者请访问 http://www.ekgc.cn/bbs 的“教材专区”版块，获取教材所需开发工具、教材中示例素材及代码、上机练习素材及源码、作业素材及参考答案、项目素材及参考答案等资源（注：图 7 所示网站会根据需求有所改版，仅供参考）。

图7　从社区获取教材资源

（2）高校老师请添加高校服务 QQ：1934786863（见图 8），获取教材所需开发工具、教材中示例素材及代码、上机练习素材及源码、作业素材及参考答案、项目素材及参考答案、教材配套及扩展 PPT、PPT 配套素材及代码、教材配套线上视频等资源。

图8　高校服务QQ

目 录

第 1 章

初识计算机网络

技能目标

- 了解网络的功能和分类
- 了解网络协议和标准的区别
- 了解网络的拓扑结构
- 了解网络常用设备及其功能

从本章开始，我们将进入一个全新的网络世界。在接触这个全新的网络世界之前，首先学习一些网络的基础概念、演算方法，为后续课程的学习打下坚实的基础。本章的主要内容包括常见网络名词概念简介、常见网络标准介绍以及网络拓扑的类型和简单应用。

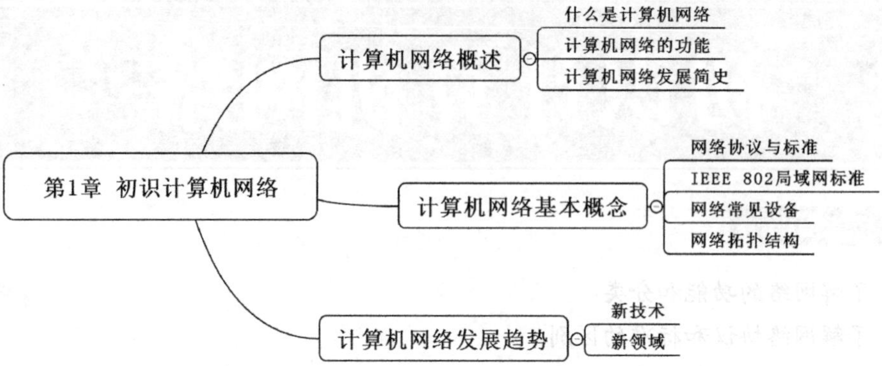

1.1 计算机网络概述

1850年7月，在伦敦瑞特琴公园路展出了一台电力机车牵引模型，马克思在参观后说："蒸汽大王在前一个世纪翻转了整个世界，现在它的统治已到末日；另一种更大的革命力量——电力的火花将取而代之。"时隔160多年后的今天，以计算机、通信和信息技术为支撑的计算机网络技术成为新的"电力的火花"。

1.1.1 什么是计算机网络

大多数人都用过一种最原始的"手工网络"的方式，那就是将文件复制到U盘上，再将其复制到别人的计算机上。"手工网络"的问题在于速度太慢，加之要用容量越来越大的U盘来复制文件。后来，计算机专家们发现联网在计算机之间复制文件比使用U盘的速度要快得多。于是，现代计算机网络诞生了。

计算机网络是指将地理位置不同的具有独立功能的多台计算机及其外部设备，通过通信线路连接起来，在网络操作系统、网络管理软件及网络通信协议的管理和协调下，实现资源共享和信息传递的计算机系统。

1.1.2 计算机网络的功能

自20世纪60年代末计算机网络诞生以来，短短几十年时间它就以异常迅猛的速度发展起来，越来越广泛地应用于政治、经济、军事、生产及科学技术等领域，如图1.1所示。

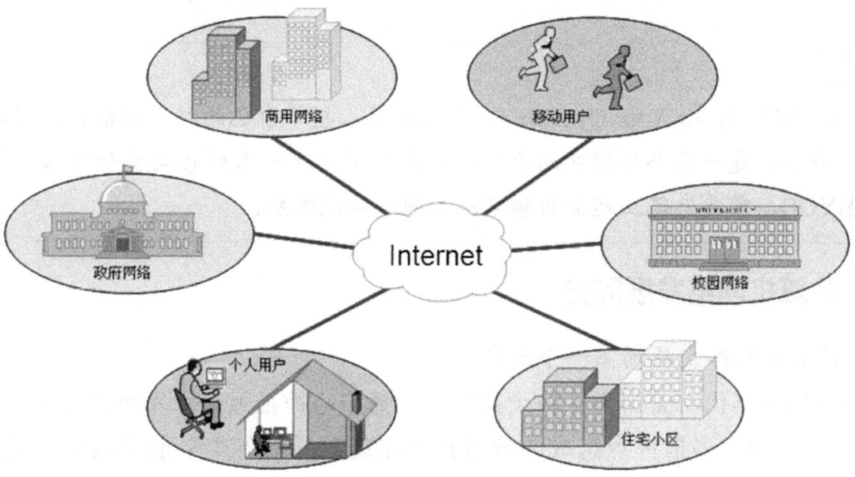

图1.1　Internet渗透到社会的方方面面

计算机网络的主要功能包括以下几个方面。

1．数据通信

现代社会的信息量激增，信息交换也日益频繁，利用网络来传输各种信息和数据，比采用传统的方式更节省资源、更高效。另外，通过网络还可以传输声音、图像和视频等，实现多媒体通信。

2．资源共享

在计算机网络中有许多昂贵的资源，如大型数据库、巨型计算机等，并不是每个用户都能够配置，但可以通过资源共享使用。资源共享既包括硬件资源的共享，如打印机、大容量磁盘等，也包括软件资源的共享，如程序、数据等。现如今最热门的“云”就是将强大的运算能力、存储能力以及软件资源共享给大量的用户，避免了重复投资和劳动，从而提高了资源的利用率，使系统的整体性价比得到提高。

3．增加可靠性

在计算机系统中，单个部件或计算机的暂时失效必须通过替换资源的方法来维持系统的持续运行。而在计算机网络中，每种资源（尤其是程序和数据）分别存放在多个地点，用户可以通过多种途径来访问网络内部的某个资源，避免了单点失效对用户造成的影响。

4．提高系统处理能力

单台计算机的处理能力是有限的，将多台计算机连接起来之后，由于种种原因（如时差），计算机之间的忙闲程度是不均匀的。从理论上讲，同一网络内的多台计算机可以通过协同操作和并行处理来提高整个系统的处理能力，使网络内的各台计算机之间实现负载均衡。

随着越来越多的移动终端接入网络，互联网在移动设备上的应用层出不穷。无论是个人应用还是企业级的 BYOD，都意味着网络已经进入了“移动”时代。无论传统网络还是移动网络的规划、设计、部署和维护，都需要大量的高科技人才，这也是越来越多的人选择从事网络相关行业的原因之一。

注意

BYOD（Bring Your Own Device）是指员工携带自己的移动设备在公司内或公司外办公，是一场办公模式的革命，也由此引发了一系列移动安全问题。想要了解 BYOD，需要先建立起全面和深入的网络知识体系。

1.1.3 计算机网络发展简史

1．计算机网络发展的第一个阶段

20 世纪 60 年代，美国为了防止其军事指挥中心被摧毁后，军事指挥出现瘫痪，开始设计一个由许多指挥点组成的分散指挥系统，并把各个分散的指挥点通过某种通信网连接起来成为一个整体，以保证在一个指挥点被摧毁后，不会出现全面瘫痪的现象。

1969 年，美国国防部高级研究计划署（ARPA）把四台军事及研究用计算机连接起来，诞生了 ARPANET 网络。ARPANET 是计算机网络发展的一个里程碑，也是 Internet 实现的基础。

ARPANET 使用分组交换技术。分组交换技术是将传输的数据加以分割，并在每段数据前面加上一个标有接收信息的地址标识，从而实现信息传递的一种通信技术。分组交换技术是这个阶段网络发展的重要标志之一。

2．计算机网络发展的第二个阶段

20 世纪 70 年代末 80 年代初，计算机网络蓬勃发展，各种各样的计算机网络应运而生，网络的规模和数量都得到了很大的发展。随着一系列网络的建设，产生了不同网络之间互联的需求。1974 年，ARPA 的鲍勃 • 凯恩和斯坦福的温登 • 泽夫合作提出了 TCP/IP 协议思想。这一思想的提出，提供了这样一种可能：即不同厂商生产的计算机，在不同结构的网络间可以实现互通。而这正是 Internet 诞生时面临的首要挑战。

20 世纪 80 年代可以说是计算机网络发展史上非常重要的十年。1980 年，TCP/IP 协议研制成功。1982 年，ARPANET 开始采用 IP 协议。1985 年，美国国家科学基金会（NSF）组建 NSFNet，美国的许多大学、政府资助的研究机构甚至一些私营的研究机构纷纷把自己的局域网并入 NSFNet 中，使其迅速状大。1986 年，NSFNet 为今后成为 Internet 的主干网奠定了基础。

这个阶段出现的标志性技术是 TCP/IP。

3．计算机网络发展的第三个阶段

从 20 世纪 90 年代中期开始，互联网进入了高速发展阶段。1995 年以来，互联网用户数量呈指数增长趋势，平均每半年翻一番。

这个阶段的标志性技术是 Web 技术。Web 技术将传统的语音、数据和电视网络进行融合，使得互联网的发展和应用出现了新的飞跃。各种 Web 应用也带动了网民规模的迅速扩大。仅以我国网络购物为例，根据国家统计局发布的数据显示，截至 2018 年 12 月，中国网络购物用户规模达 6.10 亿人，相比 2017 年，同比增长 14.4%，占整体网民的 73.6%。如图 1.2 所示。

思考

计算机网络发展的各个阶段的标志性技术分别是什么？

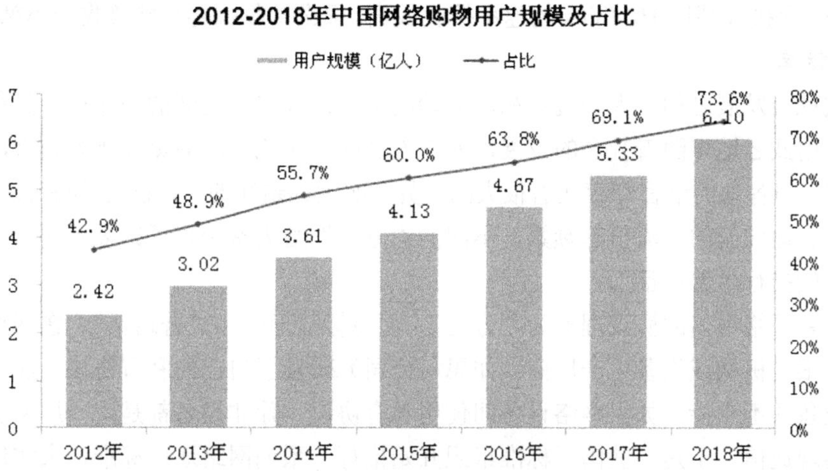

图1.2　中国网络购物用户规模

1.2 计算机网络基本概念

1.2.1　网络协议与标准

本节将要探讨两个广泛使用且至关重要的网络术语：协议和标准。协议可以理解为“规则”，而标准可以理解为“一致同意的规则”。

1．协议

在网络世界中，为了实现各种各样的需求，需要在网络节点间进行通信；而在人类社会中，做任何事情同样需要人与人之间的交流。网络节点间的通信使用各种协议作为通信“规则”，人与人之间的交流则是通过各种语言来实现的，可以说语言就是人与人之间交流的“规则”。协议对于网络节点间通信的作用类似于语言对于人类交流的作用。网络节点在将信号发送给对方的同时，也希望对方能够“理解”这个信号并做出回应。因此，进行通信的两个节点之间必须采用一种双方均可“理解”的协议。

网络协议是计算机网络中为进行数据交换而建立的规则、标准或约定的集合。它定义了网络节点间要传送什么、如何通信以及何时通信，这正是协议的三个要素：语法、语义、同步。

➢ 语法：即数据的结构和形式，也就是数据传输的先后顺序。例如，协议可以规定网络节点传输的前一部分为 IP 地址，后一部分为要传输的信息。就像给亲朋好友写信，信封上写明收/发件人的地址，信封里面才是信件本身的内容。

➢ 语义：即数据每一部分的含义。语义定义数据的每一部分该如何解释，基于这种解释又该如何行动。就像运输货物，如果是玻璃或瓷器等易碎的货物，在包装箱上就会注明轻拿轻放的标识，这样负责运输的工人和收货人就会特别注意。

➢ 同步：指数据何时发送以及数据的发送频率。例如，如果发送端发送速率为 100Mbit/s，而接收端以 10Mbit/s 的速率接收数据，那么接收端将只能接收一小部分数据。

2. **标准**

人类社会发展之初，人们过着相对原始的生活，人与人之间的协作很少且很简单，语言没有用武之地。随着社会的发展，人与人之间的交流、沟通愈发频繁起来，于是语言诞生了。但各地的语言却存在着很大的差异，即大家熟知的“方言”。随着社会的进一步发展，各地域间的交流日趋频繁，不同的“方言”给大家带来了诸多不便，于是，很多国家开始推行“普通话”。

可以将网络通信的协议理解为“方言”，而将标准理解为“普通话”。在网络发展的过程中，很多机构或设备生产厂商（如思科公司）研发了自己的私有协议，而其他厂商生产的设备并不支持。如果网络设备间使用私有协议，除非设备都是同一厂家生产，否则无法实现通信。于是一些国际标准组织开始推行一系列网络通信标准，来实现不同厂商设备间的通信。

➢ ISO（国际标准化组织）——涉足的领域很多，这里主要关注它在信息技术领域所做的贡献，即在网络通信中创建了 OSI（开放系统互联）模型。后面的章节中会详细介绍 OSI 模型。

➢ ANSI（美国国家标准学会）——是美国在 ISO 的代表，它的目标是成为美国标准化志愿机构的协调组织，属非营利的民间组织。

➢ ITU-T（国际电信联盟-电信标准部）——一直致力于研究和建立电信的通用标准，特别是对于电话和数据通信系统。CCITT（国际电报电话咨询委员会）是 ITU（国际电信联盟）的前身，1993 年之后改名为 ITU-T。

➢ IEEE（电气和电子工程师学会）——世界上最大的专业工程师学会，主要涉及电气工程、电子、无线电工程以及相关的分支领域，在通信领域主要负责监督标准的开发和采纳。

网络的协议和标准对从事该行业的人员有很大的指导意义，也是必须要遵守的。在后续章节中，将会介绍各种具体的协议和标准。掌握它们是成为网络从业人员的必经之路。

1.2.2 IEEE 802 局域网标准

IEEE 802 标准诞生于 1980 年 2 月，并因此得名。它定义了网卡如何访问传输介质（如目前较为常见的双绞线、光纤、无线电波等），以及在这些介质上传输数据的方法等。目前广泛使用的设备（网卡、交换机、路由器等）都遵循 IEEE 802 标准。

注意

局域网（Local Area Network，LAN）是一个相对于广域网（Wide Area Network，WAN）而言的概念。例如，相对于城市的网络，一所学校、一个公司的网络可以看作局域网。因此，这些概念只是根据网络在地理上的范围大小而定的，并没有严格意义上的界定。

IEEE 802 委员会针对使用不同传输介质的局域网制定了不同的标准，适用于不同的网络环境。下面重点介绍 IEEE 802.3 标准和 IEEE 802.11 标准。

1．IEEE 802.3

IEEE 802.3 标准描述物理层和数据链路层的 MAC 子层的实现方法，定义了四种使用不同传输介质的 10Mbit/s 以太网规范，其中包括使用双绞线介质的以太网标准——10Base-T，该标准很快成为办公自动化应用中首选的以太网标准。

注意

以太网（Ethernet）是采用目前最为通用的通信标准的一种局域网，传统的以太网速率为 10Mbit/s。随着网络的发展只支持 10Mbit/s 的以太网已经不常见了，取而代之的是 100Mbit/s、1Gbit/s、10Gbit/s 的以太网，且这些网络都可向下兼容。

在 IEEE 802.3 标准诞生后的几年中，以太网技术突飞猛进地向前发展，IEEE 802.3 工作小组相继推出一系列的标准。

- IEEE 802.3u 标准，即 100Mbit/s 快速以太网标准，现已合并到 IEEE 802.3 中。
- IEEE 802.3z 标准，即使用光纤介质实现 1Gbit/s 以太网标准。
- IEEE 802.3ab 标准，即使用双绞线实现 1Gbit/s 以太网标准。
- IEEE 802.3ae 标准，即 10Gbit/s 以太网标准。
- IEEE 802.3ba 标准，即 100Gbit/s 以太网标准，于 2010 年制定。

需求是发展的原动力。随着移动设备、大数据、云计算和虚拟化应用的快速增长，数据会变得越来越丰富、规模也变得越来越大。最新数据显示，全球数据中心的 IP 流量将会在未来 5 年翻三番。越靠近网络的核心，网速越成为瓶颈。这意味着 100Gbit/s 以太网将替代现有的 10Gbit/s 核心网络，成为处理数据中心延迟的最佳方案。但是，现在支持 100Gbit/s 的网络设备还比较昂贵，并且，几乎所有的高端服务器还只支持 10Gbit/s 或 40Gbit/s。尽管如此，网络迅猛发展的脚步依然没有停止，不久的将来，100Gbit/s 以太网的应用必将成为现实，人类的生活也将为之改变。

2．IEEE 802.11

1997 年，IEEE 802.11 标准成为第一个无线局域网标准，主要用于解决办公室和校园等局域网中用户终端的无线接入问题。数据传输的载波频率为 2.4GHz，传输速率最高只能达到 2Mbit/s。随着无线网络的发展，IEEE 又相继推出了一系列新的标准，常用的有以下几种。

➢ IEEE 802.11a，是 IEEE 802.11 的一个修订标准，其载波频率为 5GHz，传输速率最高可达 54Mbit/s。目前无线网络已经基本不再使用该标准。

➢ IEEE 802.11b，相当普及的一个无线局域网标准，现在大部分的无线设备依然支持该标准，其载波频率为 2.4GHz，传输速率最高可达 11Mbit/s。

➢ IEEE 802.11g，目前被广泛使用的无线局域网标准，其载波频率为 2.4GHz，传输速率最高可达 54Mbit/s，可与 IEEE 802.11b 兼容。

➢ IEEE 802.11n，是一个在草案阶段就被广为应用的标准。支持 IEEE 802.11n 标准的 Wi-Fi 无线网络是目前世界上应用最广的技术之一，其依靠可靠的性能、易用性和广泛的适用性获得了用户的高度信赖。这主要是因为其具有以下三大优势。

➢ 在传输速率方面，得益于多输入多输出（MIMO）技术的发展，IEEE 802.11n 的传输速率最高可达 600Mbit/s，是 IEEE 802.11b 的 50 多倍、IEEE 802.11g 的十多倍。

➢ 在覆盖范围方面，IEEE 802.11n 采用智能天线技术，提高了信号的稳定性，减少了信号的干扰，使其覆盖面积扩大到几平方千米。

➢ 在兼容性方面，IEEE 802.11n 采用一种软件无线技术，可以实现与不同软件互通、兼容。目前 IEEE 802.11n 不但可以兼容所有无线局域网的标准，而且实现了与无线广域网的结合。

1.2.3 网络常见设备

当用户通过电子邮件给远方的朋友送去祝福时，一定不会想到这封邮件在网络中将会经历怎样复杂的行程。就好比将一封真实的信件投到邮局后，无法了解邮局传递信件的中间过程一样。如图 1.3 所示，在网络中传输的数据需要经过各种通信设备，而设备会根据地址将数据转发到正确的目的地。对于计算机终端用户而言，这个复杂的中间过程被“隐藏”掉了。

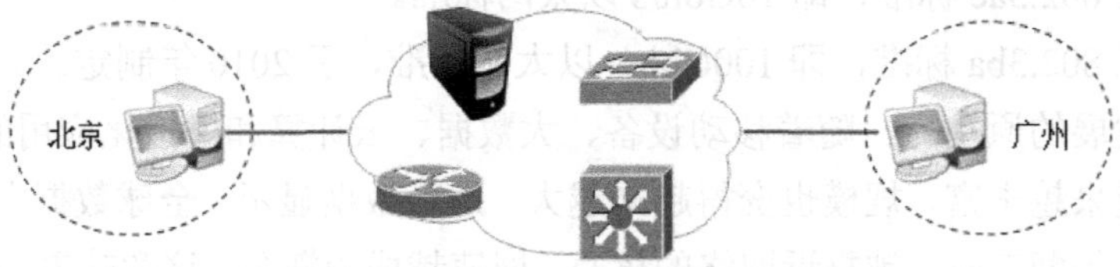

图1.3 计算机通过网络设备通信

常见的网络通信设备有交换路由设备、网络安全设备、无线网络设备等，它们根据自身的功能特性分工协作，就像信息高速公路上的路标一样，将数据传输指向正确的方向。

1. 交换路由设备

如图 1.4 所示，路由器和交换机是最为常用的两种网络通信设备。它们是信息高速公路的中转站，负责转发公司网络中的各种通信数据。

路由（Routing）的概念理解起来并不困难，它是指从一点到另一点的“合理”路径的选择过程。例如，从北京大学去上海的东方明珠广播电视塔，就有多种方式可以到达：可以先乘地铁到北京站，再乘火车到上海，最后乘上海的地铁直接到陆家嘴；也可以先乘机场巴士到北京国际机场，乘飞机到上海浦东国际机场，再转乘上海的机场大巴至陆家嘴。每种方式其实都是一个寻径的过程。选择哪种方式更“合理”，取决于对时间和金钱花费的要求。

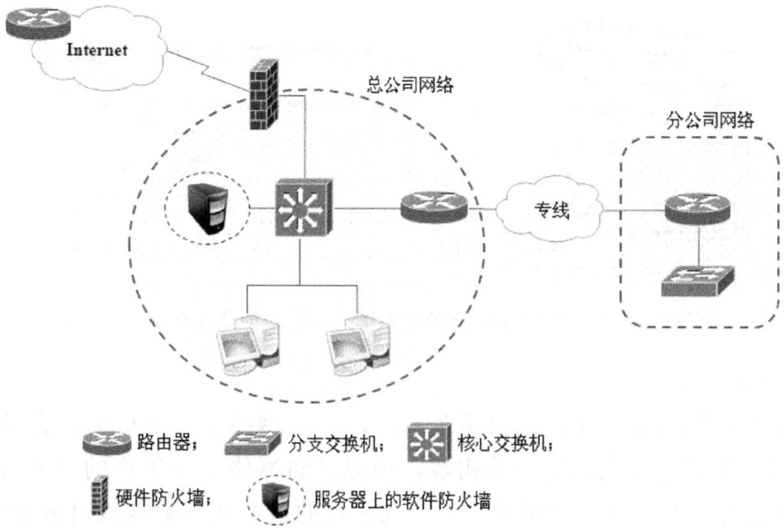

图1.4　各种设备在网络中的位置

路由器是在计算机网络中为数据包寻找合理路径的主要设备。从本质上看，路由器就是一台连接多个网络，并通过专用软件系统将数据在不同网络间正确转发的计算机。互联网可以视为一个由路由器连接而成的网络，是一个“连接网络的网络”，只不过由于各种路由器的性能不同，肩负的“责任”不同而已。

如图 1.5 所示，左边是思科公司的 2800 系列路由器，右边是华为公司的 AR+G3 系列路由器。

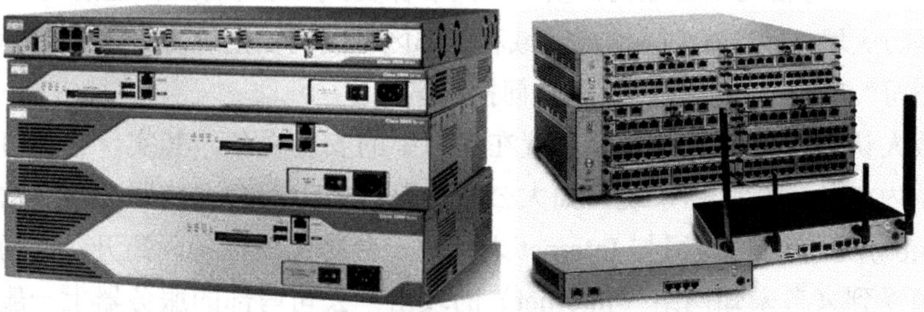

图1.5　思科2800系列路由器与华为AR+G3系列路由器

从广义上讲，交换（Switching）是按照通信两端传输信息的需要，通过人工或设备自动完成的方式，把信息传送到符合要求的目的地的技术的统称。

在计算机网络中，交换机是这样一种设备：底层的交换机主要用于连接局域网中的主机，具备学习 MAC 地址的功能，并能利用学习到的地址信息，实现这些主机间的高速数据交换；中高层的交换机则用于连接底层的交换机，将各个小网络整合成具有逻辑性、层次性的大网络，这些交换机除了具有底层交换机的功能外，一般还具有路由功能，有的还具有简单的安全特性。

如图 1.6 所示，左边是思科公司的 3560 系列交换机，右边是华为公司的供中小型企业使用的交换机。

图1.6　思科3560系列交换机和华为小型企业所使用交换机

2. 网络安全设备

网络安全方面的威胁往往是出乎意料的，而且网络面临的威胁来自各个方面：病毒、黑客、员工有意或无意的攻击等，所以负责网络安全工作的管理员应该努力做到防患于未然，而不只是亡羊补牢。一旦公司的核心业务数据或财务数据被盗取，或者公司的核心网络设备、服务器被攻击导致网络瘫痪，再进行相应的补救措施，就太晚了。

要做到防患于未然，就要借助各种各样的网络安全设备，比如防火墙设备、VPN 设备、IDS 设备，以及一些专业的流量检测监控设备等，通过专业人员的设计和部署，建立起适合各类企业的安全网络体系。

（1）防火墙

防火墙作为网络的安全屏障，能够对流经不同网络区域间的流量强制执行访问控制策略。例如，大部分公司都会在门口安排一两名保安，只允许有工作证的人员进入公司。保安就像是防火墙，充当着公司内部区域和外部区域间的安全屏障，“只允许有工作证的人员进入公司”就是一条强制执行的访问控制策略。

大多数人认为防火墙只是一台放置在网络中的安全设备，其实，它也可以是存在于操作系统内部的一个软件系统，如大公司的服务器上都会安装服务器版的软件防火墙。如图 1.6 所示，公司内网与 Internet 之间被一台防火墙设备隔离开，从而避免了公司内部资源受到来自未知网络（Internet）的攻击；公司内部的服务器上一般存储着各种重要的业务信息，而安装在服务器操作系统上的软件防火墙可以防御来自公司内部的攻击。

（2）VPN 设备

虚拟专用网（Virtual Private Network，VPN）可以理解为一条穿越网络（一般为 Internet）的虚拟专用通道。防火墙虽然可以防御来自公司内外网的攻击，但如果黑客在

Internet 截获公司传递的关键业务数据，防火墙就无能为力了。

VPN 设备可以对关键业务数据进行加密传输，数据传递到接收方会被解密，这样即使有人在数据传递过程中截获数据，也无法了解到任何有用的信息。

虽然专用的 VPN 设备性能好，加密算法执行效率高，但考虑到性价比，大多数公司都选择在网关设备（如路由器、防火墙设备等）上实现 VPN 功能。如图 1.7 所示，分公司的客户端主机要在 Internet 上传输关键业务数据到总公司的服务器，数据在此过程中将始终被加密，就好比在两个防火墙设备间建立了一条安全的虚拟专用通道，以便公司在 Internet 上安全地传输业务和财务数据，而不被非法用户窃取。

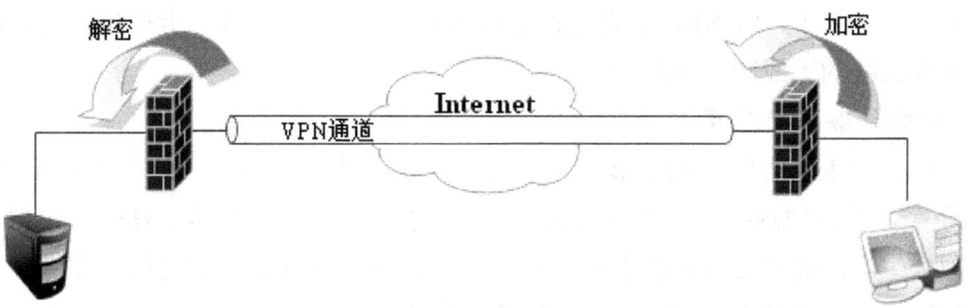

图1.7 通过VPN技术实现数据加密传输

3. 无线网络设备

无线网络就是利用无线电波作为信息传输介质构成的网络体系，与有线网络最大的区别在于传输介质，即用无线电波取代网线。

无线网络设备就是基于无线通信协议设计的网络设备。常见的无线网络设备包括无线路由器、无线网卡、无线网桥等。

无线路由器可以看作是无线接入点（Wireless Aecess Point，无线 AP）和宽带路由器的一种结合体，因为具有了宽带路由器的功能，它可以实现家庭和企业的互联网接入与内部无线网的部署（在后续章节讲解）。

注意

无线 AP 从广义上讲，不仅是指单纯意义上的无线 AP，也作为无线路由器、无线网桥等设备的统称。目前各种书籍及厂商对于无线 AP 的定义比较混乱，本书中将无线 AP 界定为单纯意义上的无线接入点，以区别于无线网络的其他设备。

无线网桥可用于连接两个或多个独立的网络。这些网络一般位于不同的建筑物内，相距较远（几百米到几十千米）。如图 1.8 所示，公司的生产部办公室和生产车间位于不同的建筑物内，两个网络之间频繁地传输大量数据，而在它们之间通过有线的方式很难实现通信，因此公司选择通过无线网桥连接两个网络。

无线网桥往往不会像无线 AP 那样单独出现。相对于无线 AP 而言，无线网桥的功率大，传输距离远，抗干扰能力强。一般来说，无线网桥不自带天线，需要配备抛物面天线实现长距离的点对点连接。

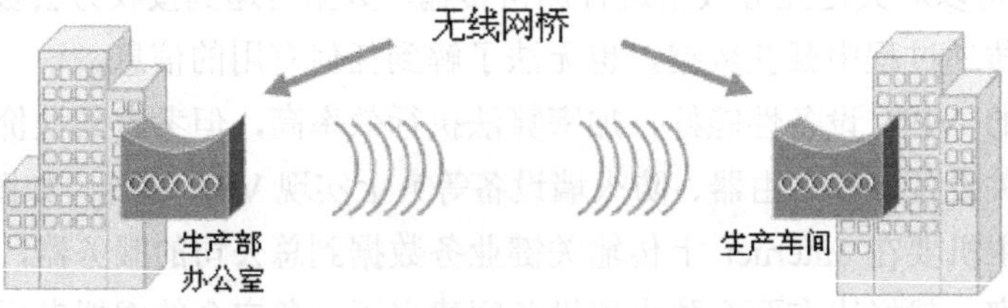

图1.8　通过无线网络传输数据

无线网卡目前主要分为 MINI-PCI、PC 卡和 USB 三种规格，前两种在笔记本电脑上应用较为广泛。其中，MINI-PCI 为内置无线网卡，优点是无需 PC 卡插槽，且性能上好于自身集成天线的无线网卡（PC 卡）。

4. **网络设备生产厂商**

有一句话用来形容网络的发展速度非常恰当，即“人间方一日，网上已千年”。从 1999 年至今，我国的网络设备市场从思科的一枝独秀，演变成华为、H3C、锐捷、中兴等众多国内生产厂商群雄逐鹿的态势。不仅如此，华为设备已经成为很多欧洲国家电信公司的新宠，并且在各个领域逐步占领着整个欧洲市场。

（1）思科公司

思科系统公司（Cisco System, Inc.）提供互联网络整体解决方案，主要产品包括连接计算机网络的设备和软件系统。自从 1996 年钱伯斯执掌公司帅印以来，思科的网络市场规模不断膨胀，占据了近 2000 亿美元的市场份额，可以说钱伯斯把思科变成了一代王朝。

思科公司的产品主要有路由器、交换机、网络安全产品、语音产品、存储设备以及这些设备的 IOS 软件等，在网络设备市场的各个领域均处于领先地位。“掌握高新技术、不断创新”是很多大公司的宣传口号，可思科认为没有一家公司可以自主研发所有的新技术，所以思科花重金购买新技术，甚至收购发明新产品的公司，再用自己成熟的分销渠道迅速推向市场。1996 年，思科公司就是通过这种方法成功占领了交换机市场。

除此之外，思科公司还重视自己的产品培训，制定了网络工程师认证体系，通过在线培训培养了数百万的思科网络人才。思科产品的培训也带动了整个网络产品市场的发展。目前国内绝大多数网络设备领域的工程师，都是通过学习思科认证体系使自己成功步入该行业的。

（2）华为公司

华为技术有限公司（简称华为）是一家总部位于深圳的生产、销售电信设备的民营科技有限公司，主要营业范围涵盖交换、传输、无线和数据通信类电信产品，在全球电信领域为世界各地的客户提供网络设备、服务和解决方案。

目前，华为的产品和解决方案已经应用于全球 170 多个国家，并为全球运营商前 50 强中的 45 家及全球 1/3 的人口提供服务。

（3）H3C

H3C 即杭州华三通信技术有限公司，也称华三。H3C 的前身华为 3COM 公司，是华为与美国 3COM 公司的合资公司。2006 年 11 月，华为将其在华为 3COM 公司中的 49%股权以 8.8 亿美元出售给 3COM 公司。至此，华为 3COM 成为 3COM 的全资子公司，后更名为 H3C。

当前数据通信市场主要分为运营商市场和企业网市场。华为一直专注于运营商市场，而 H3C 主要专注于企业网市场；思科的业务则横跨运营商和企业网两个市场，并在这两个市场保持一定的领先地位。在运营商市场上，华为是思科的主要对手；在企业网市场上，H3C 是思科的主要对手。思科在能源、金融、电力等行业有优势，而 H3C 在烟草、交通、中小企业以及相关的政府采购方面有优势。目前，H3C 稳居中国交换机和中低端路由器市场第二。

1.2.4　网络拓扑结构

网络拓扑结构是指用传输介质互连各种设备的物理布局，也就是连接网络中的计算机和网络设备的方式，包括星形拓扑、总线型拓扑、环形拓扑、网状拓扑等，目前最为常用的是星形拓扑和网形拓扑。

1. **星形拓扑结构**

采用星形拓扑结构的网络有中心节点，且网络的其他节点都与中心节点直接相连，如图 1.9 所示。还有一种较为复杂的星形拓扑结构，有些书籍或文档也称其为树型拓扑（可以理解为星形拓扑的复合结构）。园区网、公司内网等局域网，一般都采用星形拓扑结构。

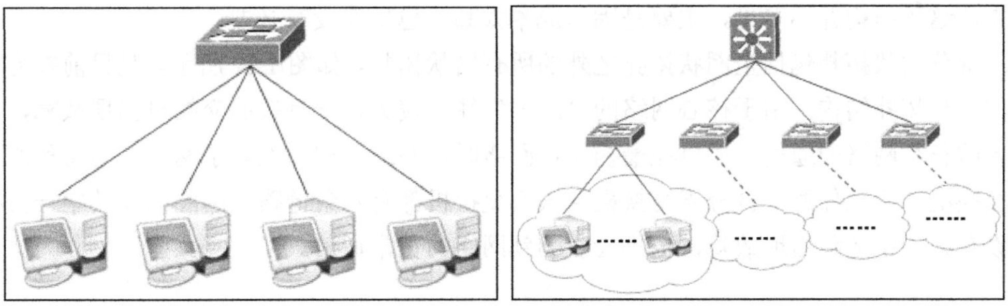

图1.9　星形拓扑

星形拓扑结构的优点如下。

➢ 易于实现。组网简单、快捷、灵活方便是星形拓扑被广泛应用的最直接原因。大部分采用星形拓扑结构的网络都采用双绞线作为传输介质，而双绞线本身的制作与连接又非常简单，因此星形拓扑结构被广泛应用于政府、企业、学校内部等局域网环境。

➢ 易于网络扩展。假如公司内网有新员工加入，只需从中心节点多连一条线到员工的计算机即可；假如公司内网需要添加一个新的办公区（部门），只需将连接该办公区的交换机与公司内网的核心交换机相连即可。

➢ 易于故障排查。每台连接到中心节点的主机如果发生故障，并不会影响网络的其他部分。更重要的是，一旦网络发生故障，网络管理员很容易就能确定故障点或故障发生的范围，从而有助于快速解决故障。

星形拓扑结构的缺点如下。

➢ 中心节点压力大。从星形拓扑的结构图中可以清楚地看到，任意两点之间的通信都要经过中心节点（交换机），所以中心节点很容易成为网络瓶颈，进而影响整个网络的速度。另外，一旦中心节点出现故障，将会导致全网不能工作，所以星形拓扑结构对于中心节点的可靠性和转发数据能力的要求较高。

➢ 组网成本较高。对交换机（尤其是核心交换机）的转发性能和稳定性要求较高，价格自然也就比较昂贵。虽然很多公司为了节约成本选择价格较为低廉的设备，但是线缆以及布线所需的费用很难节省。星形拓扑要求每个分支节点与中心节点直接相连，因此需要大量线缆，而且考虑到建筑物内部美观，线缆沿途经过的地方需要打墙孔、重新装修等，也会产生很多附加费用。

2. **网状拓扑结构**

网状拓扑结构中的节点至少与其他两个节点相连。这种拓扑最大的优点就是可靠性高，网络中任意两节点之间都同时存在一条主链路和一条备份链路，这些冗余的线路本身又造成网络的建设成本成倍增长。

网状拓扑结构分为两种类型：全网状拓扑和部分网状拓扑。

全网状拓扑指网络结构中任一节点与其他所有节点互连，如图 1.10 所示。这种网络结构真正实现了任何一点或几点出现故障，对于其他节点都不会造成影响。但在实际工作中，这种结构并不多见，主要是因为成本太高，也确实没有必要。

部分网状拓扑包括全网状拓扑之外的所有网状拓扑，如图 1.11 所示，是目前较为常见的一种拓扑结构。由于核心网络的“压力”往往较大，一旦核心交换机出现故障，将会影响整个网络的通信，所以在最初设计网络时，网络工程师准备了两台互为备份的核心交换机，而且任意一台分支交换机到核心交换机都有两条链路，因此即使其中一台核心设备或一条链路出现故障，也不会影响到网络的正常通信。

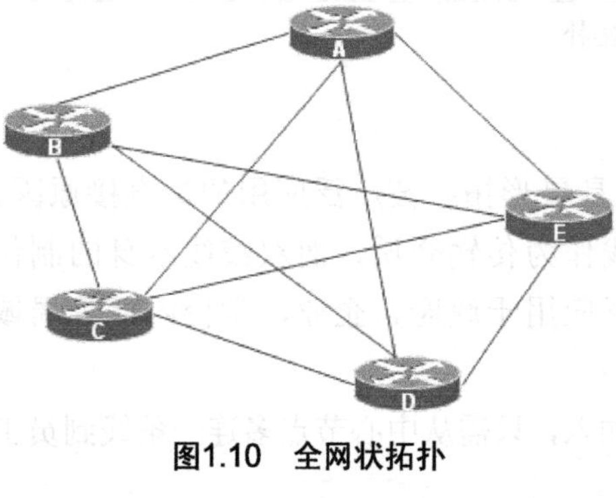

图1.10 全网状拓扑

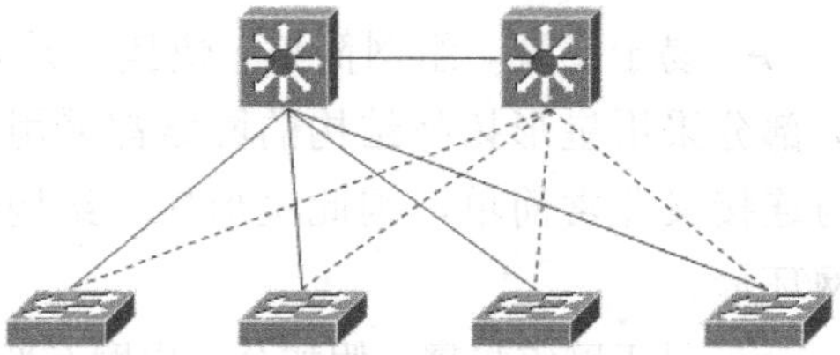

图1.11 部分网状拓扑

其余几种拓扑结构在今天的网络中已经基本看不到了，这里也不再赘述。一名合格的网络工程师要能根据公司实际的网络需求设计出合适的网络拓扑结构，而不要拘泥于书本上的介绍。

1.3 计算机网络发展趋势

计算机网络的发展速度如此之快，全新的技术和全新的应用在世界的每一个角落随时都会出现。

1.3.1 新技术

随着计算机硬件的飞速发展，计算机网络技术朝着低成本、高速率、智能化的方向发展，为满足社会需求，大量网络新技术不断涌现。

1．5G 技术

在 2016 年 11 月于乌镇举办的第三届世界互联网大会上，美国高通公司展示了实现“万物互联”的 5G 技术原型，昭示着网络技术开始向千兆移动网络和人工智能迈进。

5G 即第五代移动通信标准，支持超密集异构网络、移动云计算、软件定义无线网络、情境感知、万物互联、万物互通等技术的实现。5G 最高下行网速可以达到 5Gbit/s，比 4G-LTE 提升了 5 倍。

2．云计算

云计算（Cloud Computing）是一种基于互联网的计算方式。通过这种方式，共享的软硬件资源和信息可以按需求提供给计算机和其他设备，主要是基于互联网的相关服务的增加、使用和交付模式，通常涉及通过互联网来提供动态、易扩展的虚拟化资源。

1.3.2 新领域

新时代的计算机网络将是一个非常智能的工具，它不但可以处理平常的信息，同时还开辟了一些新的领域。

1．BYOD

BYOD（Bring Your Own Device）指携带自己的设备办公。这些设备包括手机、计算机等，员工可以在机场、火车站、宾馆、咖啡厅等场所，登录公司邮箱和在线办公系统，办公不再受时间、地点、设备、网络环境等客观条件的限制。BYOD 在满足员工自身对于新科技和个性化追求的同时，提高了员工的工作效率，降低了企业在移动终端上的成本和投入，BYOD 向人们展现了一幅美好的未来办公场景的画面，是未来办公环境的发展趋势。

2．物联网

物联网（The Internet of Things）是新一代信息技术的重要组成部分。顾名思义，物联网就是物物相连的互联网。其包括两层含义：首先，物联网的核心仍然是互联网，是在互联网基础上延伸和扩展的网络；其次，用户端延伸和扩展到了可以在任何物品与物品之间进行信息交换和通信。

物联网是一个基于互联网和电信网的信息承载体，通过它可以实现所有的物理对象互通互连。物联网整合了感知识别、传输互联、全球定位、激光扫描和计算处理等功能，是新一代信息技术的集成和运用，也因此被称为继计算机、互联网之后世界信息产业发展的第三次浪潮。物联网是利用局域网络或互联网等通信技术把传感器、控制器、机器、人和物等通过新的方式连在一起，形成人与物、物与物相连，实现信息化、远程管理控制和智能化的网络。

3. **车联网**

车联网是指利用先进的传感技术、网络技术、计算技术和控制技术，在信息网络平台上对所有车辆的属性信息和静态、动态信息进行提取和有效利用，实现多个系统间大范围、大容量数据的交互，并根据不同的功能需求对所有车辆的运行状态进行有效监管和提供综合服务。

本章总结

通过本章的学习，读者可以初步了解计算机网络，包括计算机网络功能、发展以及网络中常见的概念。本章是读者接触计算机网络的开篇，也是打开网络世界的大门。对于本章涉及的知识，读者只需简单了解即可，后续章节将详细介绍计算机网络通信功能的具体实现细节。

本章作业

一、选择题

1. 在计算机网络发展的第三个阶段，标志性的技术是（　　）。

   A. 分组交换技术的出现　　　　B. 数据和语音网络的融合

   C. Web 技术的出现　　　　D. TCP/IP 模型的实现

2. 下列关于网络协议和标准的描述，错误的是（　　）。

   A. 协议的三个要素分别是语法、语义、同步

   B. ISO（国际标准化组织）创建了 OSI（开放系统互联）模型

   C. IEEE 802.3ae 标准是通过介质实现万兆位以太网的标准

   D. 标准可以理解为“规则”，而协议可以理解为“一致同意的规则”

3. 下列描述中，不属于星形拓扑结构优点的是（　　）。

   A. 易于实现　　　　B. 易于故障排查

   C. 易于网络扩展　　　　D. 易于实现网络的高可靠性

二、判断题

1. IEEE 802.11n 的传输速率可达 600Mbit/s。（　　）

2. 网络环境中常见的网络设备主要是交换机和路由器。（　　）

3．星形拓扑比较容易实现，但是扩展容易变成瓶颈。　（　　）

4．防火墙的主要作用是放大信号。　（　　）

三、简答题

1．计算机网络的功能包含哪几个？

2．计算机网络发展分为哪几个阶段？各个发展阶段的标志是什么？

3．网络通信协议的三个要素是什么？

第 2 章

计算机网络参考模型

技能目标

- 掌握 OSI 和 TCP/IP 分层模型的结构
- 理解 OSI 各层功能
- 掌握数据传输过程
- 了解设备与 OSI 各层的关系

本章介绍计算机网络参考模型——OSI 参考模型，它的概念将会贯穿全书，因为它是理解网络这个全新世界的关键。如果将网络工程师的技能比作一门绝世武功，那么理解网络参考模型就是掌握内功心法。

本章的主要内容包括三个部分：OSI 各层的名称、功能，数据在 OSI 各层之间的传输过程，TCP/IP 协议簇。本章只初步讲解网络参考模型。对于 TCP/IP 协议，也只对其进行简介，并非本章的重点。本章最核心的内容是第 2 节，即数据传输过程，通过该节内容读者可以更好地理解 OSI 各层功能。

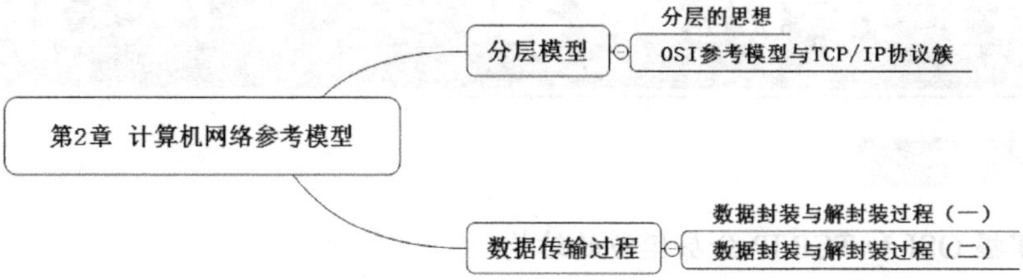

2.1 分层模型

我们对现实世界的认识如同冰山一角，大部分的“真相”都隐藏在海平面以下，网络世界更是如此。我们在访问网页或者使用 QQ 聊天时，操作无外乎双击图标、输入几个字符。但对于计算机和网络中转设备来说，实现上述操作却经历了一个相当复杂的过程。就好比邮寄一份礼物给远方的朋友，我们需要做的只是将这份礼物交给邮局工作人员并提供正确的地址，如果不出意外，朋友将会在一两周后收到礼物，但是在邮寄过程中经历了哪些复杂的流程，我们就不得而知了。对于网络的最终用户，了解到这个层次已经足够了，但如果想成为网络专业人员，就必须对整个过程了如指掌，这样才能分析并排查网络的常见故障。

2.1.1 分层的思想

本节开始研究网络传输的真正过程，这个过程非常复杂，因此应首先建立分层模型的概念。分层模型是一种用于开发网络协议的设计方法，本质是把节点间通信的复杂问题分成若干个简单问题并逐一解决。每个简单问题对应到一个 OSI 分层，每层实现一定的功能，OSI 各层相互协作即可实现数据通信。

下面通过一个生活化的实例来揭示分层的本质。早上时间比较紧张，喝一杯牛奶是一个不错的早餐解决方案。作为最终用户，我们并没有感受到喝一杯牛奶有多难，因为我们只是把奶粉从超市买回家，用水冲开而已。

但奶粉厂却将面临一系列复杂的问题：如何选择物美价廉的奶源，如何将牛奶运送到奶粉厂并保证牛奶不变质，如何设计奶粉的整个生产工艺（包括奶粉质检），如何包装才能更吸引消费者，如何与各大超市洽谈，如何与物流公司沟通，等等。奶粉厂应该如何解决上述复杂问题呢？最好的方法就是使用分层思想，将整个生产销售流程分成多个模块，每个模块由专门的负责人管理协调。相应的，奶粉厂需要成立下述部门：原料采购部、奶源加工车间、奶粉生产车间、奶粉包装车间、销售部等，各部门职责介绍如表 2-1 所示。

表 2-1　奶粉厂各部门职责介绍

部门	职责
原料采购部	选购优质奶源、与农场签订合同，保质保量运输奶源
奶源加工车间	原料验收，杀菌处理，储藏
奶粉生产车间	浓缩、喷雾干燥、冷却筛粉
奶粉包装车间	奶粉包装、奶粉装箱，质检
销售部	联系各大销售渠道，联系物流运输

分层思想使奶粉生产销售的整个流程变清晰了。更重要的是，流程中出现任何问题，如奶粉质量问题等，管理者均能很快确定问题的产生原因，从而采取相应的措施有针对性地加以解决。奶粉厂各部门有着相对独立的职责，却又彼此关联。处于流程前端的部门为后续部门服务，后续部门也需要在前端部门完成任务的基础上实现其功能。例如：原料采购部为奶源加工车间服务，只有优质的奶源才能保证加工的奶粉半成品的质量，奶源加工车间的工作又是在原料采购部提供优质奶源的基础上完成的。一旦在最后的奶粉成品中发现细菌超标，可以很容易确定是奶源加工车间的工作出了问题。

让我们从现实世界回到网络世界，看看网络节点间通信过程中体现的分层思想：先赋予每层一定的功能，相邻层之间通过接口来通信，下层为上层提供服务。一旦网络发生故障，很容易确定故障发生在哪一层。将故障产生的原因聚焦于一层，有助于更加清晰明了地分析并解决问题。另外，将网络最终的通信目标分解成各个子层的目标，再逐一研究各子层功能的实现，有助于将复杂问题简单化、清晰化。

计算机网络分层思想

请扫描二维码观看有关计算机网络分层思想的视频讲解。

2.1.2　OSI 参考模型与 TCP/IP 协议簇

1. OSI 参考模型

由 2.1.1 节的例子可知，分层模型对于网络管理而言，好比企业组织架构对于企业管理一样具有至关重要的地位。但由于各个计算机厂商都采用私有的网络模型，因此给通信带来诸多麻烦。国际标准化组织（International Standard Organization，ISO）于 1984 年提出了开放系统互联（Open System Interconnection，OSI）参考模型的概念。该参考模型定义了网络互连的七层框架（物理层、数据链路层、网络层、传输层、会话层、表示层和应用层），并在这一框架下进一步详细规定了每一层的功能，以实现开放系统环境中的互连性、互操作性和应用的可移植性。如表 2-2 所示。

表 2-2 OSI 参考模型

分层	功能
应用层	网络服务与最终用户的接口
表示层	数据的标识、安全、压缩
会话层	建立、管理、中止会话
传输层	定义传输数据的协议端口号，以及流量控制和差错控制
网络层	进行逻辑地址寻址，实现不同网络之间的路径选择
数据链路层	建立逻辑连接、硬件地址寻址、差错校验等功能
物理层	建立、维护、断开物理连接

（1）物理层

物理层（Physical Layer）的主要功能是实现相邻节点间原始比特流的传输。

物理层协议关心的典型问题是使用什么样的物理信号来表示数据 1 和 0，每个比特位持续的时间有多长，数据传输是否可同时在两个方向上进行，最初的连接如何建立以及完成通信后连接如何终止，物理接口（插头和插座）有多少针以及各针的作用等。物理层主要涉及物理层接口的机械、电气、功能和过程特性，以及物理层接口连接的传输介质和通信工程领域的相关问题。

（2）数据链路层

数据链路层（Data Link Layer）负责将上层数据封装成固定格式的帧，并在数据帧内封装发送端和接收端的数据链路层地址（在以太网中为 MAC 地址，MAC 地址是用来标识网卡的物理地址；在广域网中点到多点的连接情况下为链路的标识）。为了防止在数据传输过程中产生误码，可以在数据帧尾部加上校验信息，发现数据错误时，可以重传数据帧。

（3）网络层

网络层（Network Layer）的主要功能是实现数据从发送端到接收端的传输。在网络层，使用逻辑地址来标识网络中的一个点，并将上层数据封装成数据包，在数据包的头部封装源端和目的端的逻辑地址。网络层根据数据包头部的逻辑地址来选择数据传输的最佳路径，并将数据传至目的端。

（4）传输层

传输层（Transport Layer）的主要功能是实现网络中不同主机上用户进程之间的数据通信。

网络层和数据链路层负责将数据送达目的端的主机，而数据需要什么用户进程去处理呢？这就需要传输层来帮忙了。

例如，通过 QQ 发送信息，网络层和数据链路层负责将信息传至接收人的主机，而接收人应该用 QQ 还是 IE 浏览器来接收信息，则要依靠传输层进行标识。

传输层要决定对会话层用户（最终用户）提供服务的类型，如使用计算机（通常称为点）的哪个进程（通常称为端）进行通信，所以经常把网络层的协议称为点到点的协议，而把传输层的协议称为端到端的协议。

由于大部分主机均支持多进程操作，主机上通常会有多个程序同时访问网络，这就意味着将有多条连接进出主机，因此须以某种方式来识别报文属于哪条连接，识别信息可以放在传输层的报文头中。除了将几个报文流多路复用到一条通道上，传输层还必须管理跨网连接的建立和拆除，这就需要建立某种命名机制，以使计算机内的进程能够说明自己希望交谈的对象。

（5）会话层

会话层（Session Layer）允许不同计算机上的用户建立会话关系。会话层进行类似传输层中的普通数据的传输，在某些场合还提供了一些有用的增强型服务，允许用户利用一次会话在远端的分时系统上登录，或者在两台计算机间传递文件。

会话层提供的服务之一是会话控制。会话层允许信息同时双向传输，或任意一个时刻只能单向传输。如果属于后者，则类似于物理信道上的半双工模式，会话层将决定某一时刻轮到哪一方传输信息。一种与会话控制有关的服务是令牌管理（Token Management）。有些协议会要求会话双方不能同时进行同样的操作，为了管理这些操作，会话层提供了令牌管理服务。令牌可以在会话双方移动，只有持有令牌的一方才可以进行操作。会话层提供的另一种服务是数据同步传输。试想在平均每小时出现一次故障的网络上，两台计算机间要进行一次持续两小时的文件传输任务，会出现什么问题？在每一次文件传输任务中途失败后，都必须重新传输该文件。当网络再次出现故障时，文件传输可能又会半途而废。为解决这一问题，会话层提供了同步机制，即在数据中插入同步点。每当网络出现故障时，仅重传最后一个同步点以后的数据，即可使计算机继续完成文件传输任务。

（6）表示层

表示层（Presentation Layer）用于完成某些特定的功能。人们通常希望找到实现这些功能的通用方法，而不是由每个用户自己来实现。值得一提的是，表示层以下各层只关心从发送端到接收端可靠地传输比特，而表示层则关心所传输信息的语法和语义。表示层的一个典型功能是用选定的标准方法对数据进行编码。大多数用户程序之间并非交换随机比特，而是交换诸如人名、日期、货币数量和发票等信息，这些信息是由字符串、整数、浮点数以及复杂数据结构来表示的。

在网络上，计算机采用不同的数据表示法，在数据传输时需要进行数据格式转换。例如，在不同的计算机上常用不同的代码来表示字符串（ASCII 和 EBCDIC）、整型数（二进制反码或补码）以及机器字的不同字节顺序等。为了让采用不同数据表示法的计算机之间能够相互通信并交换数据，在通信过程中常采用抽象的数据结构（如抽象语法表示 ASN.1）来表示传输的数据，而在计算机内部仍然采用各自的编码标准。管理这些抽象数据结构，在发送端将计算机的内部编码转换为适合网上传输的语法、在接收端完成相反的转换等工作都是由表示层完成的。另外，表示层还涉及数据压缩和解压、数据加密和解密等工作。

（7）应用层

计算机联网的目的是支持运行于不同计算机上的应用之间的通信，而这些应用是为用户完成不同任务设计的。应用是多种各样的，不受网络结构的限制，而应用层（Application Layer）需要包含大量实现计算机应用联网的通信协议。显然，对于需要通信的不同应用来说，应用层的协议是必需的。例如，个人计算机（Personal Computer,

PC）用户使用仿真终端软件通过网络调用远程计算机上的资源。仿真终端软件就是使用虚拟终端协议将键盘输入的数据传输到远程计算机的操作系统，并接收显示于主机屏幕上的数据。再如，当用户想要获得远程计算机上的一个文件副本时，需向本机的文件传输软件发出请求，该软件与远程计算机上的文件传输软件通过文件传输协议进行通信，文件传输协议负责处理文件名、用户许可状态和其他有关请求细节的通信，远程计算机上的文件传输软件可以使用其他软件来传输文件内容。

由于不同应用的要求不同，因此在 OSI 参考模型中没有定义应用层的协议集。但是，常用的应用层协议，如虚拟终端、文件传输和电子邮件等均可作为候选的标准化协议。请扫描二维码观看有关 OSI 参考模型的视频讲解。

理解 OSI 参考模型

2. TCP/IP 参考模型

面向网络分层的另一个著名模型是 TCP/IP 参考模型。TCP/IP 是传输控制协议/网络互联协议（Transmission Control Protocol/Internet Protocol）的简称。早期的 TCP/IP 参考模型是四层结构，从下往上依次是网络接口层、互联网层、传输层和应用层。在使用过程中，借鉴 OSI 参考模型的七层结构，TCP/IP 参考模型将其网络接口层划分为物理层和数据链路层，进而形成了五层结构。TCP/IP 参考模型是一系列协议的集合，其严格的称呼应该是 TCP/IP 协议簇。

TCP/IP 协议簇的低四层与 OSI 参考模型的低四层相对应，各层的功能也非常相近。TCP/IP 协议簇的应用层则与 OSI 参考模型的高三层相对应，如图 2.1 所示。

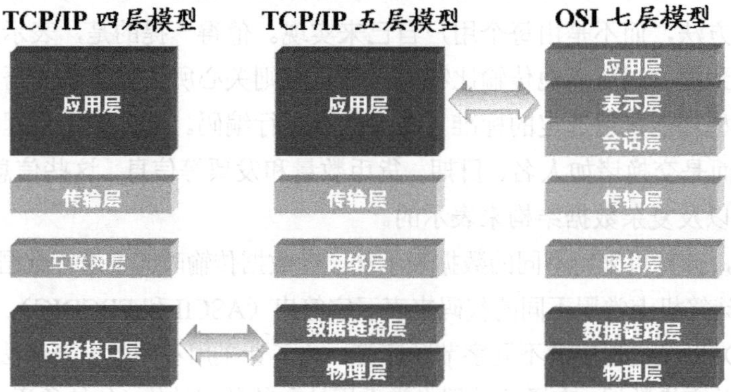

图2.1 TCP/IP协议簇与OSI参考模型

值得注意的是，OSI 参考模型并没有考虑任何一组特定的协议，因此更具通用性；而 TCP/IP 参考模型与 TCP/IP 协议簇高度吻合，因此不适用于其他任何协议栈。即便如此，如今的网络仍多以 TCP/IP 协议簇为基础，这使得在分层设计上未过多考虑协议的 OSI 参考模型并没有被广泛应用于实际工作中。

具有五层结构的 TCP/IP 参考模型应用更为广泛，因此本书在讨论网络分层相关问题时一律采用具有五层结构的 TCP/IP 参考模型。下面是该模型中对应的一些常见协议，如图 2.2 所示。

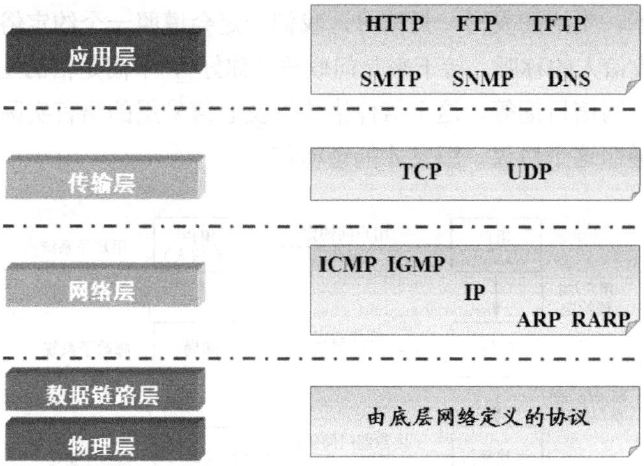

图2.2 具有五层结构的TCP/IP参考模型常见协议

（1）物理层和数据链路层

在物理层和数据链路层，TCP/IP 参考模型并没有定义任何特定的协议，它支持所有标准的和专用的协议，其面向的网络可以是局域网（如广泛使用的以太网）、城域网或广域网。所以，TCP/IP 参考模型可简化为三层：网络层、传输层和应用层。

（2）网络层

在网络层，TCP/IP 参考模型定义了网络互联协议（Internet Protocol，IP），而 IP 又由四个支撑协议组成：地址解析协议（ARP）、反向地址解析协议（RARP）、网际控制报文协议（ICMP）和网际组管理协议（IGMP）。

（3）传输层

TCP/IP 参考模型中有两个常用的传输层协议：传输控制协议（TCP）和用户数据报协议（UDP）。使用 TCP 协议的传输更加稳定可靠，使用 UDP 协议的传输效率更高。

（4）应用层

在应用层，TCP/IP 参考模型定义了许多协议，如超文本传输协议（HTTP）、文件传输协议（FTP）、简单邮件传输协议（SMTP）、域名系统（DNS）等。

上述协议将在后续章节中具体讲解，通过本节的学习，读者只要明确协议与 OSI 各层的对应关系即可。在研究具体协议的应用时，能够结合协议所在层的功能来理解和分析问题将会事半功倍。

2.2 数据传输过程

2.2.1 数据封装与解封装过程（一）

本节以五层结构的 TCP/IP 参考模型为基础，来揭示数据在网络中传输的“真相”。由于整个传输过程比较抽象，可将其类比为给远方的朋友邮寄信件的过程。

如图 2.3 所示，当给朋友写一封信时，我们一定会遵照一个约定俗成的信件格式。例如，在开头写收信人的称呼，接下来是问候语“你好”，中间是信的主体内容，最后落款写自己的姓名、写信日期等。这个信件格式以及通信采用的语言实际上就是和朋友之间的协议，只有遵照这个协议，朋友才能读懂信。

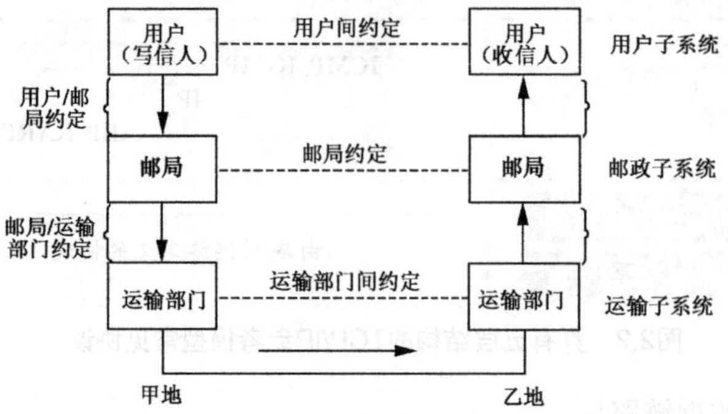

图2.3　邮寄信件的分层模型

写好了信，要将信装在信封中；在信封上，要书写收信人的地址和姓名等；随后，要将信送到邮局。

邮局根据收信人的地址，将信件封装进大的包裹，通过运输部门发往目的城市。

运输部门会将装信的大包裹送达目的地的邮局。目的地的邮局会将信件送达收信人手中。

在这个寄信的例子中，一封信的传输经过了三个层次。首先写信人和收信人位于最高层，位于中层的邮局和位于最下层的运输部门都是为了最高层之间的通信而服务。写信人与收信人之间有一个协议，这个协议保证收信人能读懂写信人的信件。两地的邮局和运输部门之间也有约定，如包裹的大小、地址的书写方式、运输到站的时间等。

邮局是写信人和收信人的下一层，为上一层（写信人和收信人）提供服务。邮局为写信人和收信人提供服务时，邮筒就是两个层之间的接口。

1. 数据封装过程

正如 2.1 节所讲，在计算机网络中层次的划分要比邮寄信件例子中的分层更为细致，每一层实现的功能也更为复杂。为了能够更明确地阐述整个通信过程，本节将以两台主机的通信为例进行分析讲解，如图 2.4 所示。

（1）应用层传输过程

在应用层，数据被“翻译”为网络世界使用的语言——二进制数据。人们通过计算机传输的数据形式千变万化，有字母、数字、汉字、图片、声音等，这些信息对于仅通过弱电流传输数据的计算机而言过于“复杂”，为此，应用层通过各种特殊的编码过程将这些信息转换成二进制数据。这就是数据的“翻译”过程，也是应用层在网络数据传输过程中最为核心的贡献。

（2）传输层传输过程

在传输层，上层数据被分割成小的数据段，并为每段数据封装 TCP 报文头部。

应用层将需要传输的信息转换成计算机能够识别的二进制数据后，这些数据往往都是海量的。例如：一张高清晰的图片转换成二进制数据可能会有几百万甚至几千万位，如此庞大的数据一次性传输的话，一旦网络出现问题导致数据出错就要重新传输，数据量过大也会加大数据出错的概率，进而导致网络资源被耗尽。因此，传输层将上层数据先分割成小的数据段再逐段传输，一旦出现数据传输错误，只需重传一小段数据即可。

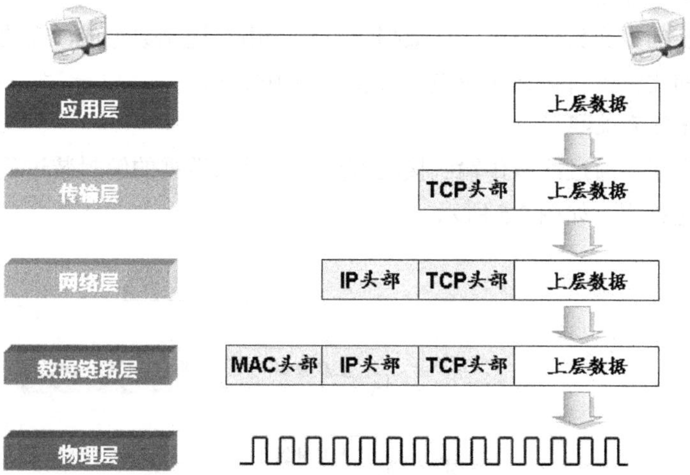

图2.4　数据封装过程

在 TCP 报文头部有一个关键的字段信息——端口号，它用于标识上层的协议或应用程序，确保上层应用数据的正常通信。计算机是可以多进程并发运行的，如图 2.4 中的例子，左边的主机在通过 QQ 发送信息的同时，可以通过 IE 浏览器浏览右边主机的 Web 页面，对于右边的主机，就必须明确左边主机发送的数据要对哪个应用程序实施通信。对于传输层而言，它不可能看懂应用层具体传输数据的内容，只能借助一种标识来确定接收到的数据对应的应用程序，这种标识就是端口号。

（3）网络层传输过程

在网络层，上层数据被封装一个新的报文头部——IP 报文头部。值得注意的是，这里所说的上层数据包括 TCP 报文头部。对于网络层而言，它是“看不懂”TCP 报文头部中的内容的，在它看来，无论是应用层的应用数据，还是 TCP 报文头部的信息都属于上层数据。

在 IP 报文头部中有一个关键的字段信息——IP 地址，它由一组 32 位的二进制数组成，用于标识网络的逻辑地址。回想刚才寄信的例子，在信封上需要填写收信人的详细地址和写信人的详细地址，以保证收信人能够顺利收到信件。网络层的传输过程与其类似，在 IP 报文头部中包含目标 IP 地址和源 IP 地址，网络传输过程中的一些中转设备（如路由器等）会根据目标 IP 地址来逻辑寻址，找到正确的路径并将数据传输到目的端。如果中转设备发现目标 IP 地址根本不可能到达，它会把该信息传回发送端主机，因此在网络层需要同时封装目标 IP 地址和源 IP 地址。

（4）数据链路层传输过程

在数据链路层，上层数据被封装了一个MAC头部，其内部有一个关键的字段信息——MAC地址，它由一组48位的二进制数组成。我们先把MAC地址理解为固化在硬件设备中的物理地址，具有全球唯一性。例如，之前讲解的网卡就有属于自己的唯一的MAC地址。同IP报文头部类似，MAC报文头部中也封装着目标MAC地址和源MAC地址。

（5）物理层传输过程

不论是封装的报文头部还是上层数据信息，均由二进制数组成，在物理层，这些二进制数所组成的比特流将被转换成电信号在网络中传输。

2. 数据解封装过程

数据封装完毕并通过网络传输到接收方后，将进入数据的解封装过程，该过程是数据封装过程的逆过程，如图2.5所示。

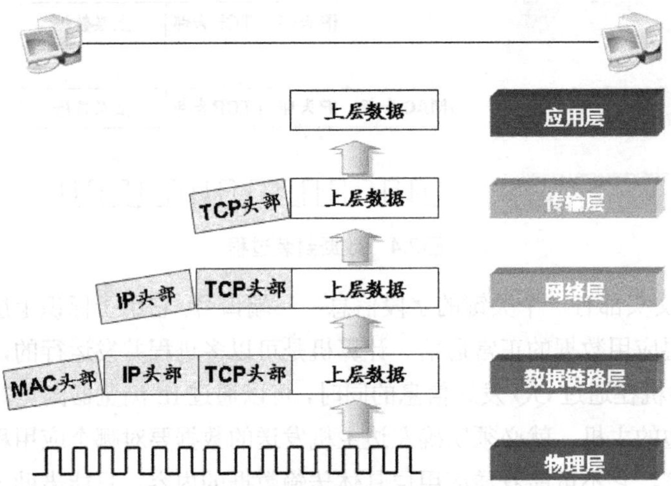

图2.5 数据解封装过程

物理层将电信号转换成二进制数据，并将数据传输至数据链路层。数据链路层将查看数据报文的目标MAC地址，判断其是否与自己的MAC地址吻合，并据此完成后续处理。如果目标MAC地址就是自己的MAC地址，数据的MAC报文头部将被“拆掉”，并将剩余的数据送至上一层；如果目标MAC地址不是自己的MAC地址，对于终端设备来说，将会丢弃数据。网络层进行与数据链路层类似的操作，目标IP地址将被核实是否与自己的IP地址相同，从而确定是否传输数据至上一层。数据送至传输层后，首先根据TCP报文头部判断数据段应送往哪个应用层协议或应用程序，然后将之前分割的数据段重组，再送往应用层。在应用层，重组所有二进制数据段将经历复杂的解码过程，以还原发送者所传输的最原始的信息。

3. 数据传输的基本概念

（1）PDU

OSI参考模型的每一层都是通过协议数据单元（Protocol Data Unit，PDU）进行通信的，五层结构的 TCP/IP 参考模型也可以沿用协议数据单元这一概念。PDU 是指同层之间传递的数据信息。例如：在 TCP/IP 参考模型中，上层数据封装了 TCP 报文头部后，这个单元称为段（Segment）；数据段向下传至网络层并被封装了 IP 报文头部后，这个单元称为包（Packet）；数据包向下传至数据链路层并被封装了 MAC 报文头部后，这个单元称为帧（Frame）；最后，数据帧传至物理层并变为比特（Bit）流，比特流再通过物理介质传输出去，如图 2.6 所示。

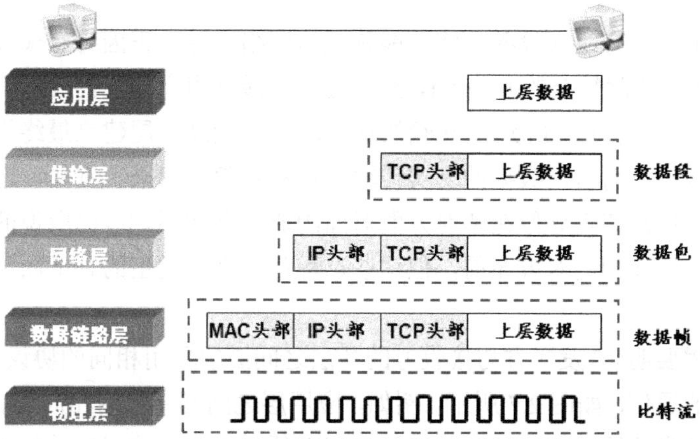

图2.6　协议数据单元

（2）常见网络设备与 TCP/IP 参考模型的对应关系

常见网络设备属于哪一层并没有严格的定义或是官方的 RFC 文档说明，但是了解网络设备属于哪一层对于后续的网络设备课程学习将具有很好的指导意义。

网络设备具体属于哪一层要看该设备主要工作在哪一层。一般而言，常用的个人计算机和服务器都属于应用层设备，因为计算机包含所有 OSI 各层的功能；路由器属于网络层设备，因为路由器的主要功能是完成网络层的逻辑寻址；传统的交换机属于数据链路层设备（这里之所以强调“传统”，是因为如今三层、四层的交换机已经非常普遍了），交换机的主要功能是进行基于 MAC 地址的二层数据帧交换；网卡一般意义上定义在物理层，虽然目前有些高端网卡已经涵盖防火墙的功能，但其最主要、最基本的功能仍是进行物理层通信。硬件防火墙理论上属于传输层设备，因为它主要基于传输层端口号来过滤上层应用传输的数据。需求永远是网络行业发展的源动力，如今的防火墙更注重整体解决方案的实现。对病毒、木马、垃圾邮件的过滤已经成为防火墙的附属功能，而且防火墙已经在企业中广泛部署，因此，很多人更愿意将防火墙归于应用层。TCP/IP 参考模型各层对应的常见网络设备如表 2-3 所示。

表 2-3　TCP/IP 参考模型各层对应的常见网络设备

TCP/IP 参考模型各层名称	常见网络设备
应用层	用户软件
传输层	电脑端 TCP/IP 协议栈

续表

TCP/IP 参考模型各层名称	常见网络设备
网络层	路由器
数据链路层	交换机
物理层	信号放大器

2.2.2 数据封装与解封装过程（二）

如果网络世界只有终端设备，将不能称之为网络世界。正因为有很多中转设备存在于其中，才形成了如此复杂的 Internet，只不过作为最终用户的我们没有机会感知到它们的存在，这都是传输层的“功劳”。传输层通过端口号辅助上层建立最终用户间的端到端会话，对于最终用户而言，数据的真实传输过程都被隐藏起来。例如，通过 QQ 即时通信软件聊天时，用户感觉好像在和对方面对面沟通，全然不知自己所说的内容经过了多少交换机和路由器才到达对方面前，但这些过程都是真实发生的。下面结合数据封装过程具体讲解。

首先我们需要明确，发送方与接收方的各层之间必须采用相同的协议才能建立连接，进而实现正常的通信，如图 2.7 所示。例如，应用层之间必须采用相同的编码/解码规则，才能保证用户信息传输的正确性；传输层之间必须采用相同的端口号与协议对应关系，才能保证上层应用进程间实现通信；网络层之间必须采用相同的逻辑寻址过程，才能保证数据不会传输到错误的目的地；数据链路层采用的协议如果不同，接收方甚至都不能“理解”数据的内容；物理层的硬件接口规格如果不同，接收方甚至连信号都无法接收到。

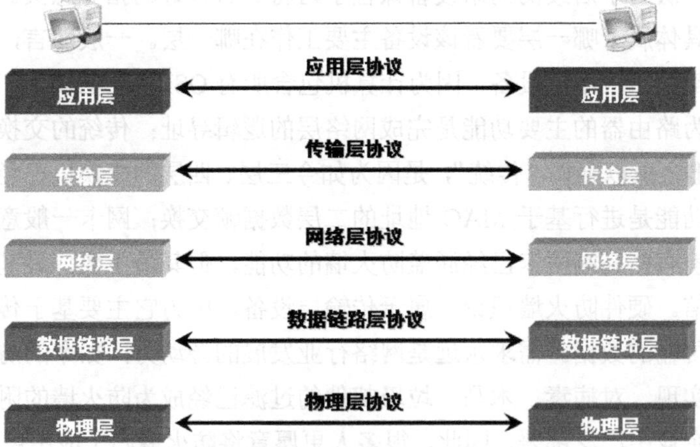

图2.7　TCP/IP参考模型各层间通信（一）

在实际的网络环境中，最终的发送方和接收方往往相隔千山万水，中间会有很多的硬件设备起到中转的作用。为了说明整个通信过程，假设一种通信结构，如图 2.8 所示。在通信的主机之间增加了两台交换机和两台路由器，发送主机的数据须经过这些中转设备才能到达接收主机。

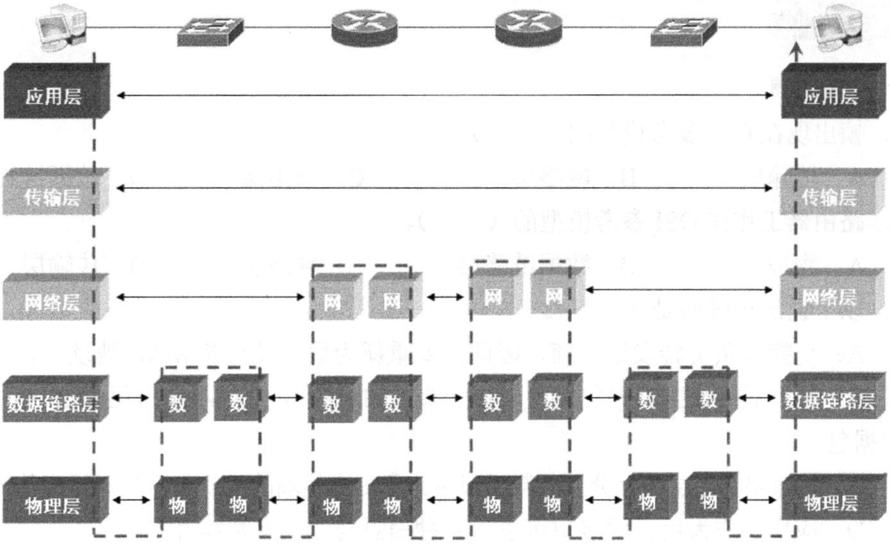

图2.8　TCP/IP参考模型各层间通信（二）

基于 TCP/IP 参考模型的具体通信过程如下。

（1）发送主机按照 2.2.1 节讲解的封装过程进行数据封装，对此不再赘述。

（2）从发送主机物理网卡发出的电信号通过网线到达交换机，交换机将电信号转换成二进制数据送往交换机的数据链路层。因为交换机属于数据链路层的设备，所以它可以查看数据帧报文头部的内容，但不会进行封装和解封装过程。当交换机发现数据帧报文头部封装的 MAC 地址不属于自己的 MAC 地址时，它不会像终端设备那样将数据帧丢弃，而是根据该 MAC 地址将数据帧智能地转发到路由器设备，但在转发前要重新将二进制数据转换成电信号。

（3）当路由器收到数据后，会拆掉数据链路层的 MAC 报文头部信息，并将数据送达网络层，这样 IP 报文头部信息就会“暴露”在最外面。路由器将检测数据包头部的目标 IP 地址信息，并根据该信息进行路由过程，智能地将数据报文转发到下一跳路由器上，但在转发前要重新封装新的 MAC 头部信息，并将数据转换成二进制数。

（4）之后的过程根据设备不同，将重复步骤（2）或步骤（3）。

由上述通信过程可知，数据在传输过程中不断进行着封装和解封装的过程。中转设备属于哪一层就在哪一层对数据进行相关的处理，以实现设备的主要功能。由此可知，五层结构的 TCP/IP 参考模型可以帮助我们很好地研究网络中的设备以及设备工作过程中需要遵守的协议。

本章总结

本章介绍了网络中的分层模型，通过分层模型读者可以更好地分析、排查网络故障，同时，也为读者学习后续内容奠定了基础，希望读者重视本章内容的学习。对于本章介绍的一些比较抽象的知识点，读者暂时对其简单了解即可，在学习了后续内容再重新来看本章知识，将会达到事半功倍的学习效果。

本章作业

一、选择题

1．帧出现在 OSI 参考模型的（　　）。

A．传输层　　B．网络层　　C．应用层　　D．数据链路层

2．路由器工作在 OSI 参考模型的（　　）。

A．物理层　　B．数据链路层　　C．网络层　　D．传输层

3．以下说法正确的是（　　）。

A．交换机负责转发数据帧，因此需要重新为数据帧封装 MAC 地址

B．路由器接收到数据包后发现报文头部的目的 IP 地址不是自己的 IP 地址，将丢弃数据包

C．传输层将上层数据分割成数据段是为了提高传输的成功率，从而提高传输效率

D．应用层作为用户的接口可以将各种信息与二进制数据互换

二、判断题

1．交换机工作在 OSI 参考模型的传输层。（　　）

2．HTTP 属于应用层协议。（　　）

3．数据包封装和解封装的过程完全相反。（　　）

4．TCP 与 UDP 相比，TCP 传输效率更高，UDP 传输更加稳定可靠。（　　）

三、简答题

1．为什么要进行 OSI 分层？

2．OSI 参考模型将网络分为七层，从下往上依次是什么？

3．请依次写出具有五层结构的 TCP/IP 参考模型的各层名称。

第3章

网络布线与数制转换

技能目标

- 学会制作双绞线跳线
- 学会打接信息模块
- 学会正确连接各种网络设备
- 了解光纤的特点、分类和应用
- 学会测试网络连通性
- 熟练掌握数制转换的方法

本章前半部分主要介绍连接网络的各种传输介质，如双绞线、光纤；讲解传输介质的连接方式、连接器的制作方法以及测试网络连通性的方法；介绍一些办公网络中常见的网络线缆问题。本章后半部分对数制转换进行了一个较为详细的分析讲解，即二进制数、十进制数、十六进制数之间的转换，而对此部分内容的理解、掌握将直接关系到后续 IP 和 MAC 地址的学习，因此数制是本章的重点之一。

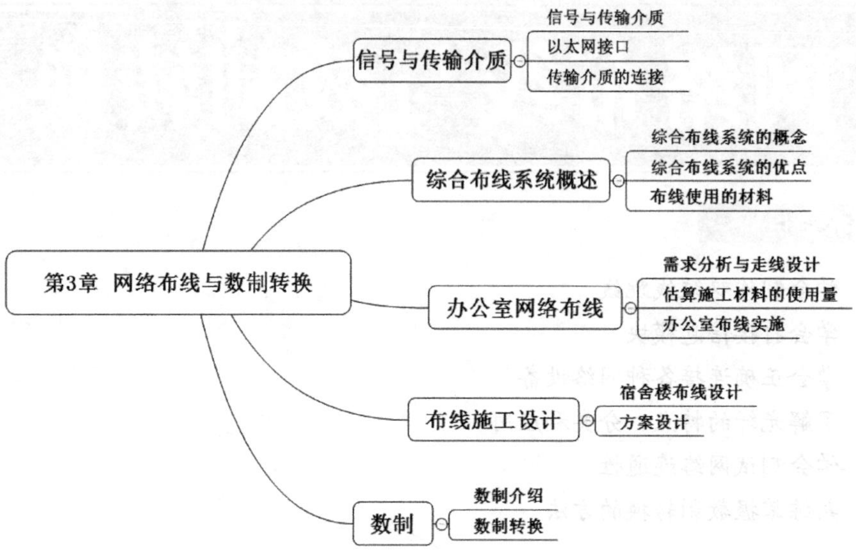

3.1 信号与传输介质

3.1.1 信号

1. 信号的相关概念

（1）信息

不同领域对信息有着不同的定义。一般认为信息是人们对现实世界事物的存在方式或运动状态的某种认识。表示信息的形式可以是数值、文字、图形、声音、图像以及动画等。

（2）数据

数据是用于描述事物的某些属性的具体量值。

（3）信号

信号是传递信息的一种物理现象和过程，是消息的载体。信号在网络中传输，使信息得以传递。

例如，描述某一件物体，它的长、宽、高、质地、颜色、气味等就是用以形容该物体的数据。通过这些数据，可以得到有关该物体的信息。当需要向他人传递这些信息时，就要通过信号传输。

2．信号的分类

信号分为模拟信号和数字信号。

（1）模拟信号

如图 3.1 左图所示，模拟信号是指用连续变化的物理量来表达信息，如幅度、频率等，又称为连续信号，它在一定的时间范围内可以有无限多个不同的取值。

（2）数字信号

如图 3.1 右图所示，数字信号是指在取值上是离散的、不连续的信号。数字信号使用几个不连续的物理状态来表示数字。电报信号就属于数字信号。现在最常见的数字信号是幅度取值只有两种（用 0 和 1 代表）的信号，称为“二进制信号”。

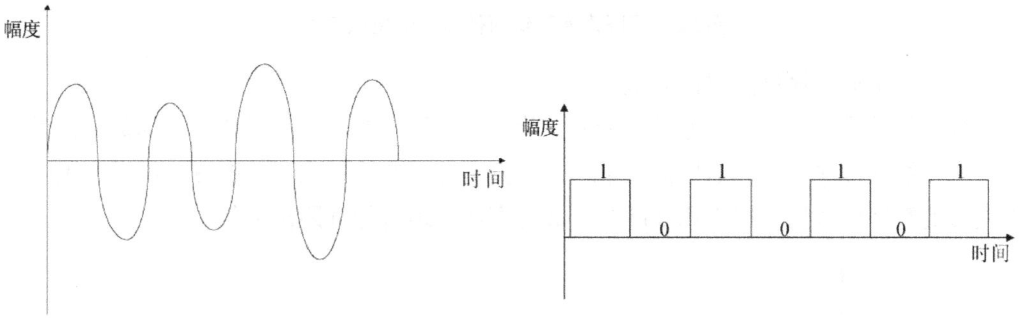

图3.1　模拟信号和数字信号

3．信号在传输过程中产生的失真

信号在传输过程中，因为受到外界干扰或传输介质本身具有阻抗等特性，会产生一定程度的失真。信号失真的原因主要有以下几个。

（1）噪声

信号在信道中传输时，往往会受到噪声的干扰。噪声就是在信号的传输、处理过程中，由于设备自身、环境干扰等原因而产生的有害干扰信号。这些信号与输入信号无关，是有害的信号。

（2）衰减

除了噪声以外，造成信号失真的另一个因素是信号的衰减，信号在传输介质中传播时，将会有一部分能量转化成热能或者被传输介质吸收，从而造成信号强度不断减弱，这种现象称为衰减。模拟信号和数字信号在传播过程中都会存在衰减。为了补偿衰减，在传输过程中要经常对数字信号和模拟信号进行放大处理。模拟信号被放大时，伴随的累积噪声也将被放大，这种杂乱无章的增强将使得模拟信号的变形更加严重。

4．数字信号的优势

（1）抗干扰能力强

模拟信号在传输过程中与叠加的噪声很难分离，噪声会随着信号一起被传输、放大，将严重影响通信质量，如图 3.2 所示。而数字信号中的信息是包含在脉冲的有、无之中的，只要噪声绝对值不超过某一阈值，接收端便可判别脉冲的有无，保证了通信的可靠性。

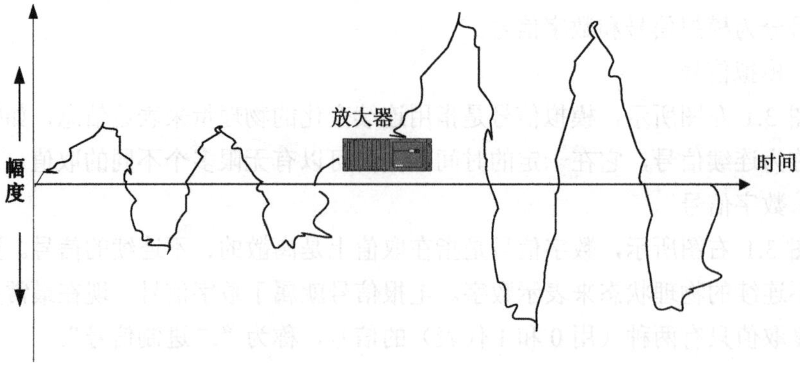

图3.2　因噪声变形继而被放大的模拟信号

（2）远距离传输仍能保证质量

数字信号采用再生中继方式，能够消除噪声。再生的数字信号和原来的数字信号一样，可以继续传输下去，这样保证了通信质量不受距离的影响。如图 3.3 所示，因噪声而变形的数字信号仍可用 1 和 0 解释，故可高质量地进行远距离通信。

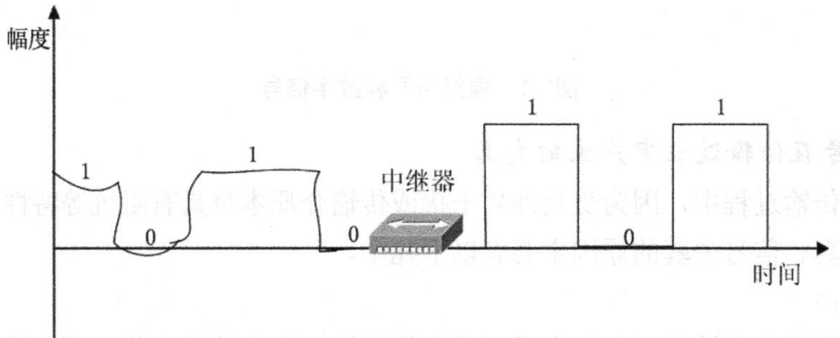

图3.3　因噪声而变形仍能被有效转发的数字信号

此外，数字信号还能够适应各种通信业务要求（如电话、电报、图像、数据等），具有便于实现统一的综合业务数字网、便于采用大规模集成电路、便于实现加密处理、便于实现通信网的计算机管理等优点。

请扫描二维码观看视频讲解。

网络信号

3.1.2　传输介质

传输介质是指在网络中传输信息的载体，常用的传输介质分为有线传输介质和无线传输介质两大类。不同的传输介质，其特性各不相同，对网络中数据的通信质量和通信速度也有不同的影响。

有线传输介质是指在两个通信设备之间实现的物理连接部分，它能将信号从一方传输到另一方，有线传输介质主要有双绞线、同轴电缆和光纤。双绞线和同轴电缆传输电信号，光纤传输光信号。

无线传输介质指在两个通信设备之间不使用任何物理连接，而是通过空间传输的一种技术。

1．双绞线

（1）双绞线概述

双绞线（twisted pair，TP）是为了消除电磁干扰，将互相绝缘的一对导线按一定的规格互相扭绞在一起所形成的通信介质，“双绞线”也由此得名。双绞线是网络综合布线工程中最常用的一种传输介质，一般把一对或多对双绞线放在一个绝缘套管中形成双绞线电缆，但日常生活中一般把“双绞线电缆”直接称为“双绞线”。

与其他传输介质相比，双绞线在传输距离、信道宽度和数据传输速度等方面均受到一定限制，但价格较为低廉。

双绞线分为屏蔽双绞线（STP）和非屏蔽双绞线（UTP），如图 3.4 所示。屏蔽双绞线通常用于有电磁干扰的工作环境中，如室外环境。通常情况下，在网络布线工程中广泛应用的是非屏蔽双绞线。

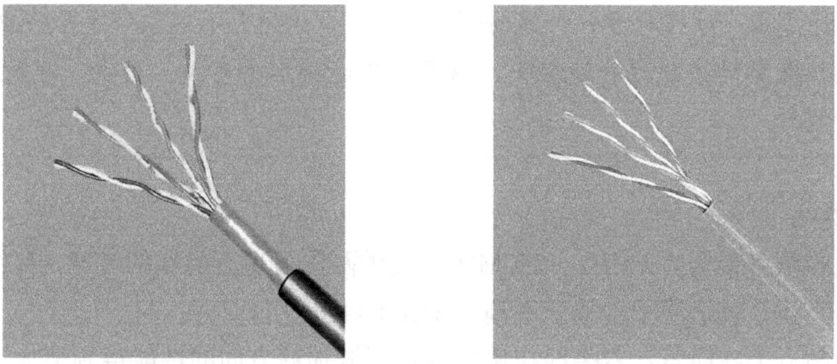

屏蔽双绞线　　非屏蔽双绞线

图3.4　屏蔽/非屏蔽双绞线

（2）双绞线的分类及特性

EIA/TIA-568 标准规定了用于室内数据传送的非屏蔽双绞线和屏蔽双绞线的标准，定义了一类线到七类线，类别号越大，版本越新，质量越好，自然价格也越高。前 4 类线现在已经很少见了，下面主要介绍后 3 类线。

① 五类线

五类线增加了绕线密度，外套一种高质量的绝缘材料，最高频率带宽为 100MHz，用于语音传输和传输速率为 100Mbit/s 的数据传输，主要用于 100Base-T 和 10Base-T 网络，是较常用的以太网电缆。

五类线依然是目前市场的主流产品，当初开发吉比特以太网时，也曾打算通过五类线实现，但后来发现五类线不能满足电气性能测试的要求，这也是众多厂家将超五类线推向市场的原因。

注意

100Base-T 是一种以 100Mbit/s 速率工作的局域网（LAN）标准，通常被称为快速以太网标准，使用两对 UTP（非屏蔽双绞线）铜质电缆。两个常用的标准是 100Base-TX 和 100Base-T4。100Base-TX 是市场上最早使用 100Mbit/s 的以太网产品，也是目前使用最广泛的网络产品。100Base-T4 是一个 4 对线系统，采用半双工传输模式，其中 3 对双绞线用于数据传输，1 对双绞线用于冲突检测。目前，100Base-T4 的标准已经被淘汰。

② 超五类线

超五类线衰减小、串扰少，具有更高的衰减与串扰比和信噪比、更小的时延误差，性能得到很大提高，传输速率为 250Mbit/s，是目前市场的主流产品。

注意

串扰是指一对线对另一对线的影响程度。串扰的大小不仅取决于线路本身，而且与连接线路的接收器和连接头，以及制作连接水平有关。总之，串扰越小，传输质量越好。

③ 六类线

六类线的频率带宽为 1MHz～250MHz，提供两倍于超五类线的带宽，其传输性能远远高于超五类线，较适用于传输速率高于 1Gbit/s 的应用。

相对于超五类线而言，六类线在串扰以及回波损耗方面的性能得到很大改善，这也是它能够稳定实现吉比特以太网的重要原因之一。六类线更适合使用在影音传输等高负载的环境中。

注意

回波损耗是表示信号反射性能的参数。信号源发送信号时一部分将被反射回来，这部分被反射回来的信号的功率与入射功率的比值即为回波损耗。

④ 七类线

七类线（Cat 7）目前还没有广泛应用，它具有更高的传输带宽，可达 600MHz。七类线采用双层屏蔽的双绞线，其在网络连接方式上也有很大变化，因此，它与传统的 RJ-45 接口完全不兼容。

2. 光纤

（1）光纤的特点

随着光通信技术的飞速发展，现在已经可以利用光导纤维（简称光纤）来传输数据。如前文所述，数字信号的表示方法非常简单，取值一般只有两种（0 和 1）。于是，人们用光脉冲的出现表示 1，不出现表示 0，这样便可以实现光通信。

相对于双绞线，光纤具有如下优点。

① 传输带宽高

由于可见光的频率范围极大，因而光纤传输系统可以使用的带宽范围也很大。目前，光纤传输技术所用带宽可以超过 50000GHz，今后可能更高。当前 10Gbit/s 网络的传输瓶颈是光电信号转换速度跟不上导致的。如果在将来实现了完全的光交换和光互连（即全光网络），那么网络的速度将会成千上万倍地增加。

② 传输距离远

光纤的传输距离要远远大于双绞线，其最大传输距离早已超过 100km，且随着光通信技术的发展还会有所提高。不同种类光纤的最大传输距离是不同的，传输速率、纤芯直径等参数也会影响光纤的传输距离。

③ 抗干扰能力强

在各种传输介质中，光纤的抗干扰能力是最强的，原因有两个：第一，光纤本身由绝缘体构成，不受电磁干扰，因此在室外传输时，不受雷电和高压电产生的强磁干扰的影响；第二，由于光纤传输的是光信号，因此不会像电信号那样产生磁场而使得信号相互抵消。

光纤的优点很多，而且随着光纤价格越来越低、技术越来越成熟，普及率也越来越高，相信在不远的将来，光纤网络的普遍覆盖必会成为现实。

（2）光纤的种类

按照传输模式的不同，光纤可分为单模光纤和多模光纤。

光信号在光纤中传输是利用了光的全反射原理，光线被完全限制在光纤中，几乎无损耗地传播，如图 3.5 所示。任何以大于临界值角度入射的光线，在介质边界都将按全反射的方式在介质内传播，而且不同的光线在介质内部以不同的反射角传播。“模”即为光纤的入射角度。

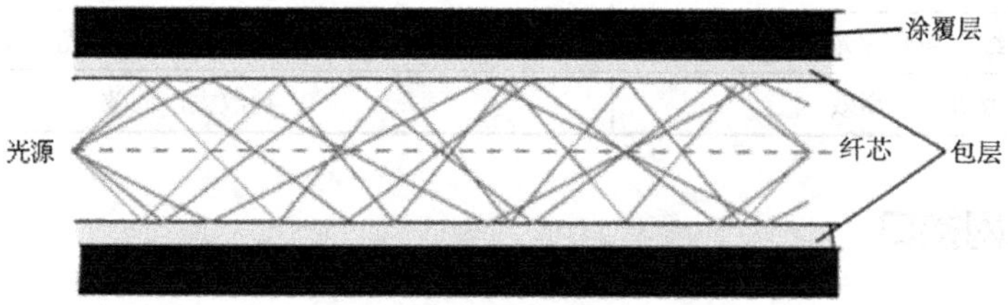

图3.5　光脉冲在光纤中传输

如果将光纤纤芯直径减小到只有光波波长大小，则光纤中只能传输一种“模”的光，这样的光纤称为单模光纤（Single-mode Fiber）。如果光纤纤芯的直径较大，则光纤中可能存在多种入射角度，具有这种特性的光纤称为多模光纤（Multi-mode Fiber）。单模光纤和多模光纤的比较如图 3.6 所示。

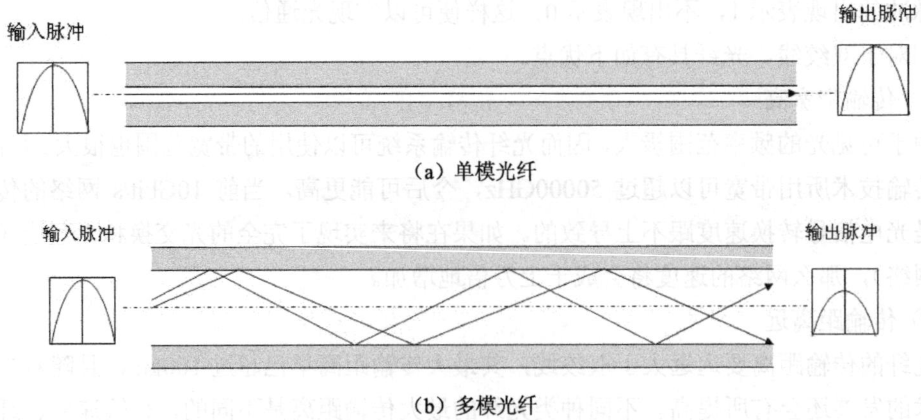

图3.6　单模光纤和多模光纤的比较

① 单模光纤

单模光纤的纤芯很细，其直径只有几微米。同时单模光纤的光源只能使用较贵的半导体激光器，而不能使用较便宜的发光二极管，因此单模光纤的光源质量较高，且在传输过程中损耗较小，在10Gbit/s的高速率下可传输数十甚至上百千米而不必增加中继器。

② 多模光纤

多模光纤的纤芯较粗，其直径一般在50～100μm，制造成本较低；但其光源质量较差，且传输过程中的损耗比较大，因此传输距离较单模光纤近得多，一般在几百米到几千米。

单模光纤与多模光纤的比较如表3-1所示。

表3-1　单模光纤和多模光纤的比较

单模光纤	多模光纤
用于高速度、长距离传输	用于低速度、短距离传输
成本较高	成本较低
端接较难	端接较易
窄芯线，需要激光源	宽芯线，聚光好，光源可采用激光或发光二极管
耗散极小，高效	耗散大，低效

3.1.3　以太网接口

由于传输介质的不同，以太网中连接线缆的接口也不同，本节将介绍目前最常用的传输介质——双绞线和光纤使用的接口。

1. RJ-45 接口

RJ-45由插头和插座组成，用于数据电缆的端接。计算机网络中使用的RJ-45是标准8位模块化接口的俗称。在以往的五类、超五类以及六类布线中，采用的都是RJ型接口，俗称“水晶头”。RJ-45接口只能沿固定方向插入，有一个塑料弹片与RJ-45插槽卡住以防止脱落。

RJ-45 接口在 10Base-T 以太网、100Base-TX 以太网、1000Base-T 以太网中都可以使用，传输介质都是双绞线。RJ-45 接口的外观如图 3.7 所示。

图 3.8 所示为 RJ-45 接口（水晶头）的截面示意图，从正面看，从左到右的管脚顺序依次为 1～8。

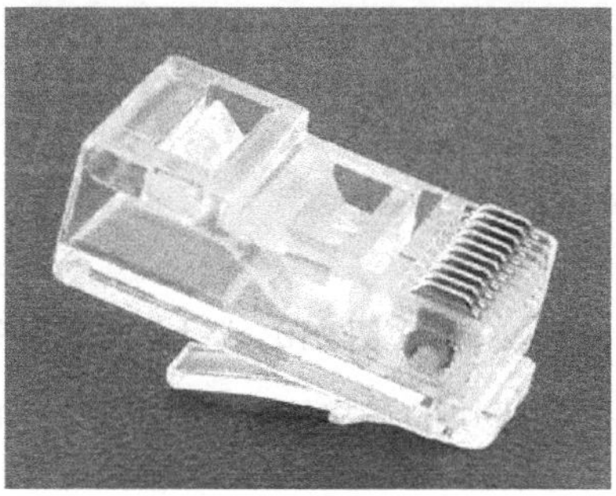

图3.7　RJ-45接口

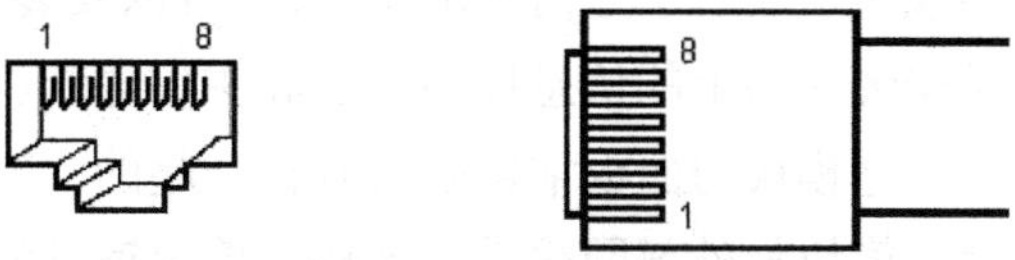

图3.8　RJ-45接口截面示意图

2. **光纤接口**

光纤接口俗称活接头，国际电信联盟（ITU）建议将其定义为用以稳定地但不是永久地连接两根或多根光纤的无源组件。光纤接口是光纤通信系统中不可缺少的无源器件，它的使用使光通道间的可拆式连接成为可能。光纤接口的种类很多，主要有以下几种。

- FC：圆形带螺纹光纤接口。
- ST：卡接式圆形光纤接口。
- PC：微球面研磨抛光光纤接口。
- SC：卡接式方形光纤接口。
- MT-RJ：收发一体的方形光纤接口。

这里只简要介绍 SC 光纤接口。SC 光纤接口在 100Base-TX 以太网时代就已经得到了应用，因此称为 100Base-FX（F 表示光纤）。由于当时光纤性能并不比双绞线突出，而成本却较高，因此没有得到普及。现在业界大力推广吉比特以太网，SC 光纤接口又开始受到重视。

SC 光纤接口主要用于局域网交换环境，在一些高性能吉比特交换机和路由器上都提供了这种接口。它与 RJ-45 接口看上去很相似，但 SC 光纤接口显得更扁些，明显区别还是里面的触片。如果是 8 条细的铜触片，则是 RJ-45 接口；如果是一根铜柱，则是 SC 光纤接口，如图 3.9 所示。

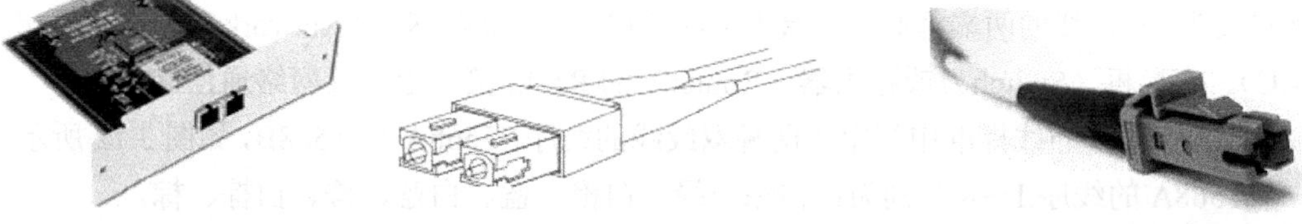

图3.9　光纤接口

早期还使用一种 ST 光纤接口，它和 SC 光纤接口只是形状不同，SC 是方形，ST 是圆形。一般光纤接线盒上的耦合器接口是圆形的，所以使用 ST 光纤接口。

3. **信息插座**

信息插座看起来像电源插座，其作用是为计算机提供一个网络接口，通常由信息模块、面板和底座组成。

根据实际应用环境，信息插座分为墙上型、地上型和桌上型。其中较为常用的是墙上型，如图 3.10 所示。该类型的信息插座既可以安装于室内的墙壁上，也可以安装在工位的隔断上，只是安装在墙上的信息插座需要和主体建筑施工一同完成。

图3.10　墙上型信息插座

信息模块与面板常常是嵌套在一起的，埋在墙中的网线通过信息模块与外部网线进行连接。墙内铺设的网线与信息模块的连接则是通过把网线的 8 条芯线按规定卡入信息模块的对应线槽中实现的。

不同厂商生产的信息模块的外观不同，有的面板注有双绞线颜色标号（或提供专门的说明书）。与双绞线压接时，注意颜色标号配对，就能够正确地压接，图 3.11 展示了两款不同型号的信息模块。

橙	2	□	□	7	白棕
白橙	1	□	□	8	棕
白绿	3	□	□	6	绿
白蓝	5	□	□	4	蓝

AT&T 信息模块与双绞线连接

白绿	2	□	□	7	白蓝
绿	1	□	□	8	蓝
白棕	3	□	□	6	白橙
棕	5	□	□	4	橙

AMP 信息模块与双绞线连接

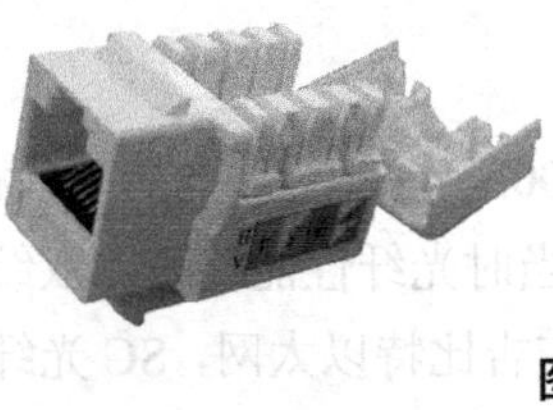

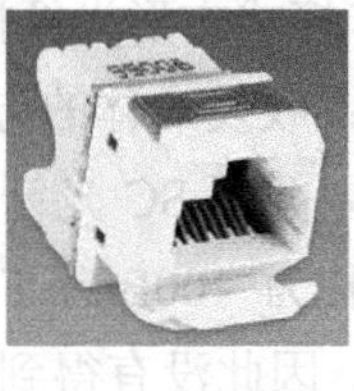

图3.11　RJ-45插座模块

3.1.4 传输介质的连接

1. **双绞线的连接规范**

在双绞线作为传输介质的以太网中，一般用到三种网线：标准网线、交叉网线和全反线。下面着重介绍这三种网线，以及如何使用双绞线和 RJ-45 连接器进行网络的连接。

正如前面小节介绍的，RJ-45 接口是一种只能沿固定方向插入并能自动防止脱落的塑料接头。双绞线的两端都必须安装 RJ-45 接口，以便插在网卡（Network Interface Card，NIC）、交换机（Switch）或路由器（Router）的 RJ-45 接口上进行网络通信。

EIA/TIA 的布线标准中规定了两种双绞线的线序：T568A 与 T568B，如图 3.12 所示。

T568A 的线序 1～8 分别为：白绿、绿、白橙、蓝、白蓝、橙、白棕、棕。

T568B 的线序 1～8 分别为：白橙、橙、白绿、蓝、白蓝、绿、白棕、棕。

双绞线必须和 RJ-45 接口配合使用。双绞线的线序与 RJ-45 接口的管脚序号要一一对应，才能把各计算机连接起来。在双绞线的网络中，用于设备互连的网线主要是标准网线和交叉网线。标准网线（又称直通线、平行线，Straight-through）就是 RJ-45 两端同时采用 T568A 或 T568B 标准制作；交叉网线（Cross-over）则是一端采用 T586A 标准制作，另一端采用 T568B 标准制作。这两种网线都有各自不同的使用场合，如图 3.13 所示。

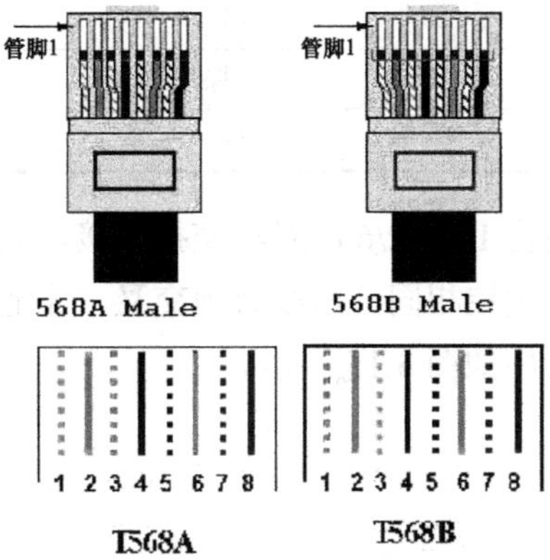

图3.12　T568A和T568B的双绞线线序

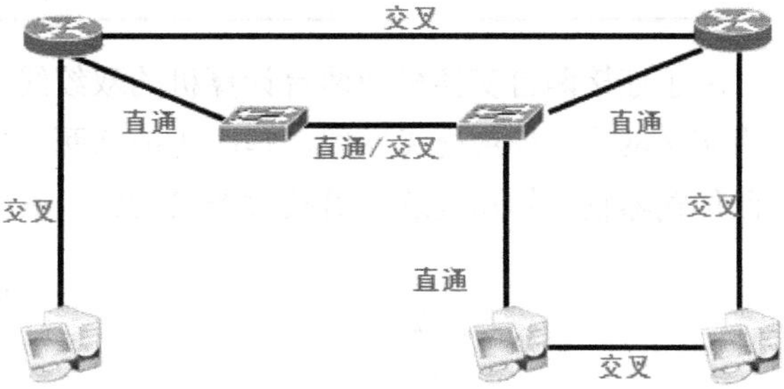

图3.13　标准网线和交叉网线的使用场合

许多初学者在布线时经常犯的错误是采用一一对应的连接方法来制作标准网线。当连接距离较短时，系统不会出现连接上的故障；但当连接距离较长、网络繁忙或高速运行时，就必须遵循 EIA/TIA 568A/B 标准才能保证传输质量。这是由于传输使用的线缆呈平行状，线缆间存在串扰导致的，所以一般标准网线使用 EIA/TIA 568B 标准。标准网线的线序如图 3.14 所示。

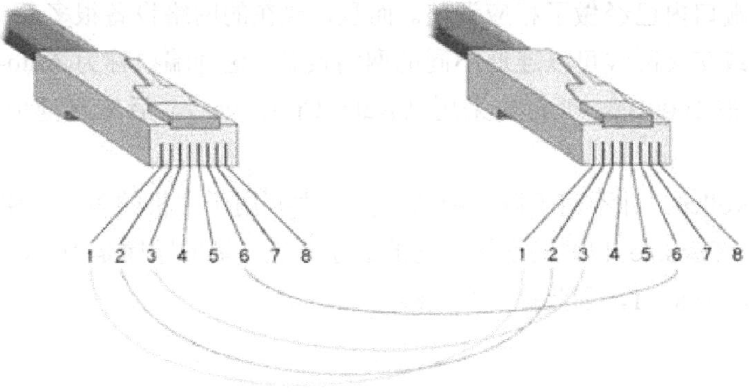

图3.14　标准网线的线序

在标准网线制作中，根据 10Base-T 和 100Base-TX 标准，双绞线的 4 对（8 根）线中，1 和 2 必须是一对，用于发送数据；3 和 6 必须是一对，用于接收数据。其余的线在连接中虽也被插入 RJ-45 接口，但实际上并未使用。而对于 1000Base-T 标准，则需要使用全部 4 对双绞线。表 3-2 列出了 T568A 中不同网线的功能。

表 3-2　T568A 标准中 RJ-45 接口的管脚号和颜色编码

管脚号	用途	颜色
1	发送 +	白绿
2	发送 –	绿
3	接收 +	白橙
4	未使用	蓝
5	未使用	白蓝
6	接收 –	橙
7	未使用	白棕
8	未使用	棕

用于连接两台交换机或两台计算机的双绞线，需要将 1/3、2/6 两对线交换连接，故称为交叉网线。使用交叉网线，是因为链路两端接口的键控相同，网线必须交叉，才能保证传输器输出针总是连接着接收器接收针。其线缆顺序如图 3.15 所示。

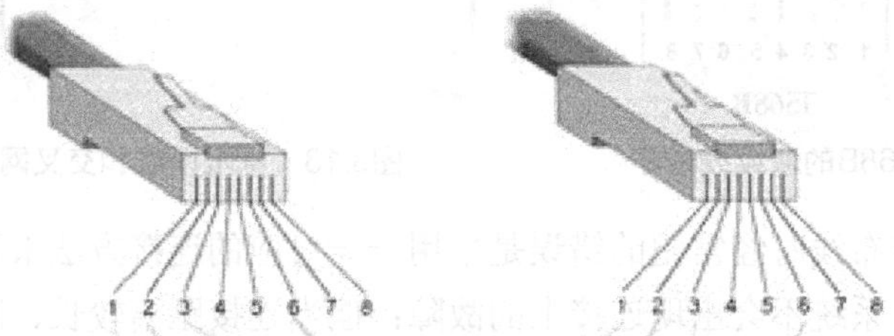

图3.15　交叉网线的线序

如果使用交换机上专用的级联端口，则直接使用标准网线即可连通，这是因为在交换机的级联端口内已经做了相应调整。而且，现在的网络设备很多都支持自动翻转，使用标准网线或交叉网线可以连通不同的网络设备。这种端口称为 Auto-MDIX，是 HP 公司的专利，被 1000Base-T 首先采用（Auto Crossover），后来逐渐应用到 100Base-T 中。

全反线（Rolled）并不用于以太网的连接，主要用于主机的串口和路由器（或交换机）的控制口（Console 口）的连接。它的线序就是一端的顺序是 1～8，另一端的顺序则全部反过来，是 8～1，因此称为全反线。

注意

主机和交换机、交换机和路由器、交换机和交换机通过双绞线相连，分别应该使用哪种双绞线？

2. 双绞线连接的应用实例

作为一名网络管理员，保证线缆的物理连接正常是一项重要的工作。因此，掌握双绞线连接器的制作方法以及信息模块的打接方法是网络管理员必须具备的一项基本技能。下面通过具体的案例来讲解。

公司有两名新员工已经办理好入职手续，需要为他们安排工位，这时网络管理员应该做哪些工作呢？具体工作如下。

① 从后勤部门领取两台计算机和两部电话。

② 分别给两台计算机安装操作系统和杀毒软件。

③ 检查工位下面的信息模块是否可用，并通过合适的线缆将计算机和电话连接到信息模块上。

④ 测试网络的连通性。

将新员工的计算机连接到信息模块时需要使用双绞线跳线。通常情况下，网络管理员会提前预备线缆，但如果刚好用完就需要临时制作了。

（1）制作双绞线跳线的实例

使用压线钳制作双绞线跳线时，需要经过剪断、剥皮和压制等操作，压线钳如图 3.16 所示。

➢ 一侧有刀片的称为剪线刀口，用于将双绞线剪断或修剪细铜线。

➢ 双侧有刀片的称为剥线刀口，用于将双绞线的外皮剥下。

➢ 一侧有牙、对侧有槽的称为压槽，用于将 RJ-45 水晶头上的铜片压到双绞线的铜线上。

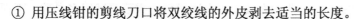

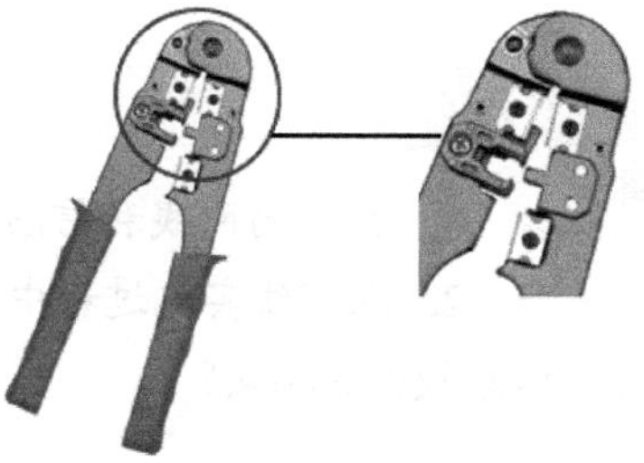

图3.16　压线钳

双绞线跳线的制作过程以下。

① 用压线钳的剪线刀口将双绞线的外皮剥去适当的长度。

② 由于要连接交换机和 PC，所以应选用直通线，即两端使用相同的线序（T568A 或 T568B）。

③ 将双绞线中绞合在一起的细线拆开、理顺、捋直，并按照 T568B 线序平行排列双绞线内的细线。

④ 用压线钳将线头剪齐，预留长度建议为 1.2～1.3cm。

⑤ 将剪齐后的细线插入 RJ-45 接口，用压线钳将其压紧。

双绞线跳线制作完成后，就可以用于连接员工计算机和信息模块。如果发现信息模块出现连通性问题（信息模块可能会因为经常插拔或长时间未使用而导致接触不良），还需重新打接信息模块。

（2）打接信息模块的实例

图 3.17 所示的打线工具为打线钳，用于将双绞线压入信息模块中，并剪去多余的线头。

信息模块的打接过程如下。

① 将信息模块的防尘盖打开，将双绞线从底盒中拉出，预留合适的长度。

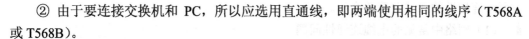

② 用压线钳拨开双绞线的外皮，将双绞线压于剥线器的刀口位置，一只手固定线缆，另一只手的食指穿过剥线器的圆孔，在与双绞线垂直的平面上旋转直至剥去双绞线

的外皮。

③ 将双绞线中的细线拆开，按照信息模块标识的顺序用打线钳将 8 根线一一压到线槽内。压线时压线钳要垂直向下，将线压实后剪掉模块外多余的线。

④ 图 3.18 所示为打接好的信息模块，检查线序无误后，用防尘盖将信息模块固定在墙上。

图3.17　打线钳

图3.18　信息模块

思考

1. 公司的网线和信息插座由于经常插拔造成接触不良，如何打接信息模块？

2. 在布线实施过程中，如何保质保量地完成双绞线跳线的制作以及配线架、信息模块的端接？

3. 双绞线的连通性测试

线缆的测试工作非常复杂，专业的布线工程在连通后还需要测试很多参数。下面只对网络连通性的测试做简单介绍。

（1）网络中常见的电缆连通性问题

双绞线跳线制作完成了，信息模块打接也完成了，但网络管理员的工作还没有完成。因为在连接线缆的过程中难免出现很多问题，常见的有线缆开路、线对错接、线缆接触不良等。

① 线缆开路

对于 4 对双绞线而言，线缆开路是指线缆中的一根或几根铜线出现断路而导致无法通信。例如，直通线两端的 2 号线无法连通，造成通信失败。出现这类问题大多是由以下原因造成的。

- 剥去双绞线外皮时，对里面的细线造成损伤。
- 连接水晶头时，由于细铜线没有排列整齐，导致水晶头的铜片没有接触到铜线。
- 在墙内穿线过程中，对线缆造成损伤。

② 线缆错接

线缆两端的线序出现问题，导致两端无法通信。例如，没有按照标准线序，排错线序。

③ 线缆接触不良

还有一种情况是，线缆并没有开路，但是由于接触不良，通信时断时续或信号很弱。这可能是由于压线不紧或线缆有损伤造成的。

（2）检测连通性问题

图 3.19 所示是一种快捷方便的连通性测试工具——连通性测线仪，它由两部分组成：基座部分和远端部分，每部分上面都有对应线对的 8 个指示灯。将这两部分连到链路的两端，然后给双绞线的每个线对加一个电压，二极管就会逐个亮起，根据发光情况可以判断故障产生的原因。

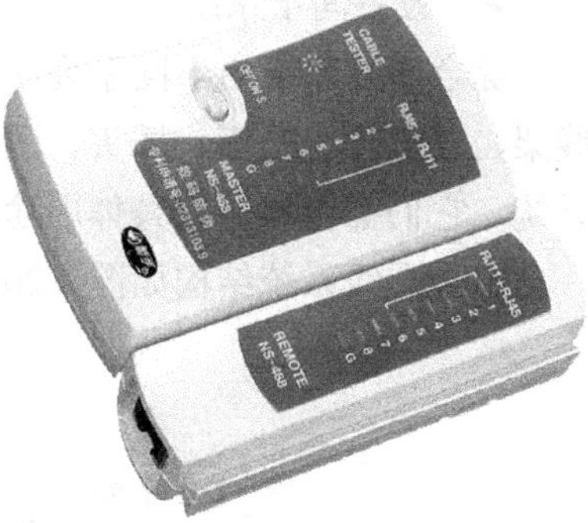

图3.19　连通性测线仪

① 检测线缆开路

如果检测过程中发现某个线对对应的指示灯没有亮起，说明该线对出现开路问题。

② 检测线缆错接

如果检测过程中发现两端的指示灯没有按照顺序亮起，说明线缆出现错接问题。需要说明的是，如果测试的是直通线，基座部分和远端部分都是按照 1～8 的顺序亮起；如果测试的是交叉线，基座部分还是按照 1～8 的顺序亮起，而远端部分则按照 3、6、1、4、5、2、7、8 的顺序亮起，因为一端采用的是 T568A 的线序、另一端采用的是 T568B 的线序。

连通性测线仪的优点是操作简单，可以快捷地进行双绞线链路的连通性测试工作；它的主要缺点在于测试功能方面。对于电信级的网络而言，通信质量一般要求较高，使用连通性测线仪将无法完成所有参数测试。例如，工程要求测试衰减和串扰方面的参数，就只能使用 Fluke 测试仪等高级测试工具。

3.2 综合布线系统概述

要设计、实施和验收一个综合布线系统，首先需要知道什么是综合布线系统，它都包含哪些主要内容。本节主要介绍综合布线系统的整体概念。

3.2.1 综合布线系统的概念

综合布线是一种模块化的、灵活性极高的建筑物内或建筑群间的信息传输通道。综合布线系统是一个用于传输语音、数据、影像和其他信息的结构化布线系统，是建筑物或建筑群内的传输网络，它使语音和数据通信设备、交换设备和其他信息管理系统彼此相连接。综合布线系统的物理结构一般采用模块化设计和分层星形拓扑结构，包括六个独立的子系统：

- 工作区子系统
- 水平子系统
- 管理子系统

➢ 垂直子系统

➢ 建筑群（楼宇）子系统

➢ 设备间子系统

综合布线系统由不同系列和规格的部件组成，包括传输介质、相关连接硬件（如配线架、连接器、插座、插头、适配器）和电气保护设备等。这些部件可用来构建各个子系统，它们都有各自的具体用途，不仅易于实施，而且能随需求的变化平稳升级。

综合布线系统结构如图 3.20 所示。

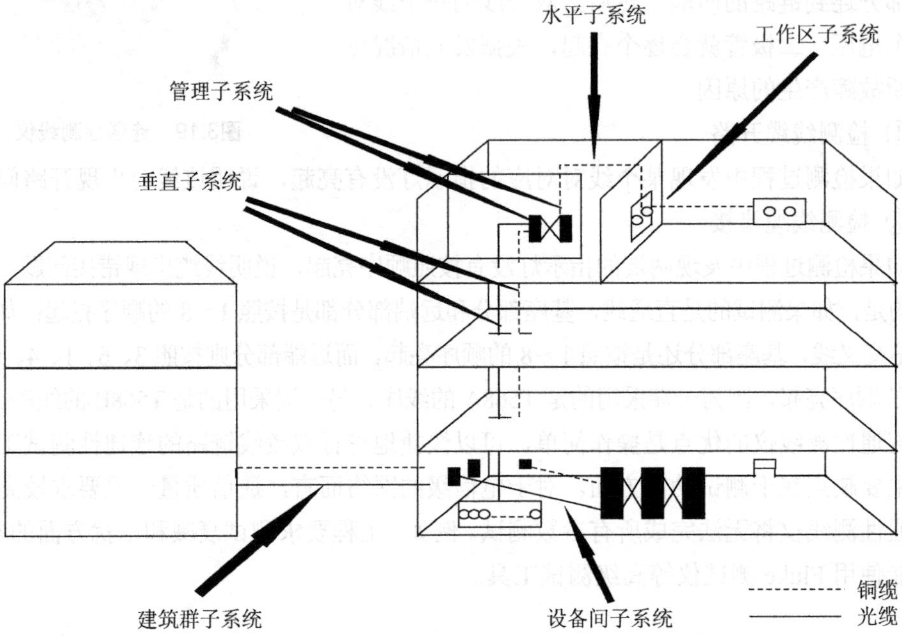

图3.20 综合布线系统结构

1. 工作区子系统

工作区子系统又称为服务区子系统，它由 RJ-45 跳线与信息插座所连接的设备（终端或工作站）组成。其中，信息插座有墙上型、地面型、桌上型等多种类型。

工作区子系统中所使用的连接器必须具备标准的 8 位接口，这种接口能接收楼宇自动化系统的所有低压信号以及高速数据网络的信息和数字音频信号。工作区子系统布线要求相对简单，便于今后移动、添加和变更设备。

2. 水平子系统

水平子系统也称为水平干线子系统，它是从工作区的信息插座开始到管理子系统的配线架结束，一般为星形结构。它与垂直子系统的区别在于：水平子系统总是在一个楼层上，仅与信息插座、管理间连接。在综合布线系统中，水平子系统通常采用 4 对 UTP（非屏蔽双绞线），能支持大多数现代化通信设备；如果存在磁场干扰或有信息保密需求时，可以采用屏蔽双绞线；在高带宽应用时，可以采用光缆。

水平子系统包括水平布线、信息插座、电缆终端及交换。

3. **垂直子系统**

垂直子系统也称为垂直干线子系统或主干线系统，它提供建筑物的主干线缆，负责连接管理子系统和设备间子系统。目前的设计中一般使用光缆实现。它也提供了建筑物垂直干线电缆的走线方式。

垂直子系统连接通信室、设备间和入口设备，包括主干电缆、中间交换、主交接、终端和用于主干到主干交换的接插线或插头。主干布线要采用星形拓扑结构，接地应符合 EIA/TIA607 的规定。

4. **管理子系统**

管理子系统由交连、互连和 I/O 组成。管理间是楼层的配线间，管理子系统为其他子系统间互连提供手段，它是连接垂直子系统和水平子系统的设备，主要包括配线架、交换机，以及机柜和电源等。

交连和互连允许将通信线路定位或重定位在建筑物的不同部分，以便能更容易地管理通信线路。I/O 位于用户工作区、其他房间或办公室，在使用移动终端设备办公时能够方便地对其进行插拔。

5. **设备间子系统**

设备间子系统也称为设备子系统，由电缆、连接器和相关支撑硬件组成。它把各种公共系统的多种不同设备互连起来，如光缆、双绞线电缆、同轴电缆、程控交换机等。

EIA/TIA569 标准规定了设备间的设备如何布线。设备间是综合布线系统最主要的管理区域，所有楼层的信息都由电缆或光纤传送至此。通常，设备间子系统安装在计算机系统、网络系统和程控交换机系统的主机房内。

6. **建筑群（楼宇）子系统**

建筑群（楼宇）子系统也称为园区子系统，通常由光缆和相应设备组成。它将一个建筑物内的电缆延伸到另一个建筑物的通信设备和装置中，以提供外部建筑物与大楼内布线的连接点；它支持楼宇间通信所需的硬件，如电缆（如双绞线）、光缆和防止电缆上的脉冲电压进入建筑物的电气保护装置。EIA/TIA569 标准规定了网络接口的物理规格，以实现建筑群之间的连接。

3.2.2　综合布线系统的优点

1. **结构清晰，便于管理维护**

传统的布线方法是将各种不同设施的布线分别进行设计和施工，如电话系统、消防与安全报警系统、能源管理系统等。但在一个自动化程度较高的大楼内，各种线路繁多，布线时免不了在墙上打洞，在室外挖沟，造成一种不停修修补补的难堪局面，还存在难以管理、布线成本高、功能不足和难以适应形势发展的需要等问题。综合布线就是针对传统布线方法存在的这些问题而采取的解决方法，它具有统一材料、统一设计、统一布线、统一安装施工等特点，能做到结构清晰，便于集中管理和维护。

2. **材料统一先进，适应今后的发展需要**

综合布线系统采用了先进的材料，如超五类和六类双绞线都能用于架设吉比特以太网，完全能够满足未来的发展需要。

3. **灵活性强，适应各种不同的需求**

一个标准的插座既可接入电话，又可连接计算机终端，从而实现语音/数据点互换，可适应各种不同拓扑结构的局域网。

4. **便于扩充，既节约了费用，又提高了系统的可靠性**

综合布线系统一般采用冗余和星形结构的布线方式，既提高了设备的工作能力，又便于用户扩充，而且每个子系统内的布线更改不会影响到其他子系统。虽然传统布线所用线材比综合布线所用线材要便宜，但在统一布线的前提下，可统一安排线路走向，统一施工，能够减少用料和施工费用，也能够减少占用大楼的空间，而且使用的线材质量较高。

3.2.3 布线使用的材料

前面介绍了在布线过程中经常用到的线缆，实际工作中，还会用到很多其他的布线材料：线槽、走线架、配线架。

1. **线槽**

线槽分为金属线槽和聚氯乙烯（PVC）线槽两种。在一般的布线系统中，PVC 线槽使用得较多，金属线槽多用于屏蔽系统。

PVC 线槽由槽底和槽盖组成。槽与槽相连接时，可使用相应尺寸的接插件和螺钉固定。线槽的外形如图 3.21 所示。

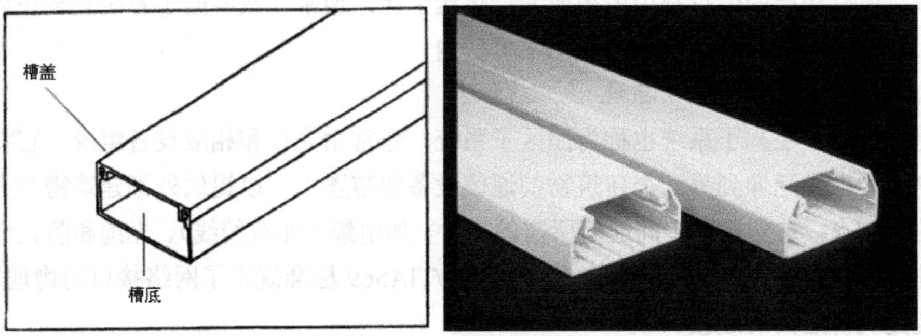

图3.21 线槽的外形

PVC 线槽的品种规格很多，从型号上可分为 PVC-20 系列、PVC-25 系列、PVC-25F 系列、PVC-30 系列、PVC-40 系列、PVC-40Q 系列等；从规格上可分为 20mm×12mm、25mm×12.5mm、25mm×25mm、30mm×15mm 和 40mm×20mm 等。

注意

在 PVC 槽中填充双绞线时，填充的线缆不应超过线槽横截面积的 70%。也就是说，不同规格的 PVC 槽有不同的容量限制，如 20mm×12mm 的规格一般放置 2 根线缆，25mm×12.5mm 的规格一般放置 4 根线缆，40mm×20mm 的规格一般放置 9 根线缆。

与 PVC 槽配套的附件有阳角、阴角、直转角、平三通、顶三通、左三通、右三通、连接头、终端头、接线盒（暗盒、明盒）、灯头盒等。PVC 线槽明铺设安装的配套附件外形如表 3-3 所示。

表 3-3　PVC 线槽明铺设安装的配套附件外形

产品名称	图例	产品名称	图例	产品名称	图例
阳角		平三通		连接头	
阴角		顶三通		终端头	
直转角		左三通		接线盒插口	
		右三通		灯头盒插口	

2. **走线架（桥架）**

一般来说，可以将走线架和桥架理解为同一种布线设备的两种不同叫法。走线架与线槽的功能有些类似，主要用于布线系统中各类线缆的铺设，它强度较高，承重较好，是线槽无法比拟的。当需要铺设的线缆较多时，便会使用走线架。例如，配线间一般会汇聚整个楼层或几个楼层的线缆，这时就需要使用走线架作为走线槽。

如图 3.22 所示，走线架可采用吊顶安装，也可采用地面支撑安装，且分为室内和室外两种。

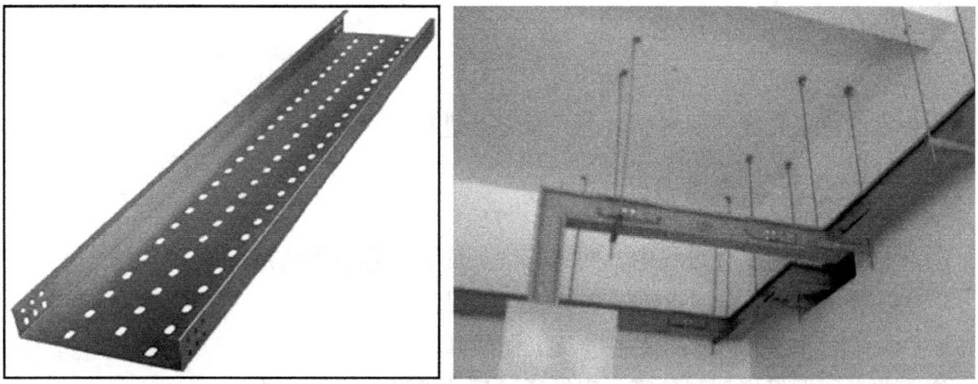

图3.22　走线架

一般来说，走线架用于直接承载电缆，而线槽多用于承载电线。当需要铺设的电线较多时，可先用走线架承载多个线槽，再架设于吊顶之上。

3. **配线架**

对于各楼层的配线间而言，配线架可以理解为将来自各终端的线缆汇集起来，并将这些线缆最终连接到网络设备的一种工具。

如图 3.23 所示，终端设备（如计算机）通过双绞线跳线连接到工位的信息插座上，而端接在信息插座上的线缆的另一端就连接在配线架上。配线架可以汇聚来自各终端的线缆，方便对整个楼层线缆的维护与管理。

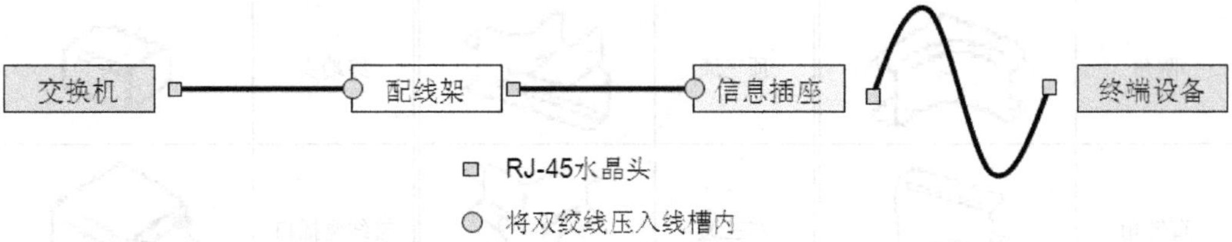

图3.23　配线架连接示意

图 3.24 所示为双绞线配线架的连接图以及前后面板。

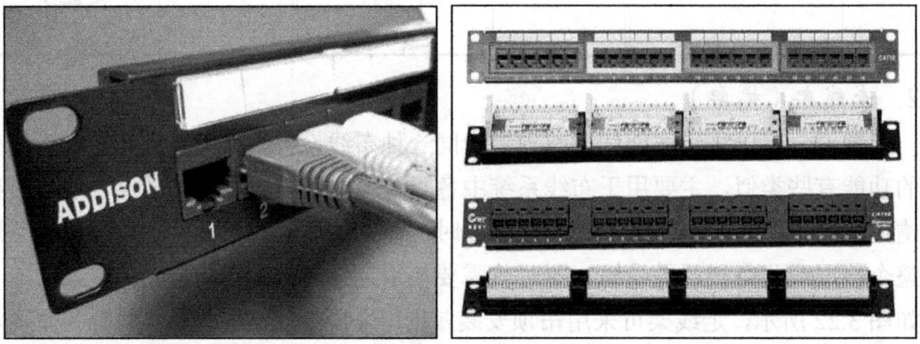

图3.24　配线架

3.3 办公室网络布线

办公室的网络布线需要遵循以下几个方面进行。

3.3.1 需求分析与走线设计

在办公室网络的设计过程中，网络管理员应该注意以下两点。

- 根据办公室平面图设计出具体的走线图。
- 核算各种施工材料的使用量及工程预算。

施工前必须做好规划和预算，审批通过后才能开展后续工作。

1. **网络管理员的布线任务**

如图 3.25 所示，办公室内共有 8 个工位，分别通过隔断隔开，每个工位上有一台计算机，需要将这 8 台计算机通过双绞线连接到配线间。

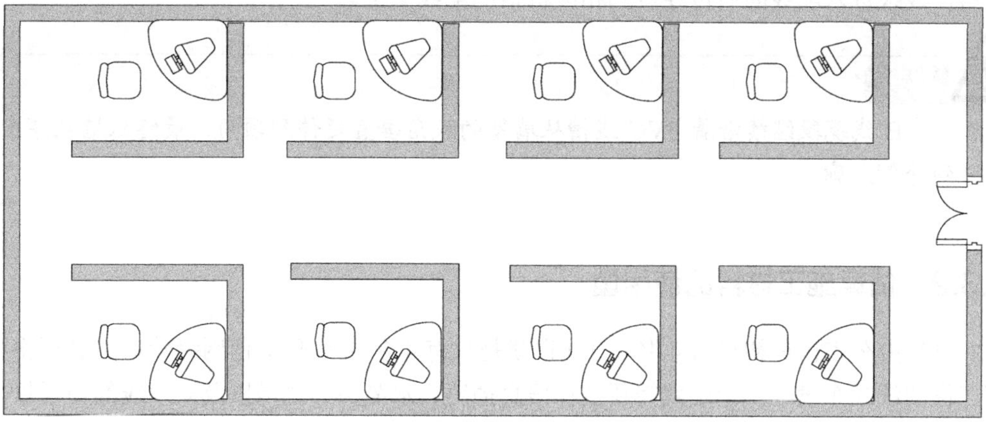

图3.25　办公室平面图

要求如下：

➢ 尽量节约成本；

➢ 注意办公环境的美观（网线不可直接暴露在外面）。

2. **设计走线图**

图 3.26 所示为办公室的布线设计图，为了描述方便，将不同部分的双绞线分别用 A、B、C 三段线缆表示。

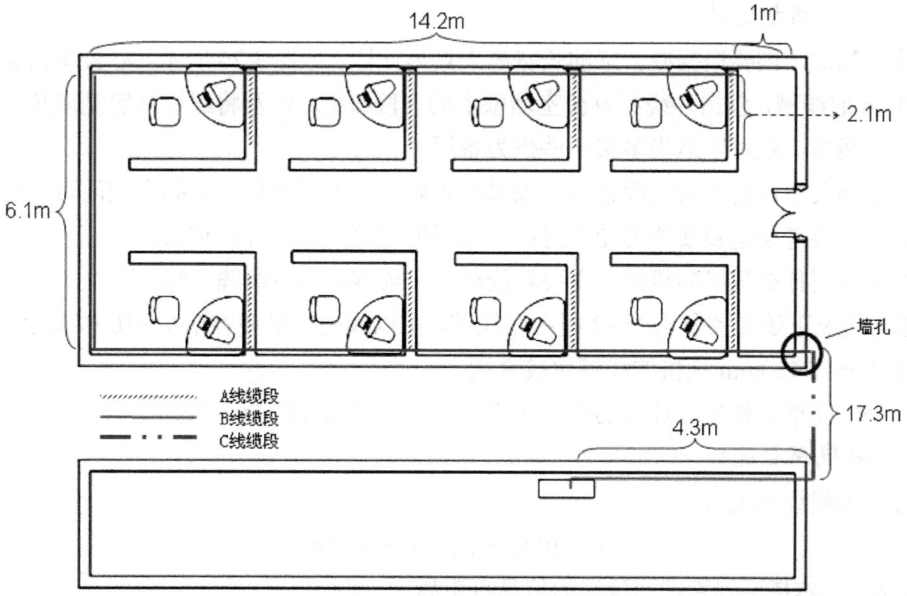

图3.26　办公室布线设计图

➢ A 线缆段的一端连接到隔断上的信息模块，另一端则从隔断内部延伸到墙体。

➢ B 线缆段被安置于事先固定在墙上的塑料线槽内，并且沿着办公室的墙壁将所有线缆汇集到图中右下角的位置。

➢ C 线缆段在走廊中与来自其他办公室的线缆一起从吊顶上的走线架延伸到中心机房，线缆进入配线间后再连接到相应机柜的配线架上。

注意

B 线缆段继续沿着 PVC 线槽从墙壁的底角垂直延伸到顶角，最终从墙孔穿出到外侧走廊。

3.3.2 估算施工材料的使用量

虽然办公室内最初只有 4 名员工（也就是只有 4 台计算机），但网络管理员必须将所有工位的线缆布设好。于是就需要估算信息插座、水晶头、线槽以及双绞线的使用量，并最终核算出需要花多少钱。

1. 信息插座以及水晶头用量统计

信息插座的需求量与工位数相同（8 个），但要估算水晶头的需求量就没这么简单了，需要考虑如下两个问题。

➢ 通常情况下，一个信息点需要 4 个水晶头。

➢ 水晶头要留有一定的余量，因为在施工过程中难免出现一些意外损耗。这部分余量一般为总使用量的 10%～15%。

因此，水晶头的使用量=8×4×(1+15%)≈40(个)

2. 线槽用量统计

线槽的需求则要根据办公室的长宽高来具体计算。如图 3.26 所示，办公室内总共需要约 37m 的线槽，包括环绕在办公室墙壁上的三段线槽，以及将线缆从底侧墙角引到顶角的一段线槽，还可以适当多买一些作为备用。

由于办公室内需要的线缆较少，如果在走廊吊顶的走线架中有剩余空间可以布设线缆，则不需要考虑走廊线槽的使用量；否则需要将这一部分计算进去。

具体使用什么规格的线槽，主要看线槽内需要容纳多少线缆。除了 8 个工位的线缆外，通常情况下还会预留出 1～2 根备用线缆，所以线槽中最多容纳 9～10 根双绞线，因此选用 40mm×20mm 规格的线槽比较合适。

另外，在槽与槽之间连接的地方还需要两个直转角和两个阴角。

3. 线缆用量统计

办公室线缆使用量

$$C=[0.55\times(L+S)+6]\times n$$

式中，L——本楼层到管理间最远的信息点距离；

S——本楼层到管理间最近的信息点距离；

n——本楼层的信息点总数；

0.55——备用系数；

6——端接容差。

根据图中标识的距离参数，可以估算出本例的办公室线缆使用量约为 410m，总共只需要 9 根线。

3.3.3 办公室布线实施

办公室的网络布线实施过程分为六个步骤：墙壁打孔、线槽安装、布设线缆、端接线缆、设备上架和连通性测试。

1．**墙壁打孔**

在墙上打孔时，应注意孔的直径不要超过线槽盒的宽度，以免墙孔暴露在外面，影响美观。打孔的位置应在吊顶上方，否则会影响走廊内的环境美观。

2．**线槽安装**

按照走线图的设计，通过螺钉将线槽固定在办公室的墙壁上，固定点的间距大约为 1m 左右。注意事项如下。

① 线槽水平每米偏差不应超过 2mm，垂直线槽应与地面保持垂直，垂直偏差不应超过 3mm。

② 两个线槽拼接处的偏差不应超过 2mm。

③ 线槽距地面应保持 30cm。

④ 每个固定点应用 2～3 个螺钉固定，并确保固定点水平均匀排列。

⑤ 线槽盖板应紧固。

3．**布设线缆**

（1）截取线缆

设计阶段对于线缆的使用量只是粗略的估算，实施阶段需要更加细致地计算出每根线缆的长度（根据图中标识的距离，留出适当的余量），然后依次从线缆箱中截取。

（2）打线标

分别给每根截取的线缆打好临时线标，以便线缆布设完成后能够区分同一根线缆的两端。

（3）线缆的牵引

将多条线缆聚集成一束，注意线缆的一端要对齐，每隔 0.5～1m 左右用扎带将线缆捆扎好。将电工胶带紧绕在线缆束对齐的一端外面，用拉绳穿过电工胶带缠好的线缆并打好结。在远离配线间的一端，将线缆的末端（用电工胶带缠好的一端）沿着走线架牵引，经过吊顶到达走廊的另一侧。然后，将所有线缆（包括吊顶上的和办公室内的）放置在线槽内，固定好盖板。

注意事项如下。

① 线槽内的线缆占据的空间不应超过盒体横截面积的 70%。

② 端接配线架和信息模块两侧的线缆都应预留一定长度，以备将来线缆出现故障，重新端接线缆之用。

③ 配线架的标签应详细记录对端信息点所在位置，且书写内容清晰。

④ 确保线槽内的双绞线每隔一定距离用扎带捆扎一次。

⑤ 应考虑在办公室两侧分别预留一根较长的双绞线。

4. **端接线缆**

将配线间一侧的线缆端接到配线架上，将办公室一侧的线缆端接到信息模块上。更换每条线缆并打好正式的线标（标记的文字或符号一般为打印版，且有塑料薄膜保护，较小的工程可以采用手写标签）。在端接完成后，需要记录配线架和信息模块的对应关系。

5. **设备上架**

（1）安装前确认

确认机柜已固定好，且机柜内部和周围不存在影响交换机安装的障碍物。

（2）安装弯角（耳朵）

用螺钉旋具将安装弯角固定在交换机的两侧。

（3）固定设备

一般需要两人共同完成，其中一人将交换机托起并使其保持在合适的位置，另外一人迅速用螺钉将交换机的弯角固定在机柜的支架上，保证交换机的位置水平且牢固。

6. **连通性测试**

可以通过能手测试仪逐一对线缆进行连通性测试，也可以通过一些相对复杂的测试仪（如 Fluke）进行线缆通信质量的测试。通常对于大客户或线缆属于骨干线路的项目需要做专业的测试，即对串扰、衰减、噪声等数值进行详细的测试，这时就要用到专业的测试仪了。

像本例这种办公室布线的项目，除非客户特别要求，一般情况下只需对连通性进行测试即可。

3.4 布线施工设计

图 3.27 所示为宿舍楼平面图。

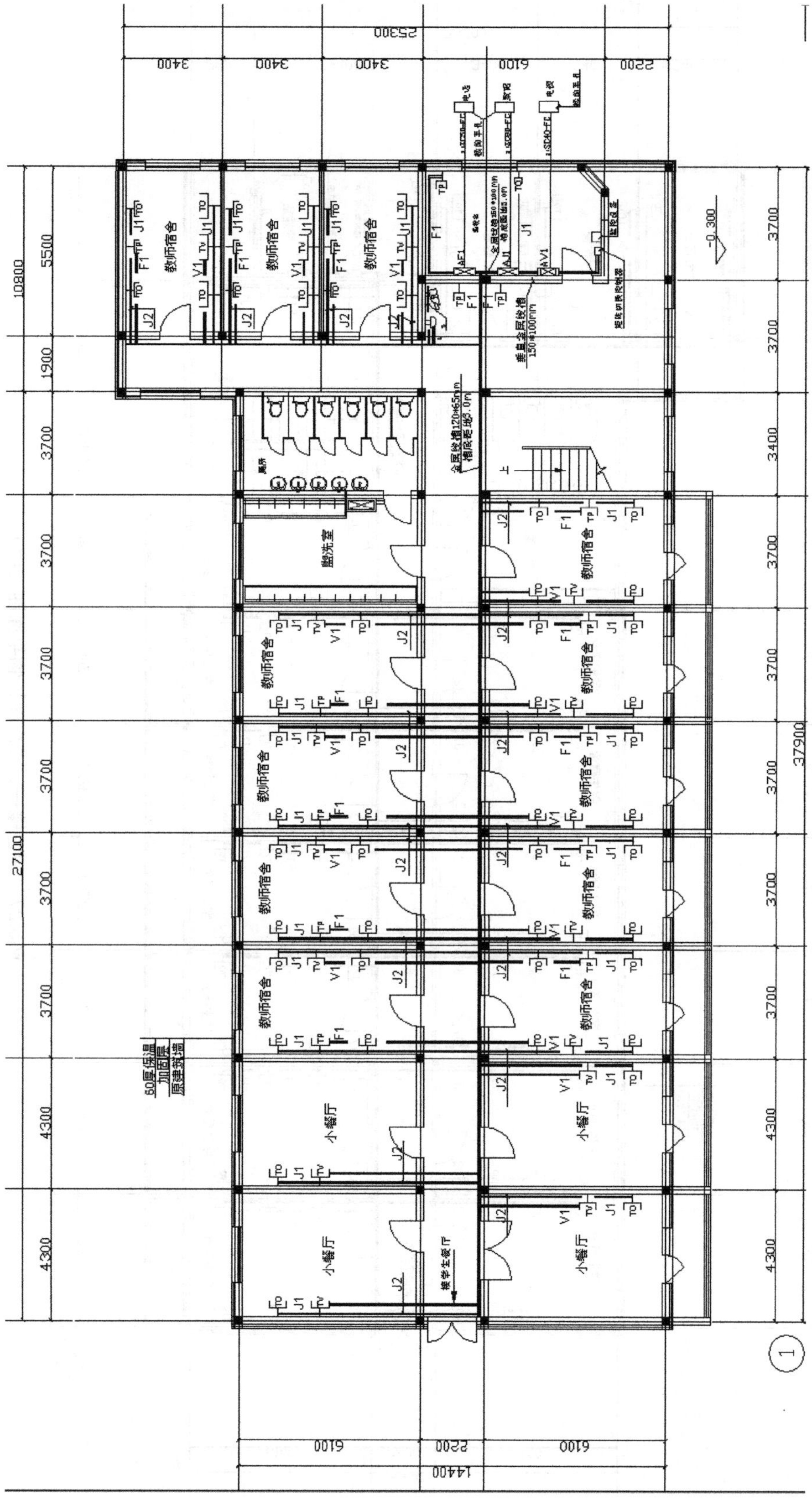

图3.27　宿舍楼一、二层建筑物平面图

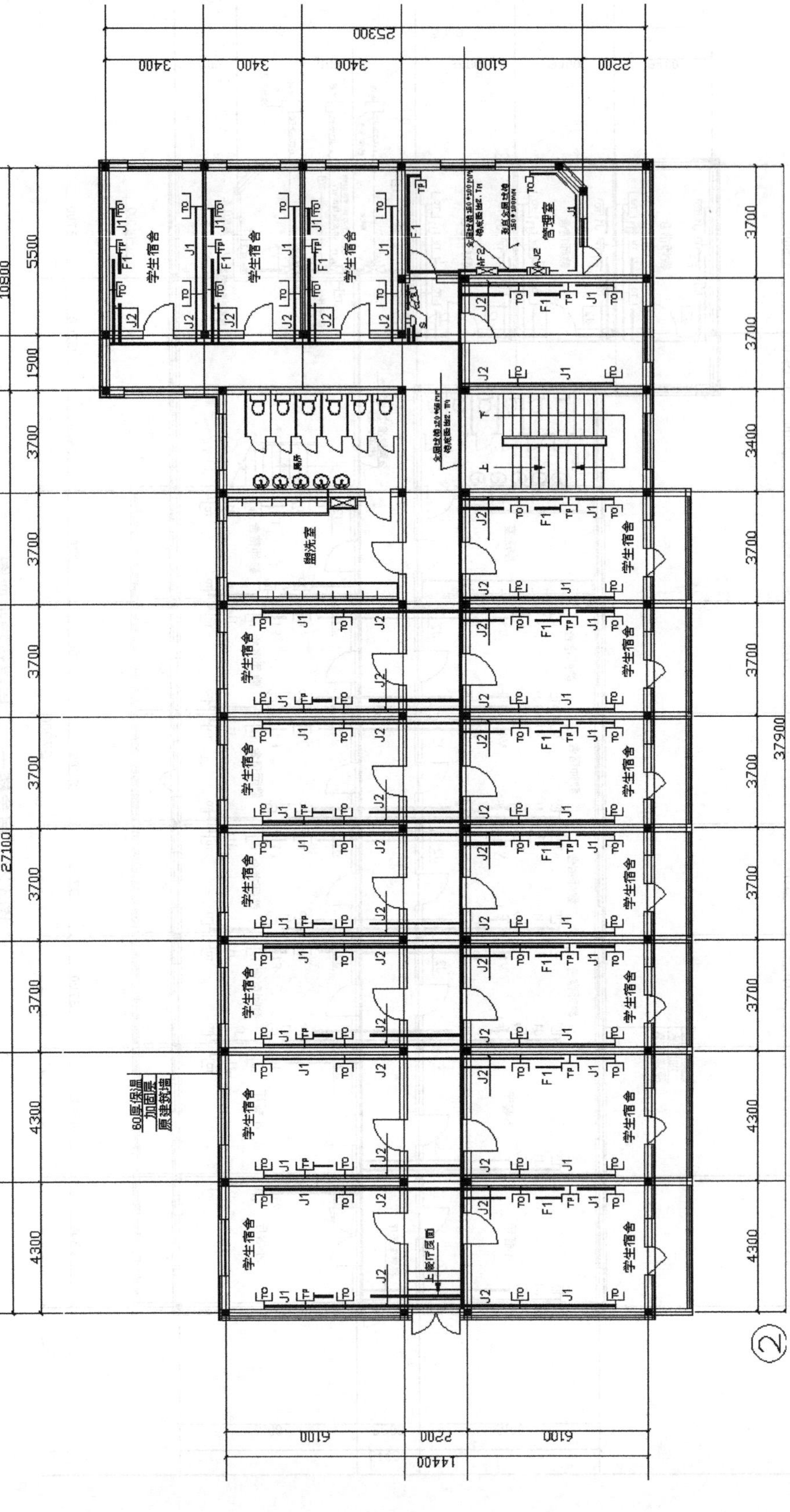

图3.27　宿舍楼一、二层建筑物平面图（续）

3.4.1　宿舍楼布线设计

前面讲解了布线系统的常识和具体实施的细节。在实际工作中，工程实施人员往往需要根据甲方提供的建筑平面图图纸给出网络建设方案，所以看懂建筑平面图是给出合理设计的关键要素之一。下面我们根据一栋宿舍楼中一、二层的建筑物平面图来介绍网络方案的设计，当然最重要的任务是明确平面图中的各个细节。

一般来说，一座办公楼的弱电系统会部署三个网络——计算机网络、电话网络和监控网络。一些校园网或展厅类的网络布设还可能会涉及视频网络和音频网络。图 3.28 所示的宿舍楼平面图包括了计算机网络、电话网络、视频网络和监控网络，本节只对计算机网络和电话网络进行讲解。

拿到一张建筑物平面图后一般要先明确两件事情。

1．楼层建筑物配线间的位置

配线间就是楼层的分支机房，也就是水平子系统布设的线缆的汇聚点。在实际的建筑物中，有很多楼层都没有设立配线间，很多老的建筑更是根本没有考虑设立弱电系统的配线间，或者在实际设计时发现楼层的节点较少，没有必要单独设立配线间。在这种情况下，一般会将所有的线缆都汇聚到弱电井进而直接延伸到其他楼层。也有可能楼层的空间被物理隔开而存在多个配线间，如大楼分 A 座、B 座，就要设立两个独立的配线间。

在本例中各层都有配线间，楼层的所有线缆皆汇聚于此，其中，AF1 指的是电话线的配线架，AJ1 指的是网线的配线架。本例中没有标识弱电井，实际的线缆就是垂直穿过各层的配线间进而直接到达核心机房的。

注意

弱电井是用来敷设弱电线缆的一个通道，对应着综合布线系统的垂直子系统，线缆从弱电井被延伸到其他楼层，最终汇聚在核心机房。

2．楼层骨干线路的走向

从配线间出来，线缆沿着怎样的路线到达各个房间，也是我们要关注的重点。必须先从施工图中大致确定沿途经过的路线是否可以布设线缆（实际施工前需要下现场实地考查），然后才能计算出使用的网线和耗材数量，从而进行估价。

在本例中，线缆从配线间出来沿着走廊棚顶的金属槽被接入各个宿舍房间。根据图纸查看走线是否合理，如果没有问题就要核算具体的施工材料。各个房间中分别有 TO 和 TP 的标识，这些都是信息点，TO 代表网络信息模块插孔，TP 代表电话信息模块插孔。还有 F1 和 J1，F1 代表一根电话线缆，J1 代表一根网络线缆，J2 代表两根网络线缆。

3.4.2　方案设计

1．计算机网络

清楚了建筑物平面图的走线方式后，就要给出设计方案了。本例可以有两种选择：

第一种是将设备都放在一层，无论是一层还是二层的线缆最终都汇聚到一层并连接到交换设备上；第二种是将交换设备分别放在各层，各自汇聚各层的线缆。第一种方案的好处是方便集中管理，但是线缆的用量要大一些，成本高。本例的实际情况是二层的配线间是一个储藏室，里面存放着一些杂物，不利于人员维护，所以实施时选择了第一种方案。

常用的交换设备一般有 24 个接口（交换设备将在后续章节详述），本例使用的交换机均为 24 个接口。交换机除了要连接各个房间的信息点之外，还应彼此互连在一起，因此每个交换机只剩下 22 个接口用于连接各个宿舍的信息点。统计后两层宿舍共计 122 个信息点（一层 53 个信息点、二层 69 个信息点），共需要 6 台交换机。

注意

如果采用第二种方案，将交换机分别放在各层的配线间，共需要多少台交换机呢？一层 53 个信息点，3 台交换机足够了，二层 69 个信息点至少需要 4 台交换机，共计 7 台交换机。但在实际设计时，可以将二层的部分线缆连接到一层的交换机上，这样可以节省一台交换机，从而节约成本。

图 3.28 所示是根据上述计算结果制作的简单的网络拓扑图，更准确地说是示意图。由于二层的信息点较多，因此需要将部分线缆连接到一层的交换机上，也可以在交换机上预留备用接口。如果网络投入使用后，交换机的某个接口发生物理故障，就可以使用备用接口。

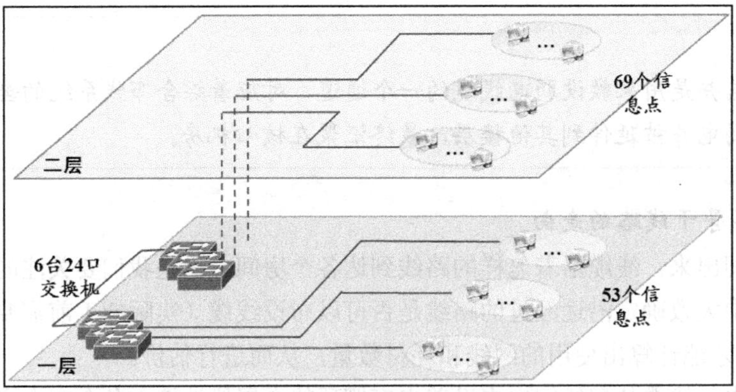

图3.28　宿舍网络拓扑图

思考

（1）按照上述方法连接网络，交换机有多少个备用接口呢？

（2）估算一下线缆的使用量，以箱为单位。

还有一个关键问题，就是线缆传输距离。双绞线的理论传输距离是 100m，在布线过程中，经常会遇到信息点到配线间的距离超出理论值的情况，这时就需要考虑中继，或选择一条更合适的走线路径。如果使用中继设备，就要选择一个合理的房间来放置该设备。放置中继设备的房间有两个要求。

- 非工作人员不可进入。
- 要便于维护人员平时的维护工作。

2. **电话网络**

电话网络的部署要简单得多，由于部署电话线时不需要像网线那样考虑传输距离，因此如果电话不是很多，整栋大楼一起核算节点数量即可。然后在大楼的一层通过专业的电话配线模块将线缆接出建筑物，可以连接到其他建筑物，也可以连接到服务商提供的配线箱。我们所要做的就是核算大楼的电话信息点有多少个，然后选购合适的电话配线架和相关设备。本例总计有 31 个电话信息点，选购的电话配线模块的容量大于这个数字即可。

无论是传输介质还是综合布线，其最终解决的都是信号传输问题。通过传输介质可以实现信息的传递和信息的交互，那么在传输介质中数据是如何呈现的呢？以普通的双绞线为例，在双绞线中，数据的呈现形式是二进制信号。即计算机之间的通信内容通过高层协议的处理和转换后，最终在双绞线中传输的就是二进制的 0、1 信号，所以，接下来介绍一下二进制相关的内容。

3.5 数制

前面几节阐述了网络的基本概念和基本框架，下面将对数制转换进行详细介绍。网络中传输的各式各样的信息都是用二进制数表示的。在人类世界里，通常采用十进制方法计数，而在网络世界里，计算机通常采用二进制方法计数。为了架起人类世界和网络世界沟通的桥梁，需要了解数制转换。

日常生活中使用的是十进制，基数是 10。因为人有 10 根手指，屈指可数，数完手指就要考虑进位了。印第安人数完手指数脚趾，所以他们使用二十进位制。美洲是五进位制手指记数法的起源地，至今还有人在使用。1 小时等于 60 分钟，1 分钟等于 60 秒，圆周角为 360°，每度 60 分，最早采用六十进位制的是巴比伦人。当然，世界上大多数地区采用的还是十进位制，有 0～9，共 10 个数字符号，逢十进一。二进制与十进制类似，只是其基数是 2，只有两个数字 0 和 1，逢二进一。

3.5.1 数制介绍

首先了解以下概念。

- 数制：计数的方法，指用一组固定的符号和统一的规则来表示数值的方法。如在计数过程中采用进位，则称为进位计数制。进位计数制有数位、基数和位权三个要素。
- 数位：数字符号在一个数中所处的位置。

➢ 基数：某种进位计数制中数位上所能使用的数字符号的个数。例如，十进制数的基数是 10，二进制数的基数是 2。

➢ 位权：某种进位计数制中的数位所代表的大小，即处在某一位上的“1”所表示的数值的大小。对于一个 N 进制数（即基数为 N），若数位记作 k，则位权可记作 N_k，整数部分第 i 位的位权为 $Ni=N^{i-1}$，小数部分第 k 位的位权为 $N_k=N^{-k}$。例如：十进制第 2 位的位权为 $10^1=10$，第 3 位的位权为 $10^2=100$；而二进制第 2 位的位权为 $2^1=2$，第 3 位的位权为 $2^2=4$。

既然有不同的数制，那么在给出一个数时，就需要指明它是什么数制的数。对不同的数制，可以给数字加上括号，用下标来表示该数字的数制（没有下标时默认为十进制）。例如：$(1010)_2$、123、$(2A4E)_{16}$ 分别代表不同数制的数。我们也知道了$(1010)_2$、$(1010)_{10}$、$(1010)_{16}$ 所代表的数值是完全不同的。

除了用下标来表示数制外，还可以用后缀字母来表示数制。

➢ 十进制数（Decimal Number）用后缀 D 表示或无后缀。

➢ 二进制数（Binary Number）用后缀 B 表示。

➢ 十六进制数（Hexadecimal Number）用后缀 H 表示。

例如：2A4EH、FEEDH、BADH（最后的字母 H 表示是十六进制数）与$(2A4E)_{16}$、$(FEED)_{16}$、$(BAD)_{16}$ 的意义相同。

在数制中，还有一个规则，就是 N 进制必须是逢 N 进一。

➢ 十进制数的特点是逢十进一。例如：

$$(1010)_{10}=1\times10^3+0\times10^2+1\times10^1+0\times10^0$$

➢ 二进制数的特点是逢二进一。例如：

$$(1010)_2=1\times2^3+0\times2^2+1\times2^1+0\times2^0=(10)_{10}$$

➢ 十六进制数的特点是逢十六进一。例如：

$$(1010)_{16}=1\times16^3+0\times16^2+1\times16^1+0\times16^0=(4112)_{10}$$

下面介绍计算机中常用的数制：十进制、二进制和十六进制。

1. 十进制

十进制（Decimal）的特点如下。

➢ 基数是 10，数值部分用十个不同的数字符号 0、1、2、3、4、5、6、7、8、9 来表示。

➢ 逢十进一。

例如：对于 123.45，小数点左边第一位代表个位，“3”在左边第 1 位上，代表的数值是 3×100，“1”在小数点左边第 3 位上，代表的是 1×102，“5”在小数点右边第 2 位上，代表的是 5×10^{-2}。

$$123.45=1\times10^2+2\times10^1+3\times10^0+4\times10^{-1}+5\times10^{-2}$$

2. 二进制

计算机中的信息都是用二进制（Binary）数表示的，它的特点是逢二进一，因此在二进制中，只有 0 和 1 两个数字符号。

（1）特点

➢ 基数为 2，数值部分用两个不同的数字符号 0、1 来表示。

➢ 逢二进一。

（2）二进制数转换为十进制数

通过按位权展开再相加即可得到。

例如：$1101.11B = 1\times2^3 + 1\times2^2 + 0\times2^1 + 1\times2^0 + 1\times2^{-1} + 1\times2^{-2}$

$= 8 + 4 + 0 + 1 + 0.5 + 0.25$

$= 13.75$

3. **十六进制**

十六进制（Hexadecimal）的特点如下。

（1）特点

➢ 基数是 16，有 16 个数字符号：0、1、2、3、4、5、6、7、8、9、A、B、C、D、E、F，除使用了十进制中的十个数之外，还使用了六个英文字母。其中 A～F 分别代表十进制数的 10～15。

➢ 逢十六进一。

（2）二进制数转换为十六进制数

因为 $16^1 = 2^4$，所以一位十六进制数相当于四位二进制数，因此，二进制和十六进制间的转换可使用四位分组的方法。

例如：2A4EH＝10 1010 0100 1110B

10.4H＝10000.01B

110 1011.0011B＝6B.3H

3.5.2　数制转换

1. **二进制数与十进制数的转换**

将一个十进制整数转换为二进制数可使用取余数法，即：将要转换的十进制整数除以 2，取余数；再用商除以 2，再取余数，直到商等于 0 为止，将每次得到的余数按倒序的方法排列起来即得到转换结果。例如：

除数	被除数	余数
2	125	1
2	62	0
2	31	1
2	15	1
2	7	1
2	3	1
2	1	1
	0	

把余数倒排即可得到 125 对应的二进制数为 1111101B。

同样，一个二进制整数要表示成十进制数，按权展开即可求得，例如：

$$1111101B=1\times2^6+1\times2^5+1\times2^4+1\times2^3+1\times2^2+0\times2^1+1\times2^0=125$$

2. **十进制数、十六进制数、二进制数的转换**

可以看到，一个三位的十进制数表示成二进制时就已经是七位数了，而且由于二进制只有 1 和 0 两个数字，看起来非常累，也很容易弄混。为了方便阅读和记忆，在写程序或者使用数字时，我们更多地是使用十六进制。

十进制数向十六进制数转换，也可以采用取余数的方法，例如：

		余数
16	125	13
16	7	7
	0	

也就是 125＝7DH。

反过来，十六进制数向十进制数转换，也需要按权展开，例如：

$$7DH=7\times16^1+13\times16^0=125$$

事实上，二进制数向十六进制数转换会更简单一些。我们从小数点开始向左向右分别把二进制数每四个分成一组，然后把每一组二进制数对应的十六进制数写出来，转换后再组合就得到对应的十六进制数了，例如：

01111101B＝0111 1101B＝7 D＝7DH

不同数制之间的对应关系如表 3-4 所示。

表 3-4　二进制数、十进制数、十六进制数转换表

二进制数	十进制数	十六进制数
0	0	0
1	1	1
10	2	2
11	3	3
100	4	4
101	5	5
110	6	6
111	7	7
1000	8	8
1001	9	9
1010	10	A
1011	11	B
1100	12	C
1101	13	D
1110	14	E
1111	15	F
10000	16	10

练习：

1．将下列数字转换为十进制数。

$$(110010011111)_2、(10110101110)_2$$

$$(6137)_8、(2654)_8$$

$$(3AB)_{16}、(ED5)_{16}$$

2．将下列数字转换为二进制数和十六进制数。

156、2608、1043

如何将$(10110101.101)_2$转换为十进制数？

3．将下列二进制数字金字塔中的每个数转换为十进制数，想想是否存在什么规律？

10	1
100	11
1000	111
10000	1111
100000	11111
1000000	111111
10000000	1111111

数制转换

请扫描二维码观看视频讲解。

本章总结

本章介绍了综合布线和进制转换的知识，其中，二进制是物理层通信所用的信号格式，也是后续学习 IP 地址等知识的基础；信号、网线制作、光纤和布线实施等内容则是物理层的基本规范与实施。所以本章内容既是物理层的一个缩影，亦是步入网络世界的大门，希望读者重点掌握。

本章作业

一、选择题

1．数字信号与模拟信号相比，其优势在于（　　）。

A．实现简单

B．抗干扰能力强

C．传输距离远，比传输模拟信号需要的中继设备少

D．以上都不对

2．在 T568A 标准中，RJ-45 连接器的管脚号和颜色编码一一对应，管脚 1 对应的颜色是（　　）。

A．绿　　B．白绿　　C．橙　　D．白橙

3．通过双绞线直连两台 PC 时应选用（　　）。

A．直通线　　B．交叉线　　C．全反线　　D．支持自动翻转的线缆

二、判断题

1. 计算机通信可以使用模拟信号或数字信号，当干扰比较强时，建议使用数字信号。（ ）

2．T568A 和 T568B 是双绞线的两个线序标准，实际使用过程中可以任意选择。（ ）

3．二进制数 1001111 对应的十进制数是 79。（ ）

4．二进制数中，每一位的最大值为 2。（ ）

三、简答题

1．简述 T568B 的线序。

2．光纤的优点有哪些？

3．将十进制数 190 转换为二进制数（要求写出具体计算过程）。

第 4 章

交换机的基本原理与配置

技能目标

- 了解 MAC 地址的概念
- 了解以太网帧结构
- 理解交换机转发原理
- 能完成交换机的基本配置

在讲解 OSI 的章节中，我们已经对以太网数据单元有了初步的认识，本章将在此基础上进一步讲解数据链路层的主要内容，并首次接触网络中的一个重要设备——交换机。接下来对交换机的转发原理进行了深入剖析，对交换机的基本连接配置进行了详细的分析讲解，为今后对交换设备的管理配置打下坚实的基础。

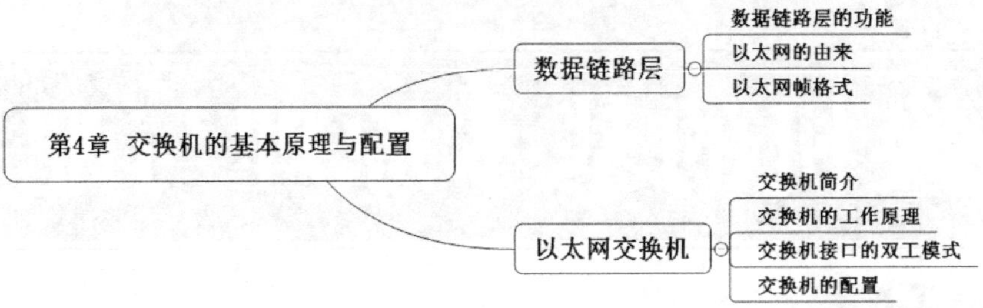

4.1 数据链路层

4.1.1 数据链路层的功能

在前面的章节中已经介绍过，数据链路层负责网络中相邻节点之间可靠的数据通信，并进行有效的流量控制。在局域网中，数据链路层使用帧完成主机对等层之间数据的可靠传输。如图 4.1 所示，以主机 A 与主机 B 的一次数据传输为例，数据链路层的作用包括数据链路的建立、维护与拆除，帧包装，帧传输，帧同步，帧的差错控制以及流量控制等。

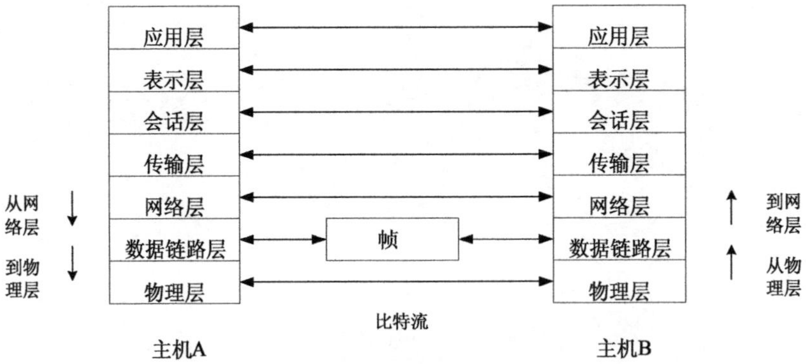

图4.1 数据链路层数据传输示例

数据链路层在物理线路上提供可靠的数据传输，对网络层而言为一条无差错的线路，其关心的问题包括以下几方面。

- 物理地址、网络拓扑。
- 组帧：把数据封装在帧中，按顺序传送。
- 定界与同步：产生/识别帧边界。

➢ 差错恢复：采用重传的方式进行。

➢ 流量控制及自适应：确保中间传输设备的稳定及收发双方传输速率的匹配。

局域网中的数据链路知识主要涵盖在以太网的技术之中。下面将详细介绍以太网的发展历程，并对涉及的相关技术加以阐述。

4.1.2 以太网的由来

1．Xerox 公司的 X–Wire

1973 年，位于美国加利福尼亚的 Xerox 公司提出并实现了最初的以太网。Robert Metcalfe 博士是公认的以太网之父，他研制的以太网实验室原型系统的运行速率是 2.94Mbit/s。这个实验性以太网（在 Xerox 公司中被称为 X-Wire）用在了 Xerox 公司的一些早期产品中，包括世界上第一台配备网络功能、带有图形用户界面的个人工作站——Xerox Alto。

2．DEC–Intel–Xerox（DIX）的以太网

1979 年，Xerox 与 DEC（Digital Equipment Corporation）公司联合起来，开始致力于以太网技术的标准化和商品化，并促进该项技术在网络产品中的应用。为确保能很容易地将商品化以太网集成到廉价芯片中，在 Xerox 的要求下，Intel 公司也参与进来，负责提供这方面的指导。由三家公司组成的 DEC-Intel-Xerox（DIX）三驾马车，于 1980 年 9 月开发完成并正式发布了 10Mbit/s 的以太网标准，并在 1982 年发布了该标准的第 2 版，该版本对信令做了略微修改，并增加了网络管理功能。

3．IEEE 的 802.3 标准

1983 年 6 月，IEEE 标准委员会通过了第一个 802.3 标准，并于 1990 年 9 月通过了使用双绞线介质的以太网（10Base-T）标准，该标准很快成为办公自动化应用中首选的以太网技术。

4．快速以太网和吉比特以太网

1991—1992 年，Grand Junction 网络公司开发了一种高速以太网，这种网络的基本特征（如帧格式、软件接口、访问控制方法等）与以太网相同，但其运行速率可达到 100Mbit/s。

在快速以太网的官方标准提出后不到一年，对吉比特以太网的研究工作也开始了，这种网络的运行速率可达到 1000Mbit/s。1996 年，IEEE 802.3 成立了一个标准开发任务组，于 1998 年完成并通过了该标准，研究工作又开始进一步向支持桌面应用的双绞线吉比特以太网拓展。

4.1.3 以太网帧格式

1．MAC 地址

前面讲过，计算机联网必需的硬件是安装在计算机上的网卡。在计算机网络通信中，用来标识主机身份的地址就是制作在网卡上的一个硬件地址。每块网卡在生产出来后，除了具备基本的功能外，都有一个全球唯一的编号来标识自己，这个地址就是 MAC 地

址，即网卡的物理地址。MAC 地址由 48 位二进制数组成，通常分成六段，用十六进制数表示，如 00-D0-09-AI-D7-B7。其中，前 24 位是生产厂商向 IEEE 申请的厂商编号，后 24 位是网络接口卡序列号。MAC 地址的第 8 位为 0 时，表示该 MAC 地址为单播地址；为 1 时，表示该 MAC 地址为组播地址。一块物理网卡的 MAC 地址一定是一个单播地址，也就是第 8 位一定为 0；组播地址是一个逻辑地址，用来表示一组接收者，而不是一个接收者，如图 4.2 所示。

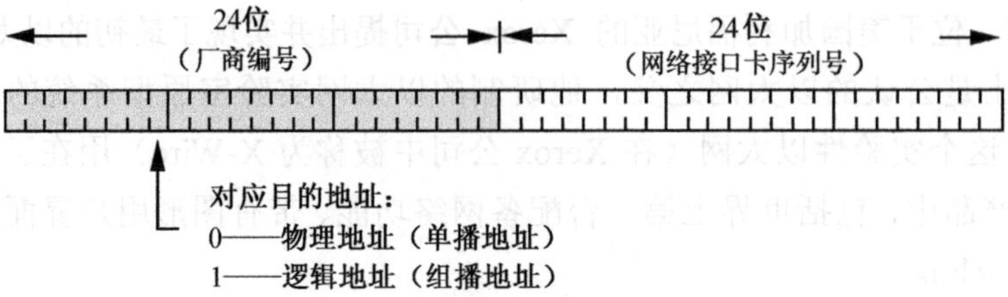

图4.2　MAC地址

注意

单播的发送方式为一对一，即一台主机的数据只能发送给另一台主机。广播的发送方式为一对多，即一台主机发送一个数据，这个网段的所有主机都能收到。组播的发送方式介于单播和广播之间，也是一对多，但接收者不是网段上的全体成员，而是一个特定组的成员。

2. **以太网帧格式**

以太网有多种帧格式，下面介绍最为常用的 Ethernet Ⅱ的帧格式。如图 4.3 所示，该帧包含六个域。

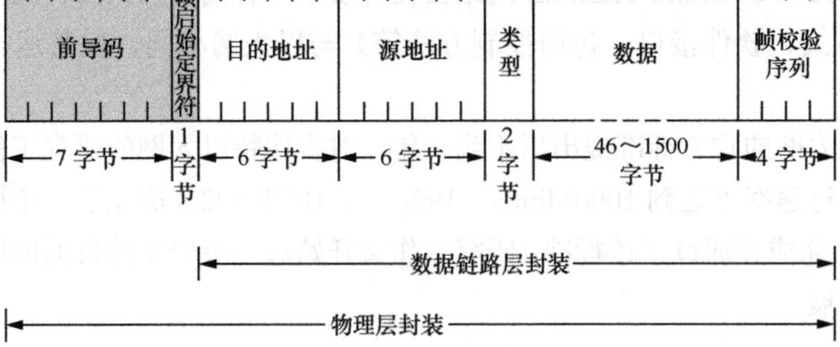

图4.3　以太网帧格式

➢ 前导码（Preamble）：包含八字节。前七字节的值为 0xAA，最后一字节的值为 0xAB。在 DIX 以太网中，前导码被认为是物理层封装的一部分，而不是数据链路层的封装。

➢ 目的地址（Destination Address，DA）：包含六字节。DA 标识了帧的目的站点的

MAC 地址。DA 可以是单播地址（单个目的地）、组播地址（组目的地）或广播地址。

➢ 源地址（Source Address，SA）：包含六字节。SA 标识了发送帧的站点的 MAC 地址。SA 一定是单播地址（即第 8 位是 0）。

➢ 类型：包含两字节，用来标识上层协议的类型，如 0800H 表示 IP 协议。

➢ 数据：包含 46～1500 字节。数据域封装了通过以太网传输的高层协议信息。受 CSMA/CD 算法的限制，以太网帧不能小于某个最小长度，因此高层协议要确保这个域至少包含 46 字节。如果实际数据不足 46 字节，则高层协议必须执行某些（未指定）填充算法将其凑足。数据域长度的上限可以是任意的，但已经被设置为 1500 字节。

➢ 帧校验序列（Frame Check Sequence，FCS）：包含四字节。FCS 是计算的从 DA 开始到数据域结束这部分的校验和。校验和采用的算法是 32 位的循环冗余校验法（CRC）。

MAC 地址

请扫描二维码观看视频讲解。

4.2 以太网交换机

4.2.1 交换机简介

交换机的品牌和型号众多，像 Cisco、华为、H3C、TP-Link、神州数码、锐捷等厂家都生产了很多不同型号的交换机。本章将主要介绍 Cisco 的交换机产品。

常见的 Cisco 交换机产品系列主要包括 Cisco 2960 系列、Cisco 3560 系列、Cisco 4500 系列和 Cisco 6500 系列。

Cisco 2960 系列交换机是一款入门级交换机，属于 Cisco 2950 系列的升级产品。在企业环境中，Cisco 2960 常用于连接客户端主机实现 10/100/1000M 以太网互连，设备常见型号如表 4-1 所示。

表 4-1　Cisco 2960 系列交换机常见的设备型号

设备型号	说明
WS-C2960-24TT-L	24 个 10/100M 端口＋2 个 10/100/1000M 上行端口
WS-C2960-24TC-L	24 个 10/100M 端口＋2 个双介质吉比特以太网上行链路端口
WS-C2960-48TT-L	48 个 10/100M 端口＋2 个 10/100/1000M 端口
WS-C2960-48TC-L	48 个 10/100M 端口＋2 个双介质吉比特以太网上行链路端口
WS-C2960G-24TC-L	20 个 10/100/1000M 端口＋4 个双介质吉比特以太网上行链路端口

*双介质是指同时支持双绞线和光纤两种介质。

Cisco 3560 系列交换机是一款企业级交换机，属于 Cisco 3550 系列的升级产品。在企业环境中，Cisco 3560 既可用于直接连接客户端主机，也可用于互连入门级交换机，通过其自身的路由功能还可实现不同网络之间的互连。

Cisco 4500 系列交换机是一款模块化的交换机，可以实现功能化扩展以保护企业投资，主要用于具有一定规模的网络环境中，协助企业对关键业务进行部署。

Cisco 6500 系列交换机是一款高端交换机，主要用于大型企业园区网或电信运营商网络的构建，提供 3 插槽、6 插槽、9 插槽和 13 插槽的机箱，以及多种集成式服务模块，包括网络安全、内容交换、语音和网络分析等模块。

总之，设备的系列号越高，功能越强大，稳定性越好，背板带宽越高，但价格也越高。不同型号设备可以实现的企业需求以及具体的应用环境也不同。在实际工作中，企业组网选购设备需要考虑的因素很多，初学者只需重点关注设备的性价比即可。

注意

背板带宽是指交换机接口处理器或接口卡和数据总线间所能吞吐的最大数据量。背板带宽标志着交换机的数据交换能力，单位为 Gbit/s。

4.2.2 交换机的工作原理

交换机并不会把收到的每个数据信息都以广播的方式发给客户端，是因为交换机可以根据 MAC 地址智能地转发数据帧。交换机存储的 MAC 地址表将 MAC 地址和交换机的接口编号一一对应起来，每当交换机收到客户端发送的数据帧时，它就会根据 MAC 地址表的信息来判断该如何转发。

交换机转发数据帧的具体过程如下。

1. *MAC 地址的学习*

如图 4.4 所示，假设主机 A 发送数据帧（源 MAC 地址为 00-00-00-11-11-11，目标 MAC 地址为 00-00-00-22-22-22）到交换机的 1 号接口，交换机首先查询 MAC 地址表中 1 号接口对应的源 MAC 地址条目。如果条目中没有源 MAC 地址，交换机就会将这个数据帧的源 MAC 地址和收到该数据帧的接口编号（1 号接口）对应起来，添加到 MAC 地址表中。

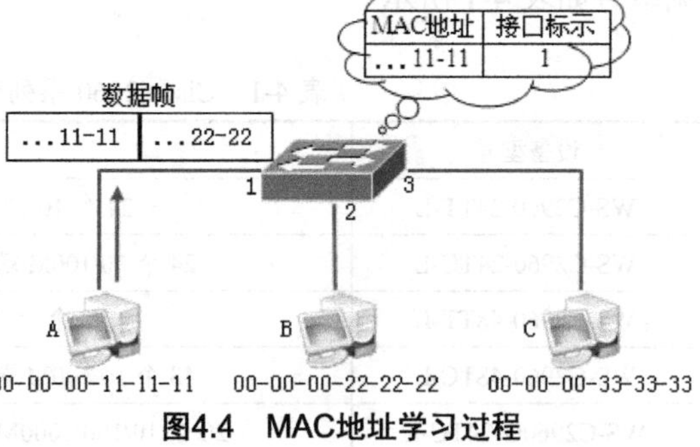

图4.4 MAC地址学习过程

2. *广播未知数据帧*

如果交换机没有在 MAC 地址表中找到数据帧目标 MAC 地址对应的条目，就无法确定该从哪个接口将数据帧转发出去，于是只好选用广播的方式，即除了 1 号口之外的所有接口都将转发这个数据帧，如图 4.5 所示。最终，网络中的主机 B 和主机 C 都会收到这条广播。

3. *接收方回应信息*

主机 B 会响应这条广播并回应一个数据帧（源 MAC 地址为 00-00-00-22-22-22，目标 MAC 地址为 00-00-00-11-11-11），交换机也会将此数据帧的源 MAC 地址和接口标号（2 号接口）对应起来，添加到 MAC 地址表中，如图 4.6 所示。

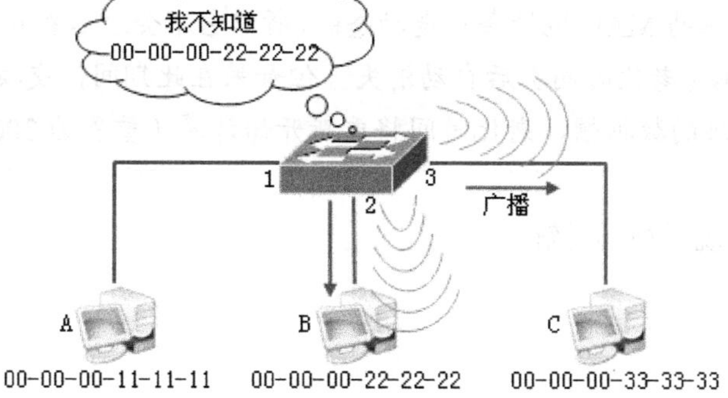

图4.5　广播未知数据帧过程

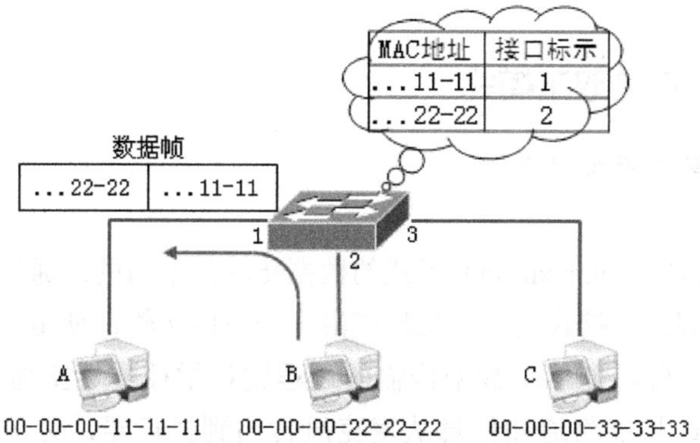

图4.6　接收方回应消息过程

4. 交换机实现单播通信

现在，主机 A 和主机 B 之间的通信就不用再借助广播了，因为 MAC 地址表中已经有了它们对应的条目。如图 4.7 所示，主机 A 发送数据帧的目标地址为 00-00-00-22-22-22，交换机会发现这个地址对应的接口标号为 2，于是交换机只向 2 号接口转发数据帧。

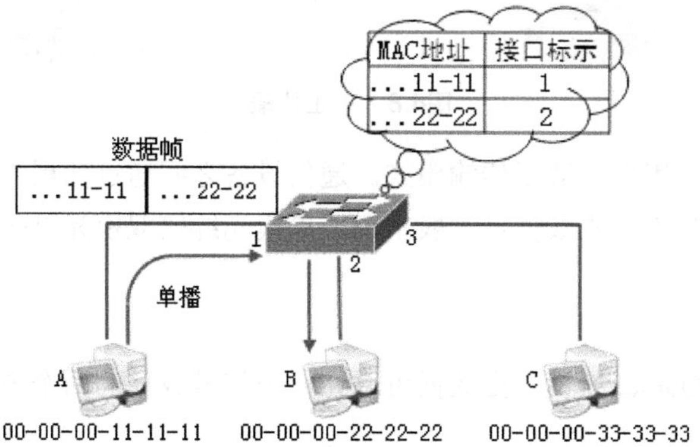

图4.7　单播通信过程

交换机并不会一直保存学习到的条目，默认的老化时间是 300s，即在 300s 的时间内，如果某条目没有被使用，那么它将被动态删除。

注意

由于交换机的 MAC 地址条目是动态的，所以它不会永远存在 MAC 地址表中，而是会在 300s（老化时间）后自动消失。但如果在此期间，交换机又收到对应该条目 MAC 地址的数据帧，老化时间将重新开始计算（重置为 300s）。

请扫描二维码观看视频讲解。

交换机工作原理

4.2.3 交换机接口的双工模式

1. 单工、半双工与全双工

（1）单工

单工（Simplex Communication）模式的数据传输是单向的。通信双方中，一方固定为发送端，另一方固定为接收端。信息只能沿一个方向传输，使用一根传输线。

如图 4.8 所示，可以把单工数据传输的过程比作学校传达室通过麦克风和扬声器播放通知的过程，即只能将通知信息从麦克风传递到扬声器，反方向传输是不可能实现的。

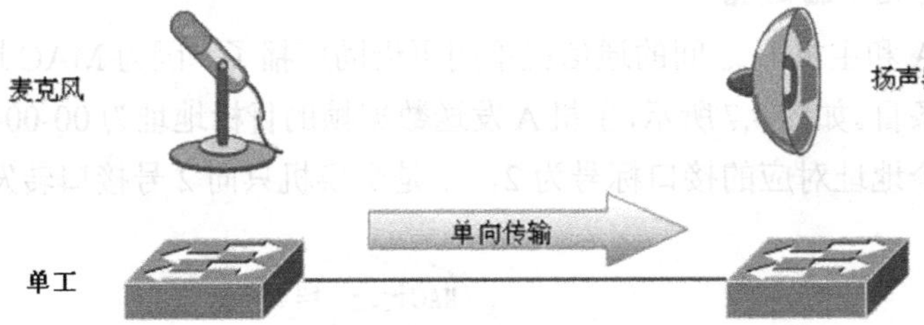

图4.8　单工传输

多模光纤一般采用单工数据传输模式。通信设备之间通过两根光纤连接，一根负责发送数据，另一根负责接收数据。一般来说，单模光纤较双模光纤传输距离更远，抗干扰能力更强。

（2）半双工

半双工（Half Duplex）模式指数据可以在一个信号载体的两个方向上传输，但是不能同时传输。

如图 4.9 所示，可以把半双工数据传输比作对讲机的通话过程。手持对讲机的两个人都可以讲话，但只能一个说、一个听，不能同时进行。

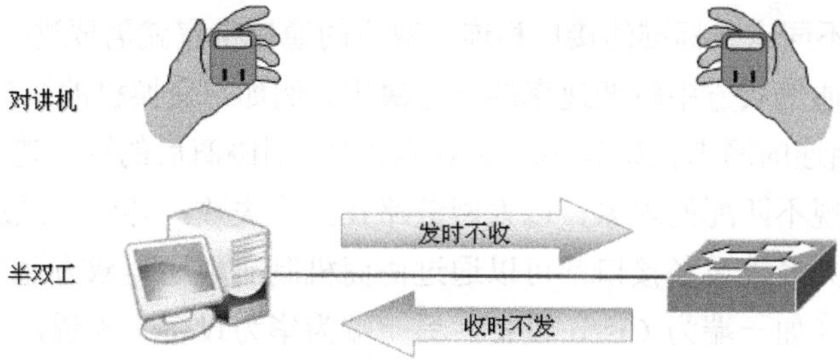

图4.9　半双工传输

半双工传输模式通信效率低且有可能产生冲突。由于目前绝大多数网络都为交换网络，因此这种传输模式很少见。

（3）全双工

全双工（Full Duplex）模式允许数据在两个方向上同时传输，它相当于两个单工通信方式的结合。

如图 4.10 所示，可以把全双工数据传输模式比作打电话，打电话的两方可以同时发言，而不必像对讲机那样需要等待对方停止发言，自己才能说话。

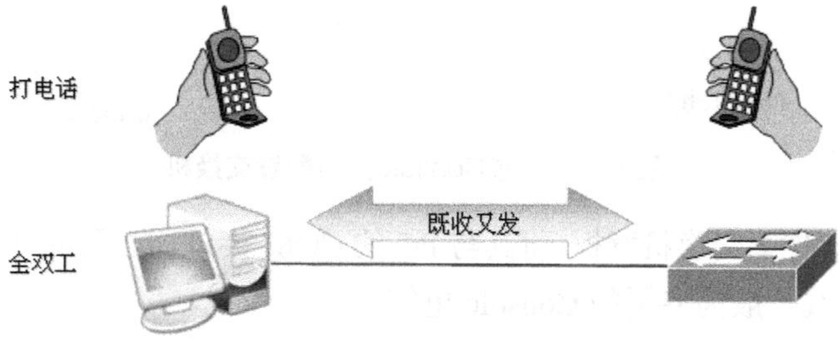

图4.10　全双工传输

在交换网络中，通信双方大多采用全双工数据传输模式。一般来说，各厂商设备接口的默认双工模式都为自适应。当实现物理连接后，通信双方开始协商双工模式。如果两端都是默认的设置（自适应），接口将自动协商为全双工。如果一端为半双工、一端为全双工，就会导致双工不匹配，出现丢包的现象。

注意

并非所有的设备之间都能够很好地协商达到全双工的状态。当连接不同厂商的设备时，由于双方的协商参数存在差异，可能会导致双工不匹配，甚至同厂商不同型号的设备之间也可能出现双工不匹配。一旦遇到这种情况，就必须手动指定双工模式。

2. ***以太网接口速率***

在 IEEE 802.3 标准中已经明确定义了以太网的通信速率，各厂商生产的设备也完全遵循标准，但问题是不同的设备往往遵循不同的标准。例如，从交换机选型部分可以看出，有些设备遵循百兆速率标准（10/100M），有些设备遵循千兆速率标准（10/100/1000M）。

如果将两个遵循不同速率标准的接口相连，双方的通信带宽就需要进一步协商而定。

协商速率由通信双方中较低速率的一方决定。例如：交换机的接口为10/100/1000M自适应，而与之相连的网卡接口为10/100M自适应，则协商后的通信速率将为100Mbit/s。如果速率协商出现不匹配的现象，以太网链路建立将失败，导致无法通信。

一般来说，大多数设备接口都可以通过协商机制实现通信双方速率的匹配。但对于不同厂商的设备（如一端为Cisco设备，另一端为华为设备）来说，可能会由于双方协商参数不同而导致双工或速率不匹配，这时就需要手动指定双工或速率的模式。

4.2.4 交换机的配置

1. 交换机配置前的连接

配置一台Cisco交换机的方法很多，下面通过Console（控制台）端口进行配置，这也是网络管理员第一次配置Cisco设备时采用的最基本的方法，如图4.11所示。

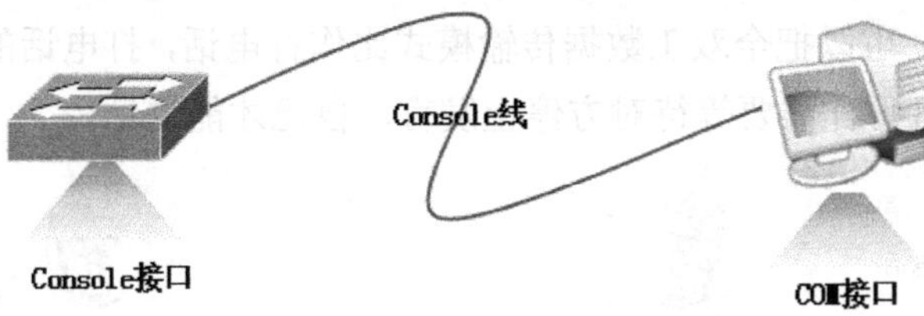

图4.11 通过Console接口配置交换机

Console接口位于交换机背板，将其与PC的COM接口直连即可对交换机进行配置。连接所使用的线缆一般为专用的Console电缆。

准备工作如下。

（1）按照上述说明完成物理连接，将Console电缆的一端接交换机的Console接口，另一端接计算机的COM1接口，确认交换机电源已经接好。

（2）打开SecureCRT软件，如图4.12所示。单击“Quick Connect”按钮，利用该按钮可以快捷地与设备建立连接。

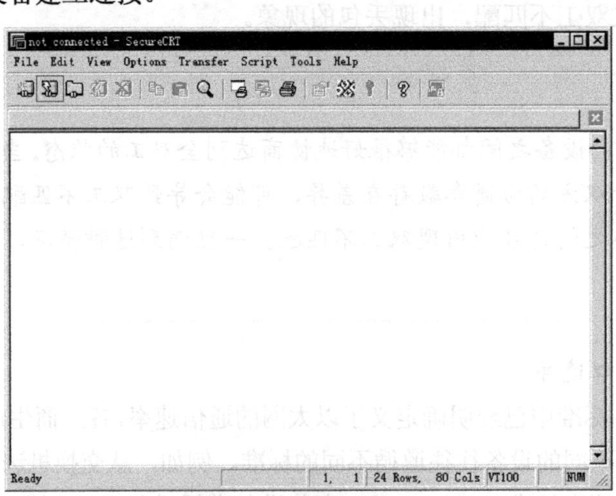

图4.12 超级终端界面

（3）单击“Quick Connect”按钮后，出现“Quick Connect”界面，如图 4.13 所示，可以选择配置设备时采用的协议，选择 Serial 方式，就可以对本地 Console 接口方式进行配置。

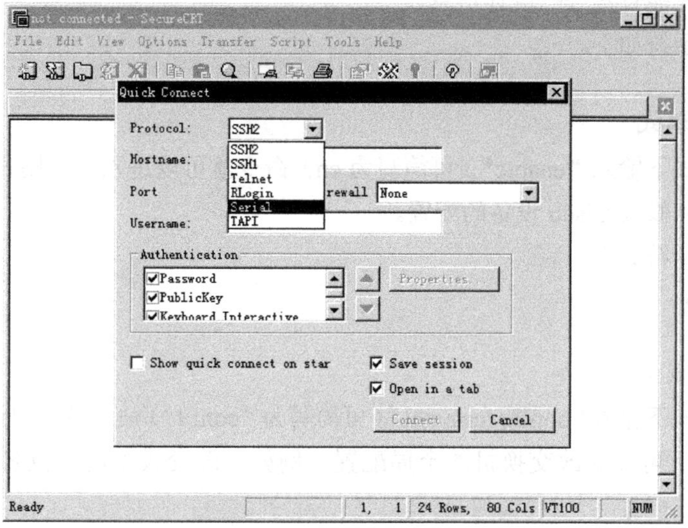

图4.13　Quick Connect界面

（4）之后在该界面上进行具体参数的配置，如图 4.14 所示。选择正确的 COM 接口，单击“Connect”按钮就可以对设备进行配置了。

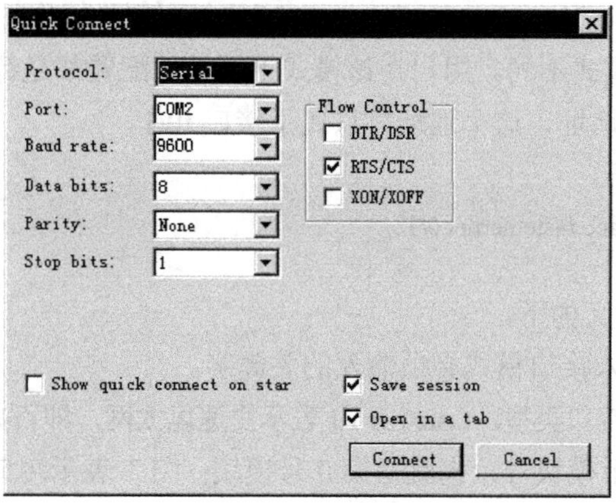

图4.14　配置连接参数

注意

（1）连接到计算机的 COM 接口不一定是 COM1 接口，不同的计算机（或笔记本电脑）需要根据其具体的硬件情况来确定 COM 接口。

（2）有些非专业的笔记本电脑可能没有 COM 接口，这时就需要使用 USB 转接头和相应的驱动程序了。

2. Cisco 交换机的命令行模式

（1）用户模式

交换机启动完成后按 Enter 键，首先进入的就是用户模式，在该模式下用户会受到极大的限制，只能查看一些统计信息。

命令行提示符如下。

```
switch>
```

（2）特权模式

在用户模式下输入“enable”（可简写为 en）命令就可以进入特权模式，用户在该模式下可以查看并修改 Cisco 设备的配置。

命令行提示符如下。

```
switch>enable
switch#
```

（3）全局模式

在特权模式下输入“config terminal”（可简写为“conf t”）命令就可以进入全局模式，用户在该模式下可以修改交换机的全局配置。例如，改变设备的主机名就是一个全局配置。

命令行提示符如下。

```
switch#config terminal
switch(config)#
```

（4）接口模式

在全局模式下输入“interface fastethernet 0/1”（可简写为“int f0/1”）命令就可以进入接口模式。与全局模式不同，用户在该模式下所做的配置都是针对 f0/1 这个接口的。例如，设定接口的 IP 地址，这个地址将只属于接口 f0/1。

命令行提示符如下。

```
switch(config)#interface fastethernet 0/1
switch(config-if)#
```

interface f0/1 的含义如下。

- interface：进入接口模式必须输入的关键字。
- fastethernet：接口类型，fastethernet 表示快速以太网，即百兆位以太网，简写为 f。
- 0/1：“0”表示模块号，也就是第 0 号模块；“1”表示端口号。

在交换机的接口类型中，常见的还有 ethernet、gigabitethernet 和 tengigabitethernet（分别可简写为 e、gi 和 te）。“e”表示以太网接口类型，即十兆以太网接口；“gi”表示吉比特以太网接口类型，即吉比特以太网接口；“te”表示 10 吉比特以太网接口类型，即万兆以太网接口。

知道了如何进入每个模式，那么退出来又该如何操作呢？

从特权模式回到用户模式，需要输入“disable”命令；其他无论哪个模式，只要输入命令“exit”就能回到前一个模式；在全局或是接口模式，只要输入命令“end”就能回到特权模式，按 Ctrl+Z 组合键也等效于执行“end”命令。命令行提示符如下。

```
switch(config-if)#exit
switch(config)#exit
switch#disable
switch>
```

使用“end”命令来快速退出。命令行提示符如下。

```
switch(config-if)#end
switch#
switch(config)#end
switch#
```

注意

不但要记住命令本身，还要知道这个命令属于哪个模式。一般来说，大部分用于查看信息的命令都在特权模式下，而用于配置的命令都在全局和接口模式下。

这四种模式之间有很明显的层次关系，一般情况下，如果想要进入全局模式就必须先进入特权模式，而不能从用户模式直接跳到全局模式。图 4.15 给出了一张层次关系图，帮助读者记忆和理解。

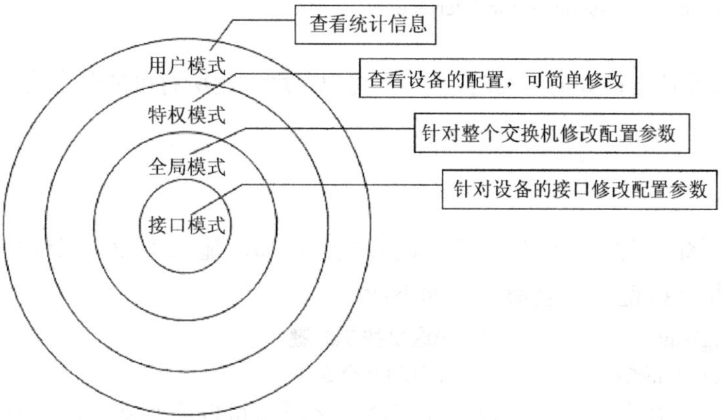

图4.15　命令行模式关系图

思考

从用户模式到接口模式，再从接口模式回到用户模式，需要输入哪些命令？

3. 交换机的常见命令

（1）命令行帮助机制

在介绍基本的配置命令之前，先来学习一些小技巧。

①“？”的作用

“？”是配置交换机的好帮手，主要用于命令提示。

➢ 显示该模式下的所有命令以及命令注解。

```
switch(config)#?
Configure commands:
  aaa               Authentication, Authorization and Accounting.
  aal2-profile      Configure AAL2 profile
  access-list       Add an access list entry
  alarm-interface   Configure a specific Alarm Interface Card
  alias             Create command alias
  alps              Configure Airline Protocol Support
  appletalk         Appletalk global configuration commands
  application       Define application
--More—
```

➢ 显示命令后接参数或配置内容。

```
switch(config)#int ?
  Async             Async interface
  BVI               Bridge-Group Virtual Interface
  CDMA-Ix           CDMA Ix interface
  CTunnel           CTunnel interface
  Dialer            Dialer interface
  FastEthernet      FastEthernet IEEE 802.3
  Group-Async       Async Group interface
--More—
```

➢ 忘记某个命令该如何拼写时，"？"可以帮助列出所有可能命令的列表以供选择。

```
switch>e?
enable exit
```

② Tab 键

在输入配置命令时，可以使用简写的方式。例如，输入"int"来代替"interface"。还可以灵活使用 Tab 键来补全命令，如下所示。

```
switch(config)#int                  \\这里按 Tab 键
switch(config)#interface            \\自动补全命令
```

当然也可以不补全，一样生效。其实命令之所以可以简写就是因为它只有一种补全方式。

③ 常用组合键

常用组合键如表 4-2 所示。

表 4-2　常用组合键

键名	功能
Ctrl＋A	光标移到命令行的开始位置
Ctrl＋E	光标移到命令行的结束位置

另外，还可以使用键盘的上下方向键调出刚刚输入的历史命令。

（2）常用命令介绍

① hostname

hostname 命令用于配置主机名，可简写为“host”。

```
switch(config)#host sw1
sw1(config)#
```

② show version

show version 命令用于显示系统 IOS 名称和版本信息，可简写为“sh ver”。

```
sw1#sh ver
Cisco IOS Software, C2960 Software (C2960-LANBASE-M), Version 12.2(35)SE5, RELE
SE SOFTWARE (fc1)
Copyright (c)1986-2007 by Cisco Systems, Inc.
Compiled Thu 19-Jul-07 20:06 by nachen
Image text-base: 0x00003000, data-base: 0x00D40000

--More—

64K bytes of flash-simulated non-volatile configuration memory.
Base ethernet MAC Address          : 00:24:50:77:54:80
Motherboard assembly number        : 73-11473-05
Power supply part number           : 341-0097-02
Motherboard serial number          : FOC12484HXN
Power supply serial number         : DCA12428350

--More—
```

注意

IOS（Internet Operating System，互联网操作系统）是指 Cisco 路由器或交换机上使用的操作系统。IOS 对于交换机来说，就像 Windows 操作系统对于 PC 一样。

show version 命令除了可以查看 IOS 版本信息外，还可以查看交换机自身的 MAC 地址。

4. 交换机的基本配置

（1）查看 MAC 地址表

MAC 地址表相当于交换机内部的一个数据库，记录着 MAC 地址和接口编号的对应关系。查看 MAC 地址表的命令如下。

```
sw1#show mac-address-table [dynamic]
```

“dynamic”为可选参数，可以使交换机只显示交换机动态学习到的 MAC 地址。

如图 4.16 所示，交换机 SW1 和 SW2 与主机 PC1、PC2、PC3 互联在一起。

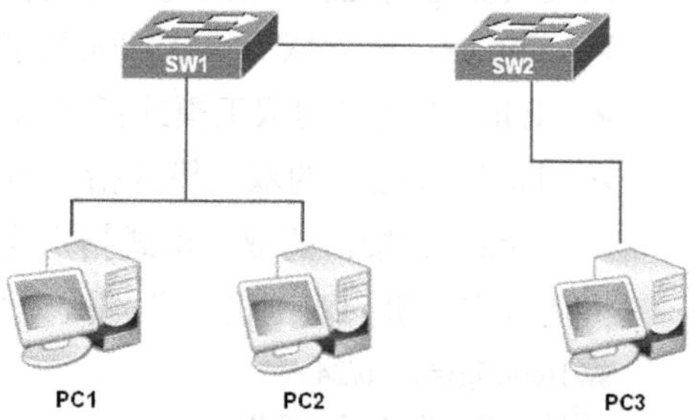

图4.16　查看MAC地址表网络示意图

各设备的 MAC 地址如表 4-3 所示。

表 4-3 各设备的 MAC 地址

设备	MAC 地址
PC1	000a.b8b6.b5a2
PC2	001a.a135.9297
PC3	001d.60dd.713a
SW1	000d.30ae.c200
SW2	000d.28be.b600

在交换机 SW1 上查看 MAC 地址表，命令如下所示。

```
sw1#show mac-address-table dynamic
                Mac Address Table
------------------------------------------------------------

Vlan     Mac Address        Type           Ports
----     -----------        --------       -----
1        000d.28be.b618     DYNAMIC        Fa0/24
1        001d.60dd.713a     DYNAMIC        Fa0/24
1        000a.b8b6.b5a2     DYNAMIC        Fa0/1
1        001a.a135.9297     DYNAMIC        Fa0/2
Total Mac Addresses for this criterion: 1
```

通过输出结果可知，交换机已经学习到三台主机的 MAC 地址。各个字段的含义如下。

- MAC Address：交换机获取到的 MAC 地址。
- Type：交换机获取 MAC 地址信息的方式。
- Ports：MAC 地址对应的交换机接口编号。

值得关注的是，虽然 PC3 与 SW1 没有直接相连，但 PC3 的 MAC 地址也存在于 SW1 的 MAC 地址表中，且对应着接口 Fa0/24。这是由于交换机之间可以互相学习（同步）MAC 地址表所致。从 MAC 地址表中可以看出，SW1 通过接口 Fa0/24 与 SW2 相连，于是 SW1 就将从 SW2 同步过来的 MAC 地址全部对应到 Fa0/24 接口。

（2）配置接口的双工模式及通信速率

① 指定接口的双工模式

命令行如下。

```
switch(config-if)#duplex {full | half | auto}
```

- duplex：配置双工模式的关键字。
- full：将接口的双工模式指定为全双工。
- half：将接口的双工模式指定为半双工。
- auto：将接口的双工模式指定为自动协商。

将两台交换机的双工模式分别改为全双工和半双工，命令如下所示。

```
sw1(config)#int f0/24
sw1(config-if)#duplex full

sw2(config)#int f0/24
```

```
sw2(config-if)#duplex half
```

如果两台交换机在进行链路协商时发现双工不匹配，便会每隔一段时间提示如下信息。

```
*Mar  1 08:15:50.023: %CDP-4-DUPLEX_MISMATCH: duplex mismatch discovered on FastEthernet0/ 1
(not half duplex), with Switch FastEthernet0/23 (half duplex).
```

注意

实验测试时会发现，即使双工不匹配，通信双方依然可以 ping 通。这是因为实验环境中设备间的通信量很小，而在实际工作环境中交换机的链路一般会非常繁忙，如果出现双工不匹配问题，将会导致很严重的丢包现象。

② 指定接口的通信速率

命令行如下。

```
switch(config-if)#speed {10 | 100 | 1000 | auto}
```

- speed：配置接口速率的关键字。
- 10/100/1000：为接口配置具体速率值。
- auto：接口与对端自动协商通信速率。

将两台交换机的接口速率分别改为 10Mbit/s 和 100Mbit/s，如下所示。

```
sw1(config)#int f0/24
sw1(config-if)#speed 10

sw2(config)#int f0/24
sw2(config-if)#speed 100
```

通过 ping 命令测试发现，两台交换机之间无法正常通信。

③ 查看接口的双工模式和通信速率

将 SW1 的接口 f0/24 关闭，通过命令“show interface f0/24”可以查看交换机接口的默认双工模式及通信速率，如下所示。

```
sw1#show interface f0/24
FastEthernet0/24 is administratively down, line protocol is down (disabled)
  Hardware is Fast Ethernet, address is 001a.a135.929a (bia 001a.a135.929a)
  MTU 1500 bytes, BW 100000 Kbit, DLY 100 usec,
     reliability 255/255, txload 1/255, rxload 1/255
  Encapsulation ARPA, loopback not set
  Keepalive set (10 sec)
Auto-duplex, Auto-speed, media type is 100BaseTX
```

从输出结果中可以看出，接口的双工模式和通信速率都处于自动协商的状态。如果再将 f0/24 接口开启，SW1 和 SW2 的接口之间将再次进行双工模式和通信速率的协商，如下所示。

```
sw1# show interface f0/24
FastEthernet0/24 is up, line protocol is up (connected)
```

```
Hardware is Fast Ethernet, address is 001a.a135.929a (bia 001a.a135.929a)
MTU 1500 bytes, BW 100000 Kbit, DLY 100 usec,
   reliability 255/255, txload 1/255, rxload 1/255
Encapsulation ARPA, loopback not set
Keepalive set (10 sec)
Full-duplex, 100Mbit/s, media type is 10/100BaseTX
```

从输出结果中可以看出，链路建立后，双工模式协商为全双工，通信速率协商为100Mbit/s。

本章总结

本章介绍了数据链路层的基础知识，以及交换机的工作原理和基本配置。本章作为全书的核心章节，所涉及的技术亦是局域网中的核心技术。掌握本章内容对于后续理解网络、组建网络、维护网络都非常有帮助，希望读者用心学习，对于抽象和晦涩难懂的知识点，可以多看几遍，同时要结合实验来理解交换机的基本配置。

本章作业

一、选择题

1. 下列关于交换机转发的描述，正确的是（　　）。
   A. 交换机收到数据帧后总会以广播的方式转发出去
   B. 交换机可以根据 IP 地址将数据转发到正确的目的地
   C. 交换机会将数据帧的目标地址和接口编号对应写入 MAC 地址表
   D. 交换机会将数据帧的源地址和接口编号对应写入 MAC 地址表
2. 通过命令“show mac-address-table”查看不到的项目是（　　）。
   A. IP 地址　　B. MAC 地址　　C. 类型　　D. 接口
3. 交换机的地址表是通过学习（　　）而产生的。
   A. 目标 MAC 地址　　B. 源 MAC 地址
   C. 目标 IP 地址　　D. 源 IP 地址

二、判断题

1. 数据链路层用帧来描述数据。（　　）
2. 以太网帧格式中数据部分的长度范围是 1～1500 字节。（　　）
3. 交换机是基于源 MAC 地址进行转发的。（　　）
4. 交换机的双工模式的工作效率由低到高分别是单工、半双工、全双工，且全双工模式可以向下兼容。（　　）

三、简答题

1. 用表格形式列出 Cisco 交换机四种命令行模式的作用及其进入方法。
2. 简述交换机的工作原理。
3. 从全局或接口模式回到特权模式的方法有哪些？

第 5 章

网络层协议

技能目标

- 理解 IP 地址和子网掩码的概念
- 理解 IP 地址的分类
- 学会配置 IP 地址
- 了解数据包的格式
- 理解 ICMP 协议原理
- 理解 ARP 协议原理
- 会防御 ARP 攻击和 ARP 欺骗
- 会使用 ARP 防火墙
- 会使用 Sniffer 软件

本章首先介绍 IP 地址。IP 地址是用于标识网络节点的逻辑地址，管理 IP 地址不仅是网络管理员的一项重要的任务，还是从事其他各项网络工作的基础。随后介绍 IP 数据包格式，并基于此引入了两个重要的协议——ICMP 和 ARP，并围绕 ARP 协议进一步介绍 ARP 协议的配置以及攻击和欺骗技术。

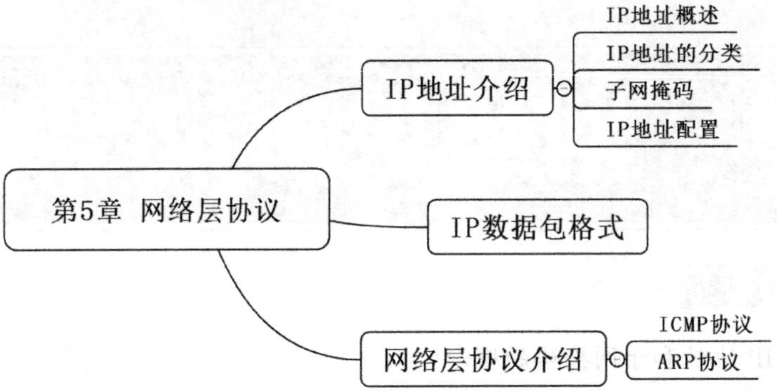

5.1 IP 地址介绍

5.1.1 IP 地址概述

IP 地址（Internet Protocol Address，互联网协议地址）又译为网际协议地址，是 IP 协议提供的一种统一的地址格式，它为互联网上的每一个网络和每一台主机分配一个逻辑地址，以此来屏蔽物理地址上的差异。如同我们写一封信，要标明信件的发信人地址和收信人地址，邮政人员才能通过该地址来投递信件一样。在计算机网络中，每个被传输的数据包也要包括一个源 IP 地址和一个目的 IP 地址。

IP 地址由 32 位二进制数组成，某台连接在互联网上的计算机的 IP 地址如下：

11010010.01001001.10001100.00000110

很显然，这些数字不太容易记忆且可读性较差，因此，人们将组成计算机 IP 地址的 32 位二进制数分成四段，每段八位，中间用圆点隔开，然后再将每八位二进制数转换成一位十进制数（这种形式叫作点分十进制）。这样，上述计算机的 IP 地址就变成了 210.73.140.6。

5.1.2 IP 地址的分类

IP 地址由两部分组成：网络部分（netID）和主机部分（hostID）。网络部分用于标识不同的网络，主机部分用于标识一个网络中特定的主机。IP 地址的网络部分由 Internet 地址分配机构（Internet Assigned Numbers Authority，IANA）统一分配，以保证 IP 地址的唯一性。为了便于分配和管理，IANA 将 IP 地址分为 A、B、C、D、E 五类，根据 IP 地址二进制表示方法的前几个比特位，可以判断 IP 地址属于哪类，如图 5.1 所示。目前在 Internet 上使用最多的 IP 地址是 A、B、C 三类，IANA 根据机构或组织的具体需求为其分配 A、B、C 类网络地址，具体主机的 IP 地址如何分配，则由得到某一网络地址的机构或组织自行决定。

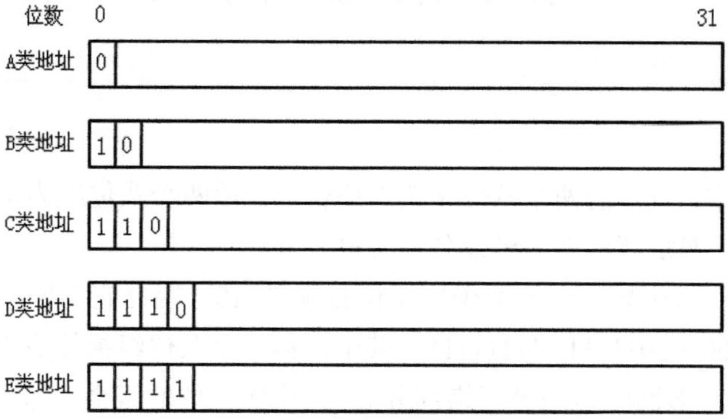

图5.1　IP地址分类

每个类别的 IP 地址的网络部分和主机部分都有相应的规则，如图 5.2 所示是 A、B、C 类地址的网络部分和主机部分，D 类和 E 类地址不划分网络部分和主机部分。

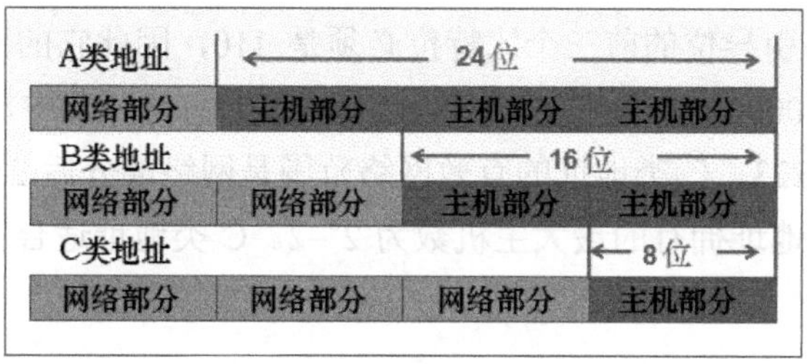

图5.2　网络部分和主机部分

1. A 类地址

在 A 类地址中，规定第一个八位组为网络部分，其余三个八位组为主机部分，即 A 类地址＝网络部分＋主机部分＋主机部分＋主机部分。

IP 地址的前几个比特位称为引导位。对 A 类地址来说，作为引导位的第一个八位组的第一个比特位是 0，因此它的第一个八位组的范围就是 00000000～01111111，换算成十进制就是 0～127，其中，127 又是一个比较特殊的数字，通常用于本机测试的地址就是 127.0.0.1。

由于 A 类地址的第一个地址块（网络号为 0）和最后一个地址块（网络号为 127）保留使用，即全 0 表示本地网络，全 1 表示保留作诊断用。因此 A 类地址的有效网络范围为 1～126，即全世界只有 126 个 A 类网络。每个 A 类网络可以拥有的主机数则是后面 24 个比特位的组合，为 2^{24} 个。但是主机部分也不能全为 0 或全为 1，全为 0 代表的是网络 ID，全为 1 代表的是本网络的广播地址，因此每个 A 类网络拥有的最大可用主机数为 $2^{24}-2$（公式为 2^n-2，n 为 IP 地址中主机部分的比特数）。A 类地址适宜在大型网络中使用。

注意

127.0.0.1 又称为本机回环地址，通常在本机上 ping 此地址来检查 TCP/IP 协议安装得是否正确。凡是以 127 开头的 IP 地址都代表本机（广播地址 127.255.255.255 除外）。

2. B 类地址

在 B 类地址中，规定前两个八位组为网络部分，后两个八位组为主机部分，即 B 类地址＝网络部分＋网络部分＋主机部分＋主机部分。

B 类地址中作为引导位的前两个比特位必须是 10，因此它的网络部分的范围就是 10000000.00000000～10111111.11111111，其中，第一个八位组换算成十进制就是 128～191。B 类地址的有效网络范围是网络部分后 14 个比特位的组合，即 2^{14} 个。每个 B 类地址拥有的最大主机数为 $2^{16}-2$。B 类地址适宜在中等规模的网络中使用。

3. C 类地址

在 C 类地址中，规定前三个八位组为网络部分，最后一个八位组为主机部分，即 C 类地址＝网络部分＋网络部分＋网络部分＋主机部分。

C 类地址中作为引导位的前三个比特位必须是 110，因此它的网络部分的范围就是 11000000. 00000000.00000000～11011111.11111111.11111111，其中，第一个八位组换算成十进制就是 192～223。C 类地址的有效网络范围是网络部分后 21 个比特位的组合，即 2^{21} 个。每个 C 类地址拥有的最大主机数为 $2^{8}-2$。C 类地址适合在主机数量比较少的中小型网络中使用。

注意

D 类地址是用于组播通信的地址，E 类地址是用于科学研究的保留地址，它们都不能在互联网上作为节点地址使用，要了解其详细信息请查阅相关资料。

目前在 Internet 上只使用 A、B、C 三类地址，为了满足企业用户在 Intranet 上使用的需求，从 A、B、C 三类地址中分别划出一部分地址供企业内部网络使用，这部分地址称为私有地址，私有地址是不能在 Internet 上使用的。私有地址包括以下三组。

- 10.0.0.0～10.255.255.255
- 172.16.0.0～172.31.255.255
- 192.168.0.0～192.168.255.255

5.1.3 子网掩码

子网掩码（subnet mask）又叫网络掩码、地址掩码，用来指明一个 IP 地址的哪些位标识主机所在的子网，哪些位标识主机。子网掩码不能单独存在，必须和 IP 地址一起使用。子网掩码只有一个作用，就是将一个 IP 地址划分成网络地址和主机地址两部分。在网络中，不同主机之间通信的情况可以分为如下两种。

- 同一个网段中两台主机之间相互通信。
- 不同网段中两台主机之间相互通信。

注意

具有相同网络地址的 IP 地址称为同一个网段的 IP 地址。

如果是同一网段内的两台主机通信，则一台主机将数据直接发送给另一台主机；如果是不同网段的两台主机通信，则主机将数据送给网关，由网关进行转发。

为了区分这两种情况，通信的计算机需要获取远程主机 IP 地址的网络地址部分以做出判断。

- 如果源主机的网络地址=目标主机的网络地址，则为相同网段主机之间的通信。
- 如果源主机的网络地址≠目标主机的网络地址，则为不同网段主机之间的通信。

因此对一台计算机来说，关键问题就是如何获取远程主机 IP 地址的网络地址，这就需要借助子网掩码（Netmask）。

下面介绍子网掩码的组成。与 IP 地址一样，子网掩码也是由 32 个二进制位组成，对应 IP 地址的网络部分用 1 表示，对应 IP 地址的主机部分用 0 表示，通常也是由四个点号分开的十进制数表示。当为网络中的节点分配 IP 地址时，也要一并给出每个节点使用的子网掩码。对 A、B、C 三类地址来说，通常情况下都是使用默认子网掩码。

- A 类地址的默认子网掩码是 255.0.0.0。
- B 类地址的默认子网掩码是 255.255.0.0。
- C 类地址的默认子网掩码是 255.255.255.0。

有了子网掩码后，只要把 IP 地址和子网掩码作逻辑“与”运算，所得的结果就是 IP 地址的网络地址。

例如：给出 IP 地址 192.168.1.189，子网掩码 255.255.255.0，将 IP 地址和子网掩码进行“与”运算就可以得出 IP 地址的网络地址。运算过程如下所示。

	11000000.10101000.00000001.10111101	IP 地址
“与”	11111111.11111111.11111111.00000000	子网掩码
	11000000.10101000.00000001.00000000	二进制
	192 . 168 . 1 . 0	十进制

计算出网络地址就可以判断不同的 IP 地址是否属于同一个网段了。

使用点分十进制的形式表示子网掩码，比较麻烦。为了书写简便，经常使用位计数形式来表示。位计数形式是在地址后加“/”，“/”后面是网络部分的位数，即二进制掩码中“1”的个数。例如：IP 地址 192.168.1.100，掩码 255.255.255.0，可以表示成 192.168.1.100/24。

5.1.4 IP 地址配置

IP 地址用于在网络中标识一个节点，以便让其他节点通过 IP 地址访问它，IP 地址最终将配置在节点设备上。下面分别介绍在 Windows 主机、路由器和交换机上配置 IP 地址。

1. **给 Windows 主机配置 IP 地址**

一般情况下，网络中的服务器都使用静态 IP 地址，如打印服务器、文件服务器等。下面以 IPv4 为例，介绍在计算机上配置静态 IP 地址的方法。

（1）单击任务栏右下角的“网络”图标，打开“网络和共享中心”窗口，如图 5.3 所示。

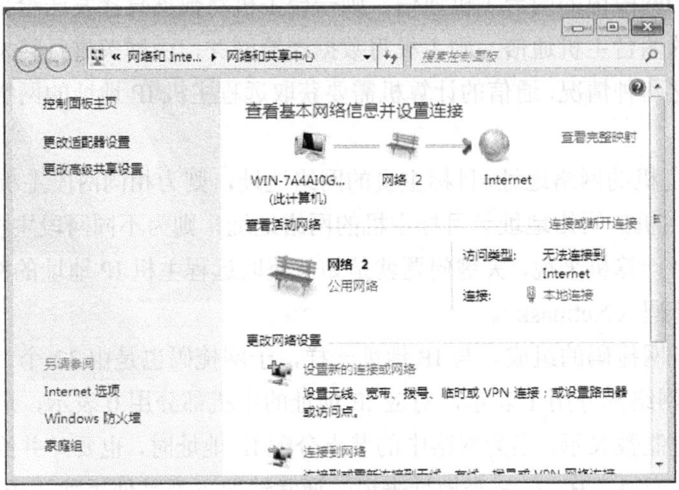

图5.3　网络设置

（2）在“网络和共享中心”窗口单击“更改适配器设置”选项，打开“网络连接”窗口，如图 5.4 所示。

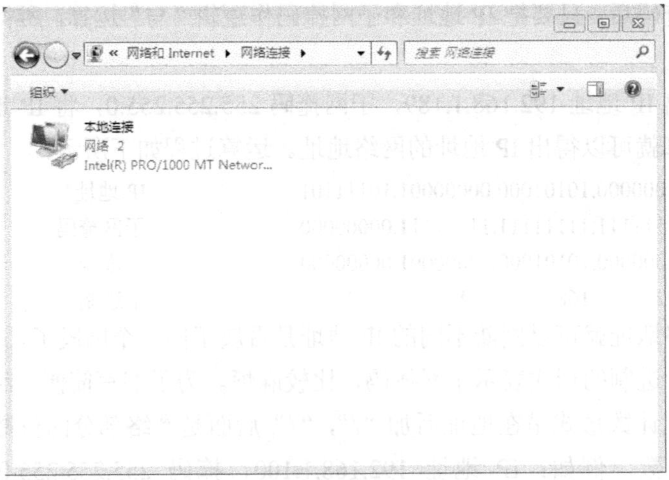

图5.4　网络连接中的本地连接

（3）用鼠标右键单击需要设置的本地连接并选择快捷菜单中的“属性”选项，在“本地连接属性”对话框中，选择“Internet 协议版本 4（TCP/IPv4）”，然后单击“属性”按钮。

（4）在“Internet 协议版本 4（TCP/IPv4）属性”对话框中，选中“使用下面的 IP

地址”单选钮，可以设置此连接的 IP 地址、子网掩码等内容，如图 5.5 所示。

- IP 地址：指手动分配的 IP 地址。
- 子网掩码：与 IP 地址配套的子网掩码，用来判断当前 IP 地址所属的网段。
- 默认网关：本计算机和其他网段通信时需要设置此项，通常为本网段路由器的 IP 地址。如果通信双方处于同一网段，网关的作用就形同虚设。如果通信双方处于不同的网段，就必须配置网关。这就好比两家人住在不同的小区，互相拜访时应该先从自己小区的大门出去才能来到小区以外的世界。网关就像小区的大门，如果想与其他网段通信，就必须知道网关的 IP 地址。
- 首选 DNS 服务器：域名解析服务器的地址。
- 备用 DNS 服务器：域名解析服务器的地址，作为备用的 DNS 域名解析服务器。

在一个网卡上可以设置多个 IP 地址，方法为在“Internet 协议版本 4（TCP/IPv4）属性”对话框中单击“高级”按钮，打开“高级 TCP/IP 设置”对话框，如图 5.6 所示。

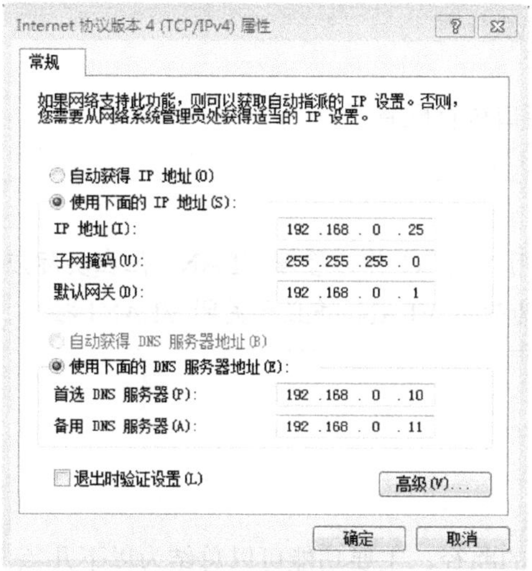

图5.5　TCP/IP属性对话框

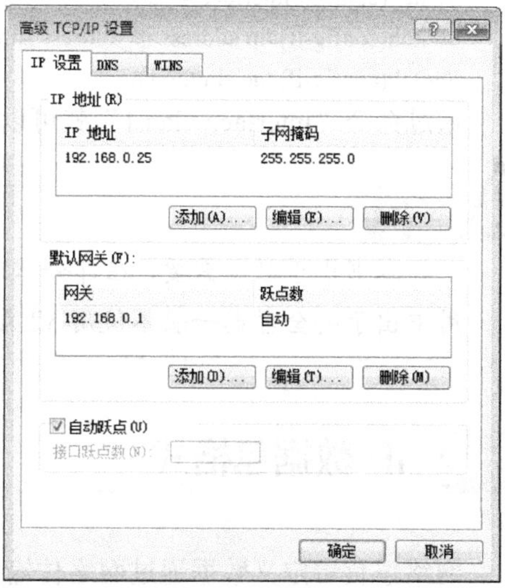

图5.6　“高级TCP/IP设置”对话框

注意

在一台计算机上创建多个 Web 站点或者 FTP 站点的方法之一就是在一个网卡上设置多个 IP 地址，这部分内容将在后续介绍。

2. 给路由器配置 IP 地址

给路由器配置 IP 地址要在接口模式下，即将 IP 地址分配给路由器的接口。配置命令如下。

```
Router(config)#interface fastethernet 0/1
Router(config-if)#ip address ip_address subnet_mask
Router(config-if)#no shutdown
```

- ip address 表示配置 IP 地址的命令关键字。

- ip_address 表示分配给路由器接口的 IP 地址。
- subnet_mask 表示分配 IP 地址的子网掩码。
- no shutdown 表示开启路由器的接口。

注意

一般来说，路由器的物理接口默认都是关闭的，需要用“no shutdown”命令开启；而交换机的物理接口默认都是开启的。

3. **给交换机配置 IP 地址**

给交换机配置 IP 地址并不像路由器那样配置在物理接口上，而是配置在虚拟接口上。这样，无论从任何一个物理接口连接交换机，都可以访问虚拟接口的 IP 地址，从而实现对交换机的管理（详细内容将在后续介绍）。配置命令如下。

```
Switch(config)#interface vlan 1
Switch(config-if)#ip address ip_address subnet_mask
Switch(config-if)#no shutdown
```

通过命令“interface vlan 1”就可以进入接口进行配置了。

注意

本书出于教学需要，在部分章节中使用 VLAN1 作为管理 VLAN，但在实际应用中出于安全考虑一般不使用 VLAN1 作为管理 VLAN，并且要关闭 VLAN1 接口。

5.2 IP 数据包格式

网络层负责定义数据通过网络传输所经过的路径，主要功能可以总结为以下几点。

- 定义了基于 IP 协议的逻辑地址。
- 选择数据通过网络的最佳路径。
- 连接不同的介质类型。

IP 数据包头的格式如图 5.7 所示。

版本（4）	首部长度（4）	优先级与服务类型（8）	总长度（16）	
标识符（16）			标志（3）	段偏移量（13）
TTL（8）		协议号（8）	首部校验和（16）	
源IP地址（32）				
目标IP地址（32）				
可选项				

图5.7 IP数据包头的格式

各字段的含义如下。

➢ 版本（Version）：包含的是 IP 的版本号，4 比特。目前 IP 的版本为 4（即 IPv4），形成于 20 世纪 80 年代早期，现在无论是在局域网中还是在广域网中，使用的都是 IPv4。目前 IPv4 所面临的最大问题是 IP 地址空间不足，即将使用的 IPv6 是 IPv4 的下一个版本。

➢ 首部长度（Header Length）：用于表示 IP 数据包头长度，4 比特。IP 数据包头最短为 20 字节，但其长度是可变的。因为 IP 数据包中的选项字段是可选的，所以首部长度取决于是否设置选项以及选项的长度。

➢ 优先级与服务类型（Priority & Type of Service）：用于表示数据包的优先级和服务类型，8 比特。在数据包中划分一定的优先级，用于满足 QoS（服务质量）的要求。

➢ 总长度（Total Length）：用以指示整个 IP 数据包的长度，16 比特。最长为 65 535 字节，包括包头和数据。

➢ 标识符（Identification）：用于表示 IP 数据包的标识符，16 比特。当 IP 对上层数据分片时，它将给所有的分片分配一组编号，然后将这些编号放入标识符字段中，保证分片不会被错误地重组。标识符字段用于标识一个数据包，以便接收节点可以重组被分片的数据包。

➢ 标志（Flags）：标志字段，3 比特。标志和分片一起被用来传递信息。例如，对当前的包不能分片（当该包从一个以太网发送到另一个以太网时），或者（当一个包被分片后）指示在一系列的分片中，最后一个分片是否已发出。

➢ 段偏移量（Fragment Offset）：用于表示段偏移量，13 比特。段偏移量中包含的信息指出在一个分片序列中如何将各分片重新连接起来。

➢ TTL（Time to Live）：用于表示 IP 数据包的生命周期，8 比特。TTL 字段包含的信息可以防止一个数据包在网络中被无限地转发下去。

TTL 值的含义是一个数据包在被抛弃前在网络中可以经历的最大周转时间。TTL 对应一个数据包通过路由器的数目，数据包每经过一个路由器，TTL 将减去 1。数据包经过的每一个路由器都会检查 TTL 字段中的值，当 TTL 的值为 0 时，该数据包将被丢弃。

➢ 协议号（Protocol）：协议字段，8 比特。协议号字段用于指示在 IP 数据包中封装的协议是 TCP 还是 UDP，TCP 的协议号为 6，UDP 的协议号为 17。

➢ 首部校验和（Header Checksum）：用于表示校验和，校验和是 16 位的错误检测字段。目的主机和网络中的每个网关都要重新计算包头的校验和，如同源主机所做的一样。如果数据在传输过程中没有被改动过，计算结果应该是一样的。

➢ 源 IP 地址（Source IP Address）：用于表示数据包的源地址，32 比特。这是一个网络地址，指的是发送数据包的设备的网络地址。

➢ 目标 IP 地址（Destination IP Address）：用于表示数据包的目的地址，32 比特。这也是一个网络地址，但指的是接收节点的网络地址。

➢ 可选项（Options）：选项字段根据实际情况可变长，和 IP 地址一起使用的选项有多个。例如，可以是创建该数据包的时间戳等。

IP 数据包格式

请扫描二维码观看视频讲解。

5.3 网络层协议介绍

5.3.1 ICMP 协议

作为网络管理员，必须要知道网络设备之间的连接状况，因此就需要有一种机制来侦测或通知网络设备之间可能发生的各种各样的情况，这就是ICMP协议的作用。Internet控制报文协议（Internet Control Message Protocol，ICMP）是TCP/IP协议簇的一个子协议，用于在IP主机、路由器之间传递网络通不通、主机是否可达、路由是否可用等控制消息，这些控制消息虽然并不传输用户数据，但是对于用户数据的传递起着重要的作用，提供可能发生在网络环境中的各种问题的反馈。通过这些反馈信息，管理员就可以对发生的问题做出判断，然后采取适当的措施去解决。

1. ICMP 的主要功能

ICMP 的实质是一个错误侦测与回馈机制，其通过 IP 数据包封装来发送错误和控制消息，目的是使管理员能够掌握网络的连通状况。例如，在图 5.8 中，当路由器收到一个不能被送达最终目的地的数据包时，路由器会向源主机发送一个 ICMP 主机不可达的消息。

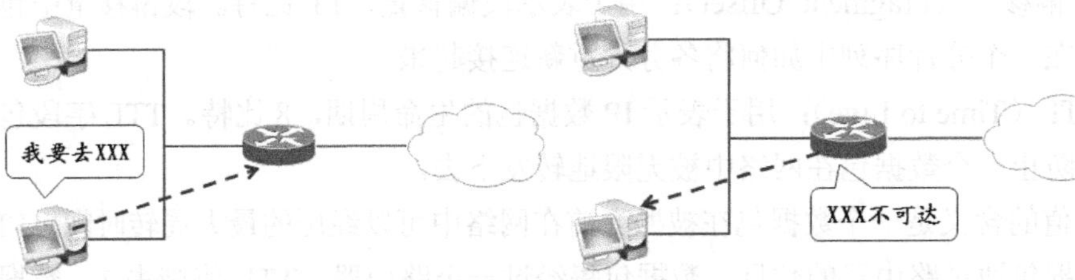

图5.8 ICMP的示意图

ICMP 协议属于网络层协议（也有高于网络层协议的说法），因为传输 ICMP 信息时，要先封装网络层的 IP 报头，再交给数据链路层，即 ICMP 报文对应的是 IP 层的数据，如图 5.9 所示。

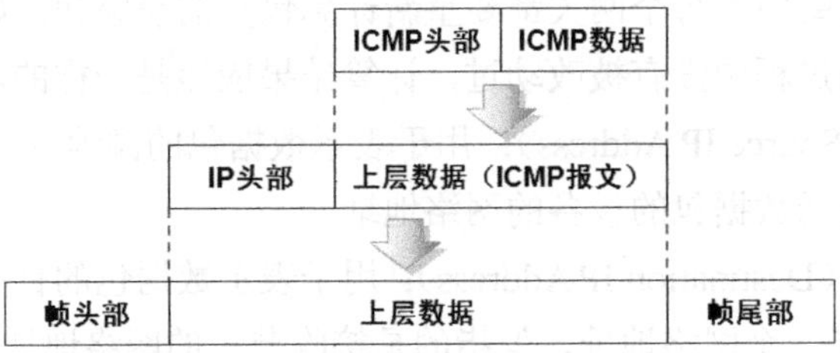

图5.9 ICMP的封装

2. ICMP 的基本使用

在网络中，ICMP 协议的使用是靠各种命令来实现的。下面以 ping 命令为例，介绍

ping 命令的使用以及返回的信息。

ping 命令的基本格式如下。

C：\>ping　[–t] [-l 字节数] [-a] [-i] IP_Address| target_name

其中，[　]中的参数为可选参数。

（1）ping 命令的返回信息

在检查网络连通性时，ping 命令是使用得最多的。当 ping 一台主机时，本地计算机发出的就是一个典型的 ICMP 数据包，用来测试两台主机之间是否能够顺利连通。ping 命令检测两台设备之间的双向连通性，即数据包能够成功到达对端并能够返回，如图 5.10 所示。

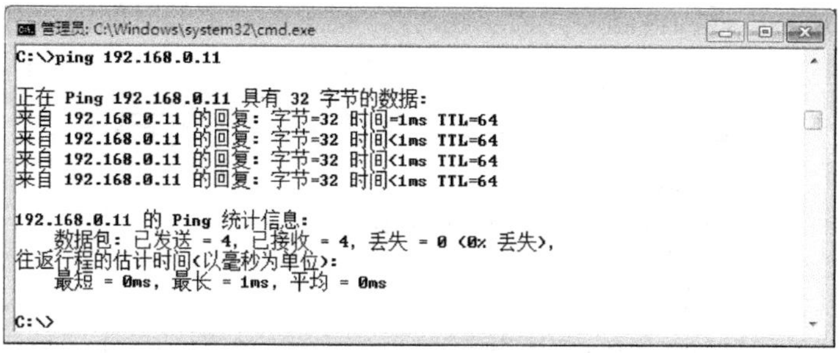

管理员: C:\Windows\system32\cmd.exe
C:\>ping 192.168.0.11
正在 Ping 192.168.0.11 具有 32 字节的数据:
来自 192.168.0.11 的回复: 字节=32 时间=1ms TTL=64
来自 192.168.0.11 的回复: 字节=32 时间<1ms TTL=64
来自 192.168.0.11 的回复: 字节=32 时间<1ms TTL=64
来自 192.168.0.11 的回复: 字节=32 时间<1ms TTL=64
192.168.0.11 的 Ping 统计信息:
数据包: 已发送 = 4，已接收 = 4，丢失 = 0 (0% 丢失)，
往返行程的估计时间(以毫秒为单位):
最短 = 0ms，最长 = 1ms，平均 = 0ms
C:\>

图5.10　连通的应答

① 连通的应答

如图 5.10 所示，从返回的信息可知，源主机共向目标主机发送了 4 个 32 字节的包，而目标主机回应了 4 个 32 字节的包，包没有丢失，源主机和目标主机之间的连接正常。除此以外，还可以根据“时间”来判断当前的联机速度，数值越低，速度越快；在最后还包括统计信息，如果发现丢包很严重，则可能是线路不好造成的，这时就要检查线路或更换网线；最后一行是“往返行程”时间的最短、最长和平均时间，单位都是毫秒（ms）。

② 不能建立连接的应答

如果两台主机之间不能建立连接，那么 ICMP 也会返回相应的信息，如图 5.11 所示。

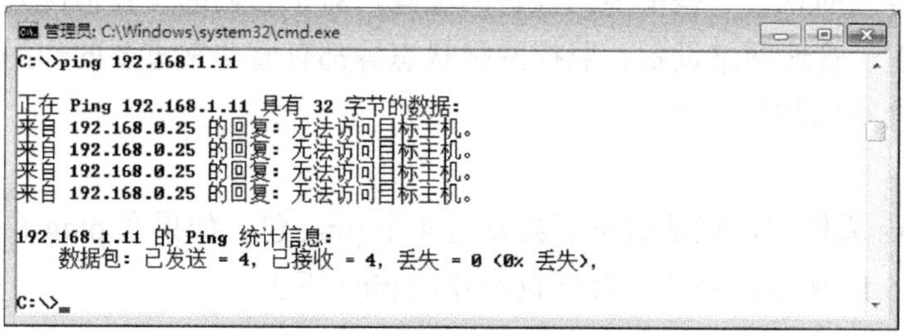

管理员: C:\Windows\system32\cmd.exe
C:\>ping 192.168.1.11
正在 Ping 192.168.1.11 具有 32 字节的数据:
来自 192.168.0.25 的回复: 无法访问目标主机。
来自 192.168.0.25 的回复: 无法访问目标主机。
来自 192.168.0.25 的回复: 无法访问目标主机。
来自 192.168.0.25 的回复: 无法访问目标主机。
192.168.1.11 的 Ping 统计信息:
数据包: 已发送 = 4，已接收 = 4，丢失 = 0 (0% 丢失)，
C:\>_

图5.11　不能建立连接的应答

ICMP 返回信息为“无法访问目标主机”，说明两台主机之间没有建立连接，可能是因为没有正确配置网关等参数造成的。由于找不到去往目标主机的“路”，所以显示“无法访问目标主机”。

③ 应答为未知主机名

由于网络中存在的问题很多，因此返回的 ICMP 信息也很多。如图 5.12 所示，ICMP

返回信息为“找不到主机”，说明 DNS 无法完成解析。

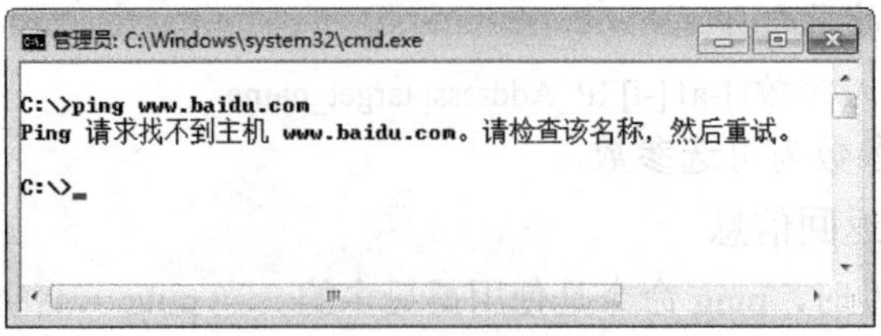

图5.12　应答为未知主机名

④ 连接超时的应答

如图 5.13 所示，返回信息为“请求超时”，说明在规定的时间内没有收到返回的应答消息。

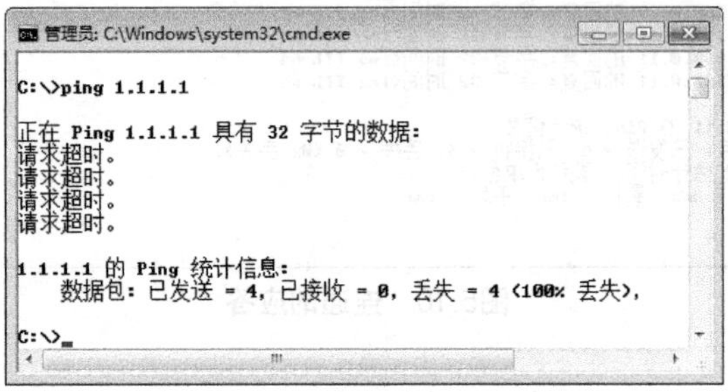

图5.13　连接超时的应答

注意

如果目标计算机启用了防火墙的相关设置，即使网络正常也可能会返回“请求超时”的信息。关于防火墙的知识将在后续内容中介绍。

在路由器上也广泛使用 ICMP 协议来检查设备之间的连接及运行情况。如果没有 ICMP 协议，看到的只是一些单纯的设备的堆叠，对于它们的工作情况则一无所知。所以 ICMP 协议对于管理网络设备、监控网络状态等都有着非常重要的作用。

（2）ping 命令的常用参数

① -t 参数

在 Windows 系统中，默认情况下会发送 4 个 ping 包。如果在 ping 命令后面加上参数“-t”，如图 5.14 所示，系统将会一直不停地 ping 下去。

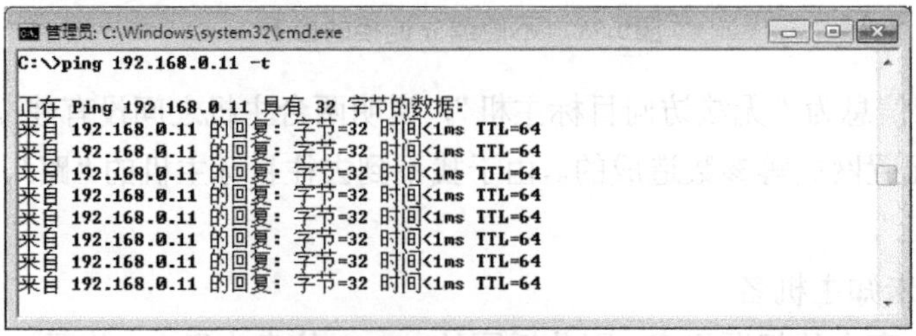

图5.14　ping命令的参数“-t”

② -a 参数

在 Windows 系统中，在 ping 命令后加入参数“-a”，可以返回对方主机的主机名，如图 5.15 所示。

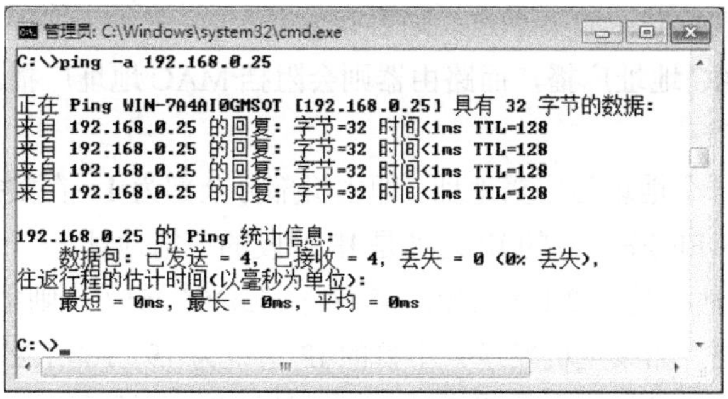

图5.15　ping命令的参数“-a”

③ -l 参数

一般情况下，ping 包的大小为 32 字节，有时为了检测大数据包的通过情况，可以使用参数“-l”来改变 ping 包的大小。如图 5.16 所示，ping 包的大小为 10000 字节。

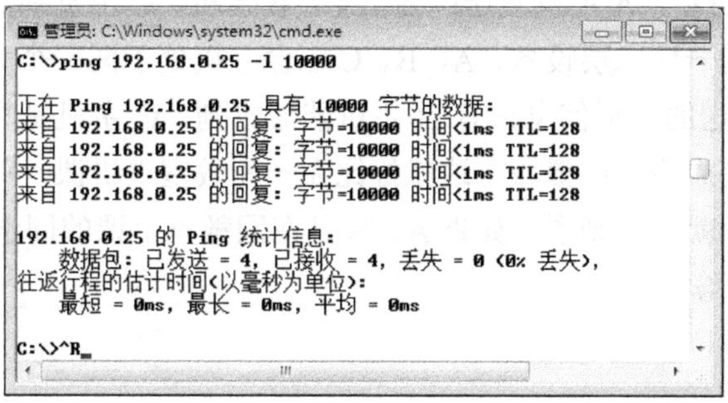

图5.16　ping命令的参数“-l”

5.3.2　ARP 协议

使用 ARP 协议可以查出擅自更改 IP 地址主机的 MAC 地址。在学习 ARP 协议前，需要先了解一下广播和广播域的相关概念。

1．广播与广播域

在公共场所找人时，如果不知道对方的位置就需要到服务台通过广播寻找；如果知道对方的位置就可以直接到对方所在位置。在网络中也存在这种情况，如果不知道对方的地址就需要进行广播，即发送广播帧；如果知道对方的地址就直接发送单播到对方处。可见，广播通信是“一对所有”的通信形式，而单播通信是“一对一”的通信形式。所有能听到找人广播的范围就是广播域。广播和广播域的具体定义如下。

- 广播：将广播地址作为目的地址的数据帧。
- 广播域：网络中能接收到同一广播的所有节点的集合。

（1）MAC 地址广播

MAC 地址的广播地址为 FF-FF-FF-FF-FF-FF。

MAC 地址的广播域是所有相连接的交换机和集线器的集合。如果一台主机发送一个 MAC 地址广播，则这个广播将转发到所有与其相连的交换机或集线器的所有端口。收到广播帧的主机会比较数据包中的目的 IP 地址是否为自身 IP 地址，如果是，则继续处理数据包中的承载数据；如果不是，则丢弃数据。

交换机转发 MAC 地址广播，而路由器则会阻挡 MAC 地址广播。

（2）IP 地址广播

IP 网段的最后一个地址为广播地址，即主机部分全部为 1。在数据帧中，目的 MAC 地址是 FF-FF-FF-FF-FF-FF，目的 IP 地址是 IP 网段的广播地址。

例如：主机 IP 地址是 192.168.1.20，掩码是 255.255.255.0，则主机所在网段的广播地址是 192.168.1.255。如果主机发送一个目的 IP 地址为 192.168.1.255、目的 MAC 地址为 FF-FF-FF-FF-FF-FF 的广播，由于目的 MAC 地址为广播地址，因此广播域的范围和 MAC 地址的广播域范围相同。设备或主机收到此广播后，查看是否属于同一 IP 网段，如果属于同一网段，则对承载的数据进行处理，否则丢弃数据。

同样路由器也会阻挡 IP 地址广播。

如图 5.17（a）所示，A 主机发送广播信息，B 主机、C 主机都能收到。因为负责连接网络的中心设备是一台二层设备，A、B、C 三台主机处于同一个广播域。而在图 5.17（b）中， A 主机发送的广播信息只有 B 主机能够收到，C 主机是收不到的，因为网络已经被路由器隔开变成两个广播域。这就好比在一间教室里讲课，每个同学都会听到，但是隔壁教室的同学就听不到了。如果 A、B 是在同教室上课的同学，那么 C 就好比是在隔壁教室上课的同学。

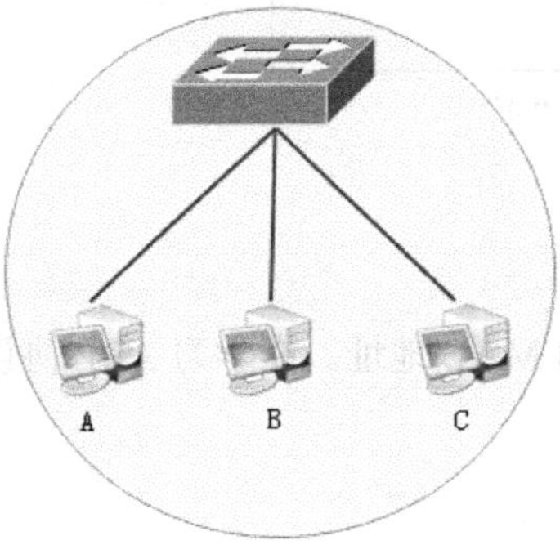

（a）同一个广播域

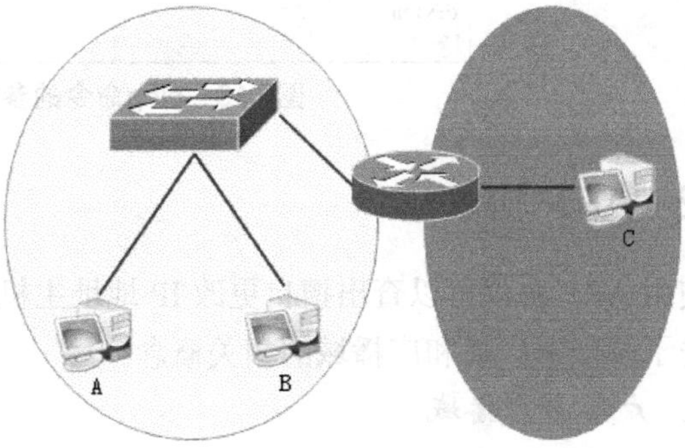

（b）不同的广播域

图5.17　广播域示意图

2. ARP 基础

（1）ARP 概述

在局域网中，交换机通过 MAC 地址通信，要获得目的主机的 MAC 地址就需要使用地址解析协议（Address Resolution Protocol，ARP）将目的 IP 地址解析成目的 MAC 地址。所以，ARP 的基本功能是将一个已知的 IP 地址解析成 MAC 地址，以便在交换机上通过 MAC 地址通信。

如图 5.18 所示，假设 PC1 发送数据给 PC2，需要知道 PC2 的 MAC 地址，可是 PC1

如何知道 PC2 的 MAC 地址呢？它不可能把全世界的所有 MAC 地址全部记录下来，所以当 PC1 访问 PC2 之前就要询问 PC2 的 IP 地址所对应的 MAC 地址，这可以通过 ARP 请求广播实现。

① 如图 5.18 所示，主机 PC1 想发送数据给主机 PC2，它检查自己的 ARP 缓存表。ARP 缓存表是主机存储在内存中的一个 IP 地址和 MAC 地址一一对应的表。在 Windows 系统中，可以使用“arp -a”命令来显示 ARP 缓存表。

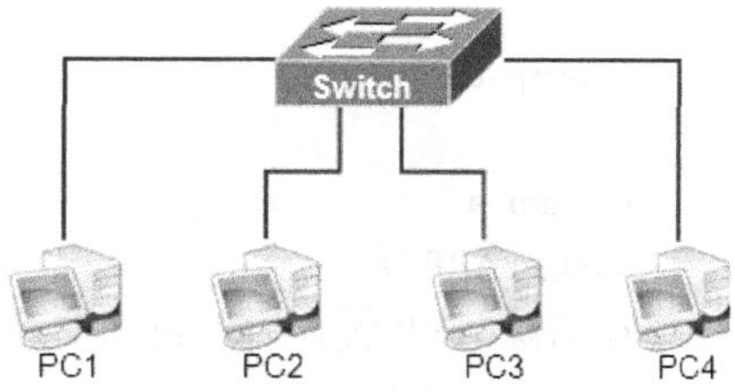

图5.18　ARP工作原理

Windows 10 系统中 ARP 缓存表的格式如下。

Internet 地址	物理地址	类型
10.0.0.4	00-1f-c6-59-c2-04	动态
10.0.0.5	00-19-21-01-93-29	动态

如果要查找的 MAC 地址不在缓存表中，ARP 会发送一个广播来找到目的地的 MAC 地址。

PC1 发现自己的 ARP 缓存表中没有 PC2 的 MAC 地址，这时，PC1 会初始化 ARP 请求过程（发送一个 ARP 请求广播），用于发现目的地的 MAC 地址。

② 主机 PC1 发送 ARP 请求信息——目的地址为 MAC 广播地址（FF-FF-FF-FF-FF-FF）的 MAC 地址广播帧，从而保证所有的设备都能够收到该请求。在 ARP 请求信息中包括 PC1 的 IP 地址和 MAC 地址。

③ 交换机收到广播帧后，发现为 MAC 地址广播，就将数据帧从除了接收口之外的所有接口转发出去。主机接收到数据帧后，开始进行 IP 地址的比较。如果目标 IP 地址与自己的 IP 地址不同，则会丢弃这个数据包。只有 PC2 这台主机会在自己的 ARP 表中缓存 PC1 的 IP 地址和 MAC 地址的对应关系，它发送一个 ARP 应答，告诉 PC1 自己的 MAC 地址（这个数据帧是单播）。

④ PC1 在接收到这个回应的数据帧后，在自己的 ARP 表中添加 PC2 的 IP 地址和 MAC 地址的对应关系。在这个过程中，Switch（交换机）已经学习到了 PC1 和 PC2 的 MAC 地址，之后再转发数据时，PC1 和 PC2 之间将使用单播方式。

其实，像其他网络设备一样，路由器也保存着一张将 IP 地址映射到 MAC 地址的 ARP 缓存表。路由器负责连接不同的网络，而通常的网络只具有本网络内部的 IP 地址到 MAC 地址的映射信息，对于其他网络的信息则知之甚少。在路由器上会建立与之相连接的所有网络的 ARP 表，显示将不同网络上的 IP 地址映射为 MAC 地址的对应情况。

（2）Windows 10 系统主机 ARP 命令的使用

① 清除 ARP 缓存

使用“arp -a”命令可以查看 ARP 缓存表，而要清除 ARP 缓存则需要使用“arp -d”命令，如下所示。

```
C:\>arp -a

接口: 10.0.0.12 --- 0xb
```

```
Internet 地址          物理地址              类型
  10.0.0.178          00-1a-e2-df-07-41     动态
  10.0.0.201          00-19-21-38-b3-1a     动态

C:\>arp -d

C:\>arp -a
未找到 ARP 项。
```

在清除 ARP 缓存后，再用命令显示 ARP 缓存会提示没有 ARP 条目。

② ARP 绑定

有些 ARP 病毒会自动向外发布 ARP 应答信息，而这个 ARP 应答信息中的 IP 地址是其他主机的 IP 地址，MAC 地址是假的。当其他主机收到 ARP 应答信息后更新自己的 ARP 表，最终导致网络中主机之间无法正常通信。这就是 ARP 攻击。

ARP 绑定是将 IP 地址和相应主机的 MAC 地址进行绑定，是防止 ARP 攻击的有效方法。进行 ARP 绑定后，主机将不会处理收到的已绑定 IP 地址的 ARP 应答信息。

使用“arp -s ip-address mac-address”命令可以对 IP 地址和 MAC 地址进行绑定。

在 Windows 10 客户端主机上运行“arp -s”命令，会提示错误信息“ARP 项添加失败：拒绝访问”，如图 5.19 所示。

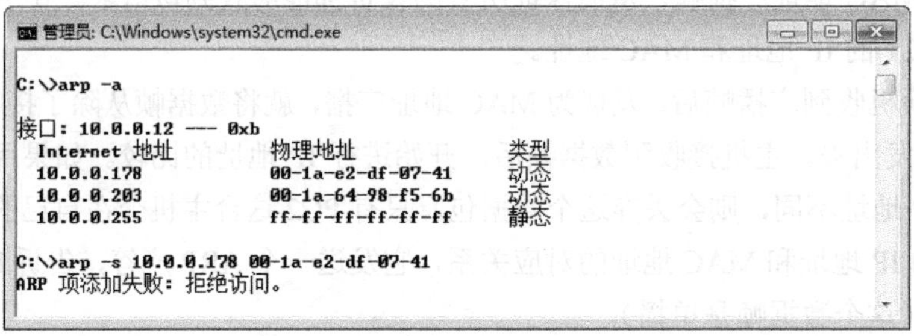
```
管理员: C:\Windows\system32\cmd.exe

C:\>arp -a

接口: 10.0.0.12 --- 0xb
  Internet 地址         物理地址              类型
  10.0.0.178            00-1a-e2-df-07-41     动态
  10.0.0.203            00-1a-64-98-f5-6b     动态
  10.0.0.255            ff-ff-ff-ff-ff-ff     静态

C:\>arp -s 10.0.0.178 00-1a-e2-df-07-41
ARP 项添加失败: 拒绝访问。
```

图5.19　静态绑定主机IP-MAC（1）

可以通过以下方法加以解决。

首先运行命令“netsh interface ipv4 show neighbors”查看网卡接口序号，如图 5.20 所示。

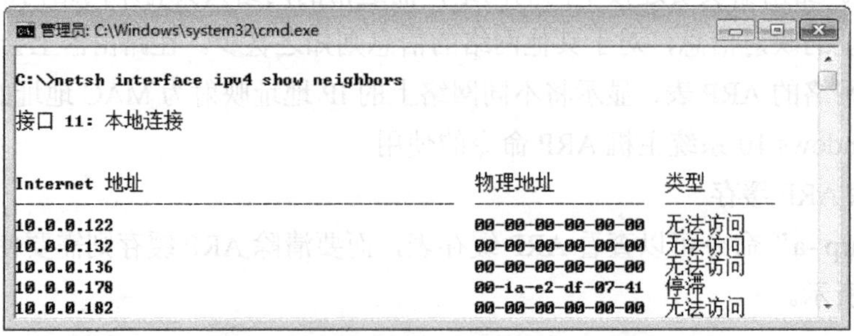
```
管理员: C:\Windows\system32\cmd.exe

C:\>netsh interface ipv4 show neighbors

接口 11: 本地连接


Internet 地址                              物理地址              类型
---------------------------------------    -----------------    -----------
10.0.0.122                                 00-00-00-00-00-00    无法访问
10.0.0.132                                 00-00-00-00-00-00    无法访问
10.0.0.136                                 00-00-00-00-00-00    无法访问
10.0.0.178                                 00-1a-e2-df-07-41    停滞
10.0.0.182                                 00-00-00-00-00-00    无法访问
```

图5.20　静态绑定主机IP-MAC（2）

然后运行命令“netsh interface ipv4 set neighbors 11 10.0.0.178 00-1a-e2-df-07-41”绑

定 IP-MAC，其中的“11”是网卡接口序号。当再次运行“arp -a”命令时，发现类型已经是“静态”，如图 5.21 所示。

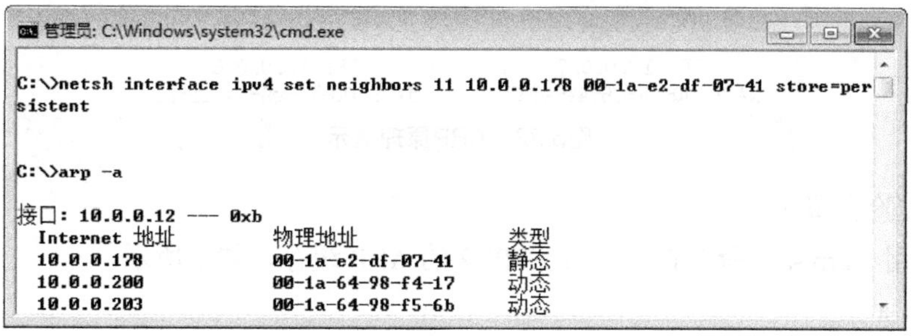

图5.21　静态绑定主机IP-MAC（3）

静态绑定的 ARP 条目默认将一直存在，即使系统重启也会存在，但可以使用命令“arp -d”将其清除；动态学习（自动学习）到的 ARP 条目则有老化时间（默认为 120s 秒），在老化时间内，没有收到任何该 MAC 地址主机的数据时就删除该条目。

注意

可以使用命令“arp -d”删除所有 ARP 映射关系（包括静态绑定的 ARP 条目），也可以使用“arp -d [IP]”命令来删除特定条目。

（3）Cisco 设备 ARP 命令

① 查看 ARP 缓存表

使用“show arp”命令可以显示 ARP 缓存表，如下所示。

```
Router#show arp
Protocol  Address      Age  (min)  Hardware Addr  Type   Interface
Internet  10.0.0.2     46   001f.cab6.c959  ARPA   FastEthernet0/1
Internet  10.0.0.1     -    001f.caff.1041  ARPA   FastEthernet0/1
```

其中，Age 表示 ARP 条目存在的时间，“-”表示始终存在。

②清除 ARP 缓存表

使用“clear arp-cache”命令可以清除 ARP 缓存表。

③ARP 绑定

使用“arp ip-address mac-address arpa”命令可以绑定 ARP 条目，如下所示。

```
Router(config)#arp 1.1.1.1 0011.1111.1111 arpa

Router#show arp
Protocol  Address     Age (min)  Hardware Addr   Type   Interface
Internet  1.1.1.1     -          0011.1111.1111  ARPA
Internet  10.0.0.2    4          001f.cab6.c959  ARPA   FastEthernet0/1
Internet  10.0.0.1    -          001f.caff.1041  ARPA   FastEthernet0/1
```

（4）ARP 原理演示

图 5.22 是一个对等网的环境，PC1 和 PC2 第一次通信，在通信双方的 ARP 缓存表

中不存在彼此的 IP-MAC 地址的映射。

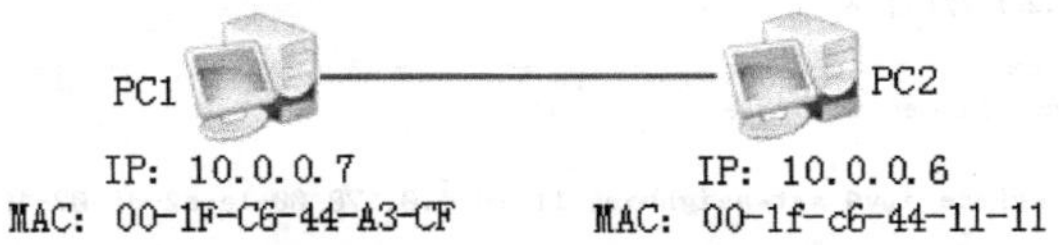

图5.22 ARP原理演示

具体实验步骤如下。

① 使用“arp -a”命令查看 PC1 和 PC2 的 ARP 缓存，如下所示。

```
C:\>arp -a
未找到 ARP 项。
```

② 在 PC1 上 ping PC2 的 IP 地址，之后用“arp -a”命令查看 ARP 缓存信息，如下所示。

```
C:\>arp -a
接口: 10.0.0.7 --- 0x2
 Internet 地址            物理地址            类型
   10.0.0.6           00-1f-c6-44-11-11       动态
```

在 PC1 的 ARP 缓存中显示了 PC2 的 IP-MAC 地址的对应关系，这是由于在 ping 命令发送数据之前，PC1 先通过 ARP 请求获得了 PC2 的 MAC 地址。

ARP 协议

请扫描二维码观看视频讲解。

3. ARP *攻击与* ARP *欺骗的原理*

网络管理员在网络维护阶段需要处理各种各样的故障，其中出现最多的就是网络通信问题。除物理原因外，这些问题一般是由 ARP 攻击或 ARP 欺骗导致的。

无论是 ARP 攻击还是 ARP 欺骗，它们都是通过伪造 ARP 应答来实施的。

一般情况下，ARP 攻击的主要目的是使网络无法正常通信，它主要包括以下两种行为。

- 攻击主机制造假的 ARP 应答并发送给局域网中除被攻击主机之外的所有主机。ARP 应答中包含被攻击主机的 IP 地址和虚假的 MAC 地址。
- 攻击主机制造假的 ARP 应答并发送给被攻击主机。ARP 应答中包含除被攻击主机之外的所有主机的 IP 地址和虚假的 MAC 地址。

只要执行上述 ARP 攻击行为中的任一种，就可以实现被攻击主机和其他主机无法正常通信，如图 5.23 所示。例如，如果希望被攻击主机无法访问互联网，就需要向网关或被攻击主机发送虚假的 ARP 应答。当网关接收到虚假的 ARP 应答更新 ARP 条目后，网关再发送数据给 PC1 时，就会发送到虚假的 MAC 地址，从而导致通信故障。

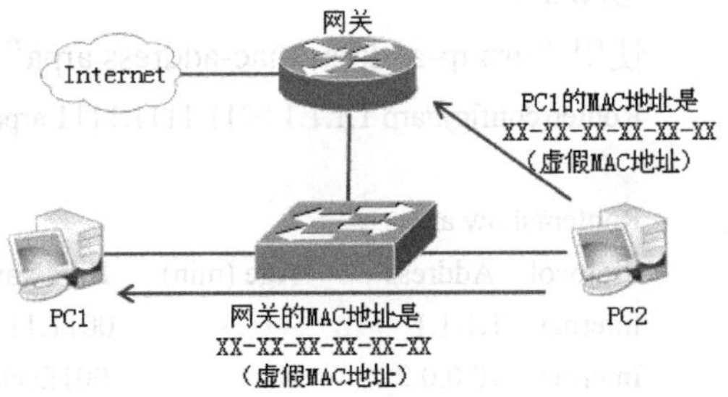

图5.23 ARP攻击

某些 ARP 病毒还会向局域网中的所有主机发送 ARP 应答，其中包含网关的 IP 地址和虚假的 MAC 地址。局域网中的主机收到 ARP 应答更新 ARP 表后，就无法和网关正常通信，从而导致无法访问互联网。

一般情况下，ARP 欺骗并不会使网络无法正常通信，而是通过冒充网关或其他主机使得到达网关或主机的流量通过攻击主机进行转发。通过转发流量可以对流量进行控制和查看，从而控制流量或得到机密信息。

ARP 欺骗发送 ARP 应答给局域网中的其他主机，其中包含网关的 IP 地址和进行 ARP 欺骗的主机 MAC 地址；同时也发送 ARP 应答给网关，其中包含局域网中所有主机的 IP 地址和进行 ARP 欺骗的主机 MAC 地址（有的软件只发送 ARP 应答给局域网中的其他主机，并不发送 ARP 应答欺骗网关）。当局域网中的主机和网关收到 ARP 应答更新 ARP 表后，主机和网关之间的流量就会通过攻击主机进行转发，如图 5.24 所示。冒充主机的过程和冒充网关的过程相同，如图 5.25 所示。

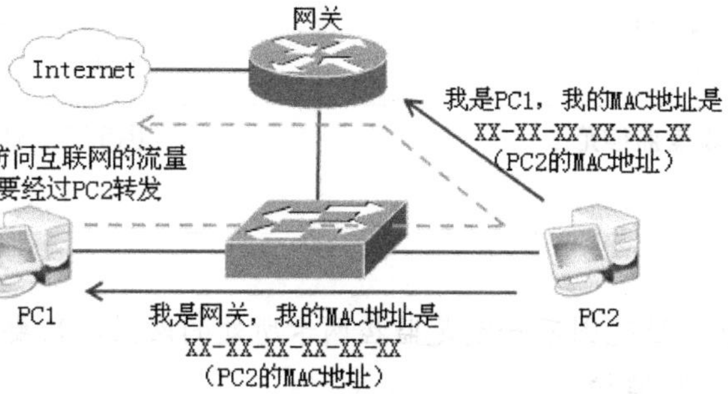

图5.24　ARP欺骗网关

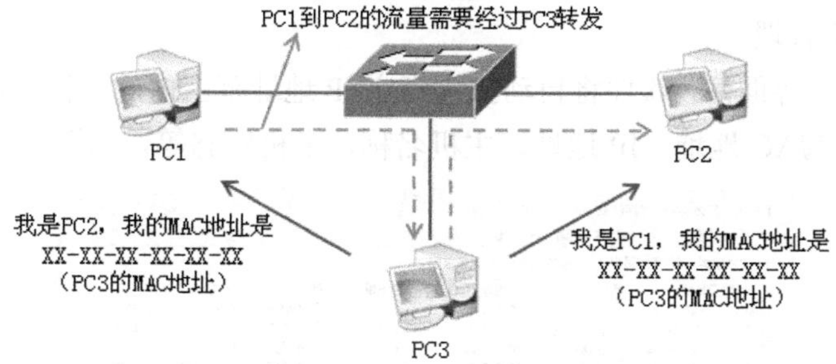

图5.25　ARP欺骗主机

4. ARP 攻击应用案例

（1）利用 ARP 欺骗管理网络

网络管理员可以利用 ARP 欺骗的原理来控制局域网内主机之间的通信。网络管理员一般使用局域网管理软件进行局域网管理。局域网管理软件有很多，下面以长角牛网络监控机软件为例讲解局域网的管理流程。

网络管理员希望通过长角牛网络监控机软件监控局域网，使得被控主机（10.0.0.35）不能访问外网资源，但是可以和内网主机进行通信。

为了实现网络管理员的要求，在安装长角牛网络监控机软件后，需要进行如下配置。

① 设置监控范围

第一次打开软件时，会弹出“设置监控范围”对话框，如图 5.26 所示。

选择监控所使用的网卡。选择监控的 IP 地址范围。在图 5.26 中，确认扫描范围为 10.0.0.1～10.0.0.254，然后单击“添加/修改”按钮，之后单击“确定”按钮即可，如图 5.27 所示。

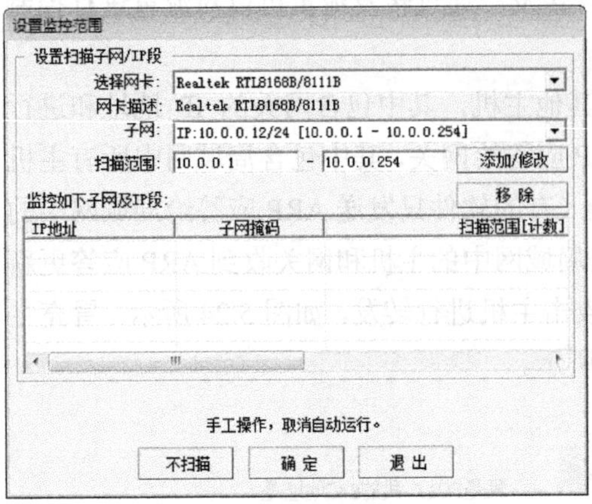

图5.26　设置监控范围

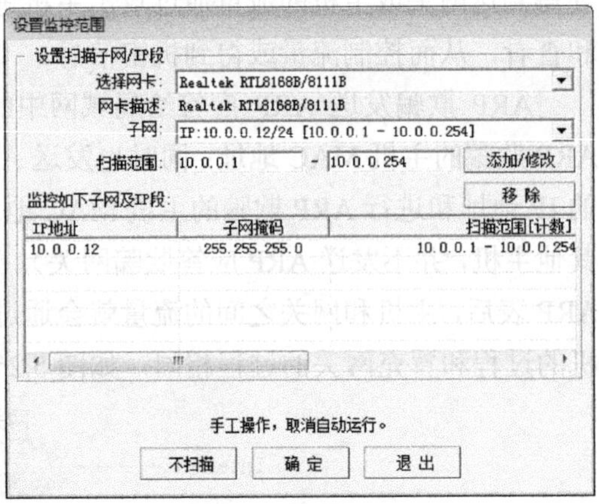

图5.27　选定监控网段

注意

指定的 IP 地址范围不一定是监控网卡所处的网段，只要是监控主机可以访问到的局域网段均可监控。

② 进行网络管理

进入软件的主界面后，软件将自动扫描指定 IP 地址范围内的主机，并以列表的形式显示这些主机的 MAC 地址、IP 地址、主机名称、主机状态等，如图 5.28 所示。

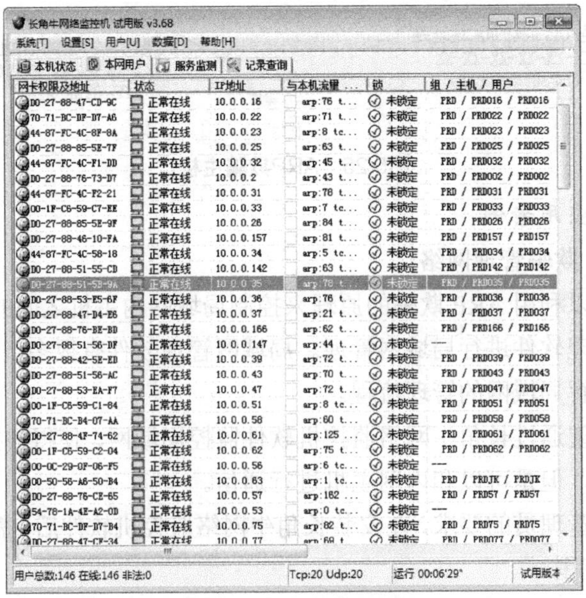

图5.28　软件扫描结果

右击需要管理的主机，在弹出的快捷菜单中选择“手工管理”，弹出如图 5.29 所示的“手工管理”对话框。

对主机的管理方式有三种，分别介绍如下。

➢ IP 冲突

如果选择此项，被控主机屏幕的右下角将会提示 IP 冲突。

➢ 禁止与关键主机组进行 TCP/IP 连接

如果选择此项，被控主机将无法访问关键主机组中的成员。

➢ 禁止与所有主机进行 TCP/IP 连接

如果选择此项，被控主机将和所有主机失去连接。

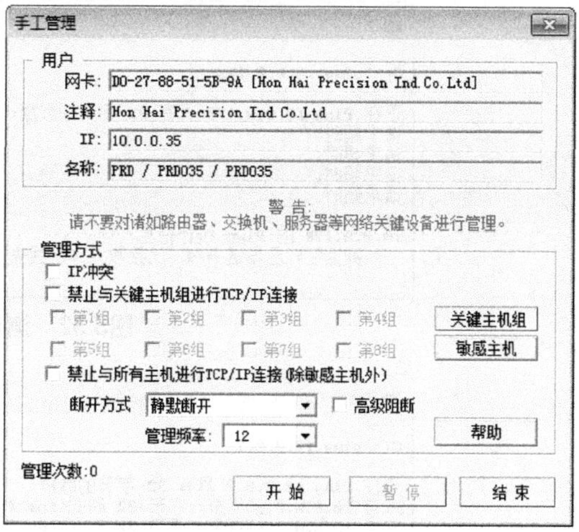

图5.29　“手工管理”对话框

设置关键主机组。单击图 5.29 中的“关键主机组”按钮，在弹出的对话框中填写 10.0.0.178（网关 IP 地址），如图 5.30 所示，然后单击“全部保存”按钮。

如图 5.31 所示，勾选“第 1 组”之后任意给定一个管理频率，断开方式选择“单向断开”，单击“开始”按钮。

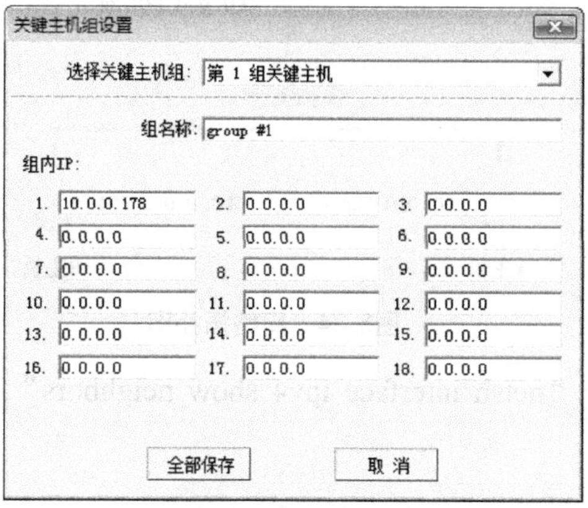

图5.30　添加关键主机

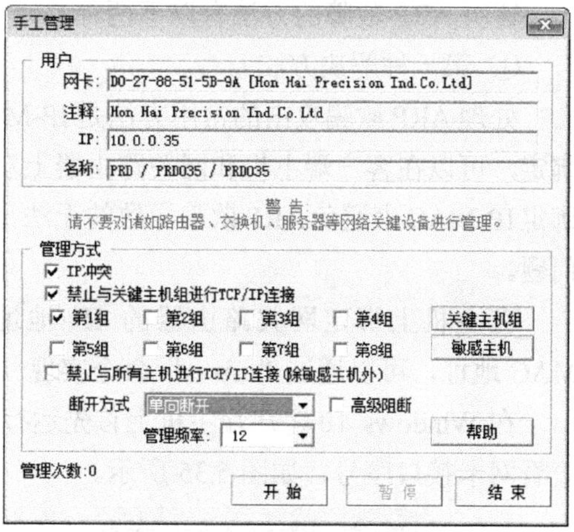

图5.31　选择设置好的关键主机组

③ 验证效果

此时在被控主机上通过 ping 命令测试结果，可以看到无法 ping 通网关，但可以 ping 通其他主机 10.0.0.2，如图 5.32 和图 5.33 所示。

（2）处理 ARP 故障

公司网络突然无法上网，检查发现是局域网主机 ARP 缓存条目中网关的 MAC 地址发生了变化，已不是真实的网关 MAC 地址。由此可以判断，故障是由 ARP 病毒引起的。

公司的网络拓扑如图 5.34 所示。具体情况：公司的内网段为 10.0.0.1～10.0.0.254，其中一台主机 A 不慎感染 ARP 病毒，并且向其他主机广播网关的假 MAC 地址（实验中通过长角牛网络监控机软件模拟病毒的症状）。这时网络管理员应该如何处理呢？

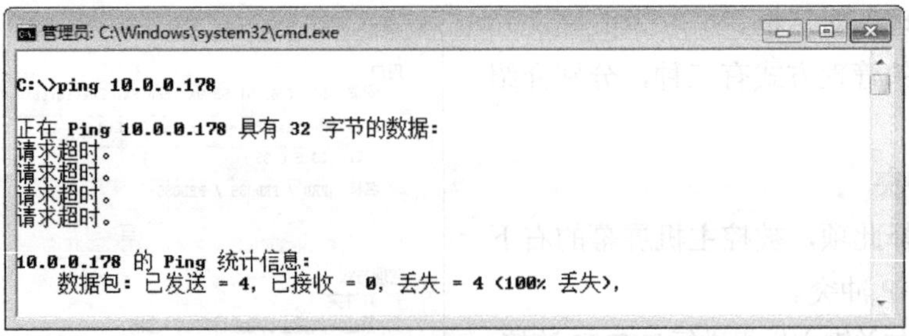

图5.32　测试结果（1）

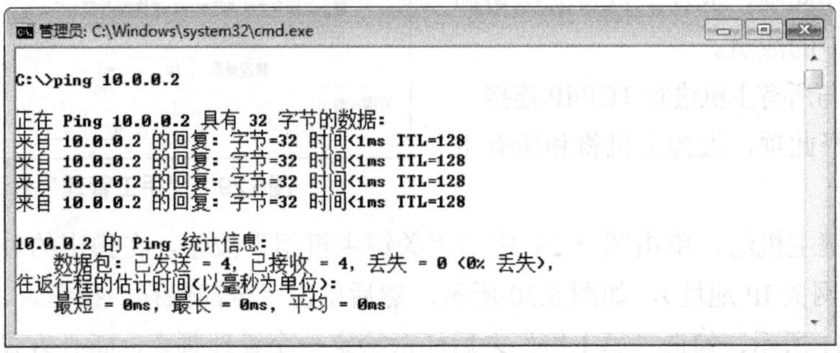

图5.33　测试结果（2）

解决 ARP 故障的方法有以下两种。

① 第一种解决方法

处理 ARP 欺骗攻击的常用方法是 IP-MAC 绑定，可以在客户端主机和网关路由器上双向绑定 IP-MAC 来避免 ARP 欺骗导致的无法上网问题。

在主机上绑定网关路由器的 IP 地址和 MAC 地址，可以通过“arp -s”命令实现。

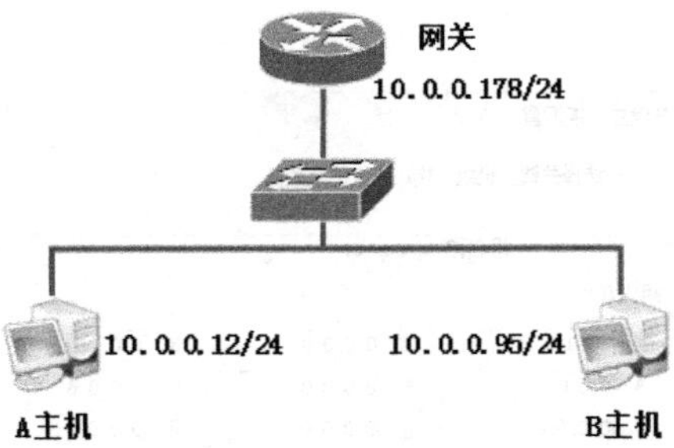

图5.34　网络拓扑图

在 Windows 10 客户端主机上首先运行命令“netsh interface ipv4 show neighbors”，查看网卡接口序号，如图 5.35 所示。

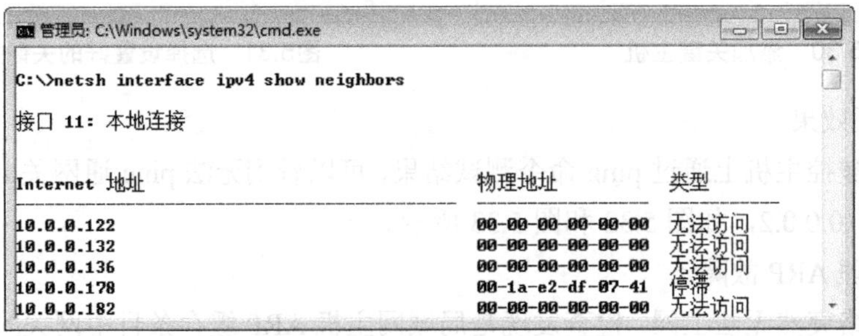

图5.35　静态绑定主机IP-MAC（1）

然后运行命令“netsh interface ipv4 set neighbors 11 10.0.0.178 00-1a-e2-df-07-41”绑定 IP-MAC，其中的“11”是网卡接口序号。再次运行“arp -a”命令，发现类型已经是

“静态”，如图 5.36 所示。

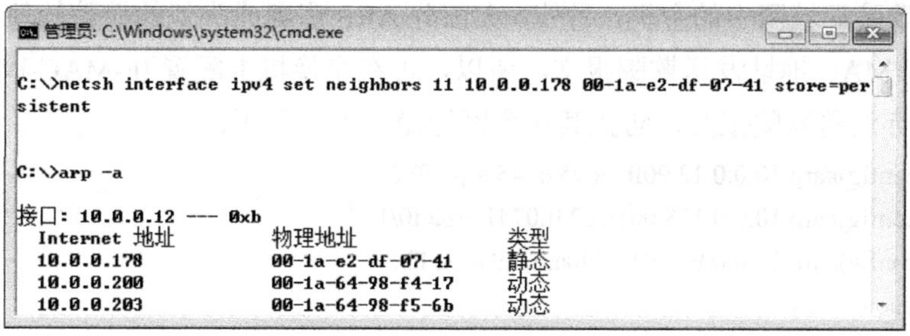

图5.36　静态绑定主机IP-MAC（2）

在网关路由器上绑定主机的 IP 地址和 MAC 地址，可以通过如下命令实现。

Router(config)#arp 10.0.0.95 0013.240a.b219 arpa f0/0

如果要查看配置结果，可以通过命令“show ip arp”完成。

```
Router#show ip arp
Protocol   Address        Age (min)   Hardware Addr    Type    Interface
Internet   10.0.0.95          -       0013.240a.b219   ARPA    FastEthernet0/0
```

如果公司使用的是宽带路由器，那么宽带路由器如何进行 ARP 绑定呢？

进入宽带路由器，选择菜单“IP 与 MAC 绑定”，其下有两个子菜单，分别是“静态 ARP 绑定设置”和“ARP 映射表”。

选择“静态 ARP 绑定设置”，出现图 5.37 所示的界面。

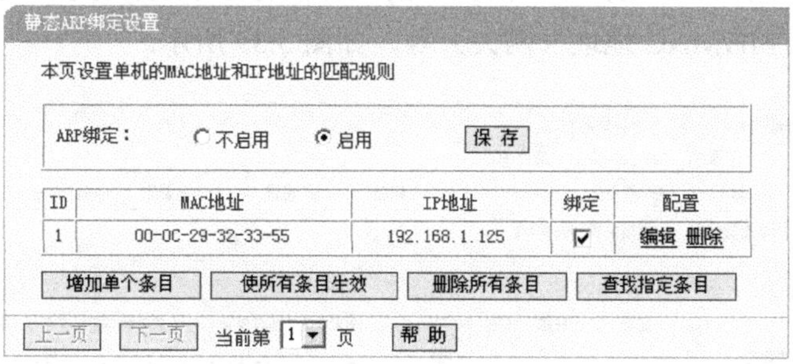

图5.37　静态ARP绑定设置

- ARP 绑定：是否开启 ARP 绑定功能。
- 增加单个条目：填入静态绑定 ARP 的 MAC 地址和 IP 地址，选择绑定后保存。

选择“ARP 映射表”，可以看到绑定的 ARP 条目和学习到的动态 ARP 条目。动态 ARP 条目的状态为“未绑定”，如图 5.38 所示。

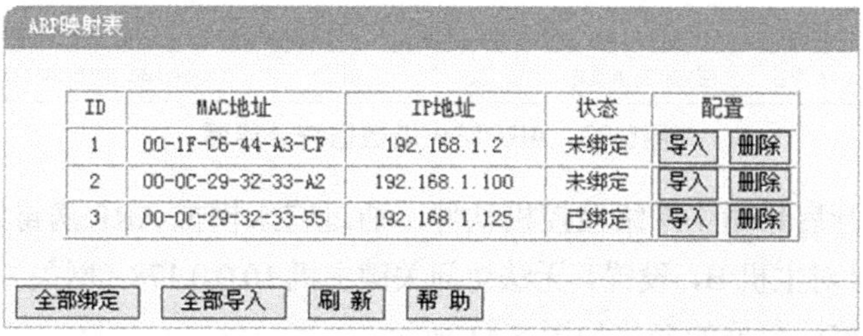

图5.38　ARP映射表

这时网络中如果有 ARP 病毒发作，或是用户非法使用类似长角牛网络监控机等软件，便无法欺骗局域网中的主机。另外，大部分 ARP 病毒或类似的欺骗软件都使用虚假的 IP 地址和 MAC 地址发送欺骗报文，所以，可在交换机上配置 IP-MAC-Port 的绑定，使交换机丢弃这些欺骗报文，防止其在全网泛滥，如下所示。

```
Switch(config)#arp 10.0.0.12 90fb.a695.4445 arpa f0/2
Switch(config)#arp 10.0.0.178 001a.e2df.0741 arpa f0/1
Switch(config)#arp 10.0.0.95 0013.240a.b219 arpa f0/3
Switch#show ip arp
Protocol  Address      Age (min)  Hardware        Addr   Type   Interface
Internet  10.0.0.12    -          90fb.a695.4445  ARPA   FastEthernet0/2
Internet  10.0.0.95    -          0013.240a.b219  ARPA   FastEthernet0/3
Internet  10.0.0.178   -          001a.e2df.0741  ARPA   FastEthernet0/1
```

假设图 5.34 中主机 A 继续使用虚假的 IP 地址、MAC 地址发送欺骗报文，交换机将检测到 f0/2 收到与之不匹配的数据报文，并将其立刻丢弃。

这种方法的缺点在于，如果网络中的节点数很多，在路由器和交换机上的配置工作量便会随之增多。而且网络中如果采用 DHCP 动态分配 IP 地址，一旦主机（尤其是一些笔记本电脑用户）的 IP 地址发生变化，将直接导致该主机无法访问网络。

② 第二种解决方法

使用 ARP 防火墙可以自动抵御 ARP 欺骗和 ARP 攻击。

在主机 B 上开启 ARP 防火墙。防火墙的主界面将显示统计数据，包括 ARP 攻击的统计、自动绑定的 IP/MAC 地址（网关）等，如图 5.39 所示。

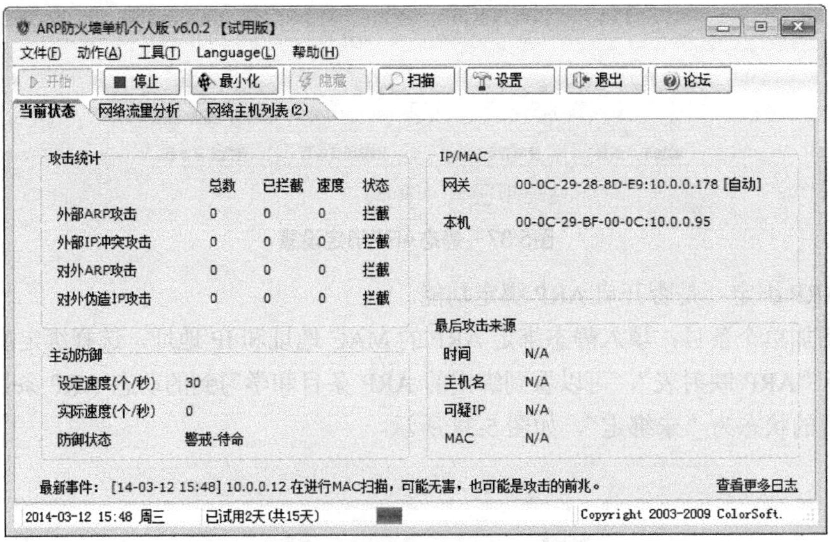

图5.39 ARP防火墙数据统计界面

在主机 A 上开启长角牛网络监控机软件，通过它来模拟 ARP 病毒发作。

具体设置：针对主机 B，设置其无法访问关键主机 10.0.0.178（网关），如图 5.40 所示。

ARP 防火墙统计数据的变化如图 5.41 所示。

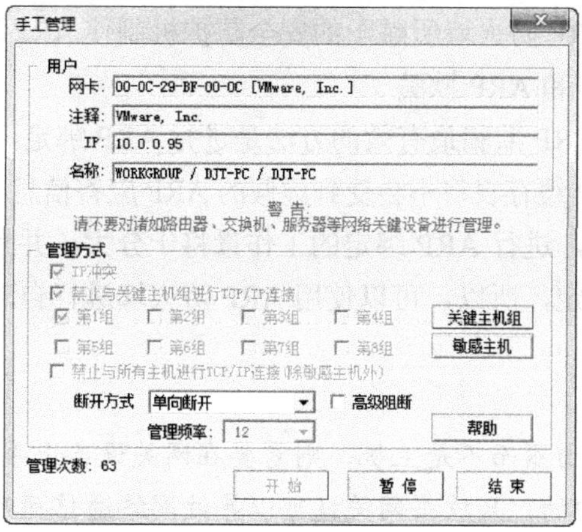

图5.40　长角牛网络监控机设置

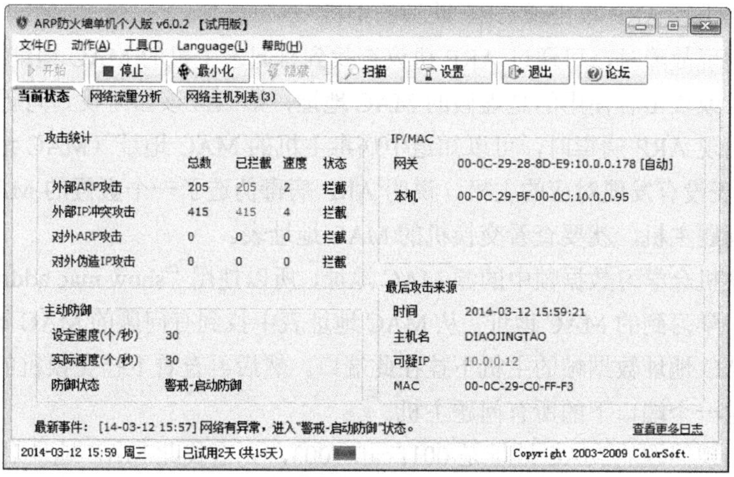

图5.41　更新的ARP防火墙统计数据

在主机 B 上通过 ping 命令测试与网关的连通性，如图 5.42 所示。

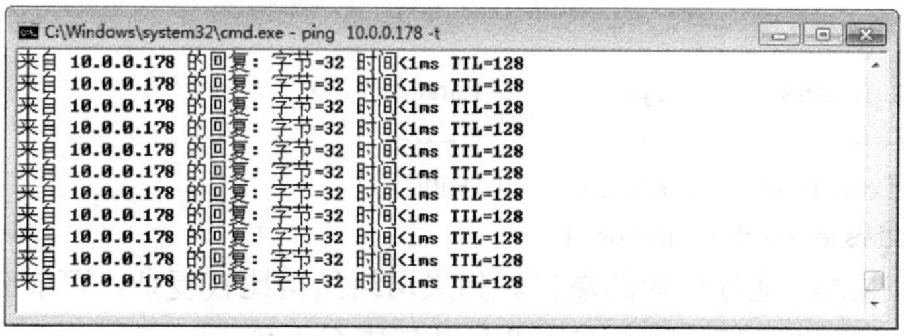

图5.42　测试主机B与网关的连通性

ARP 防火墙一直将网关的 IP-MAC 绑定在一起，如图 5.43 所示。

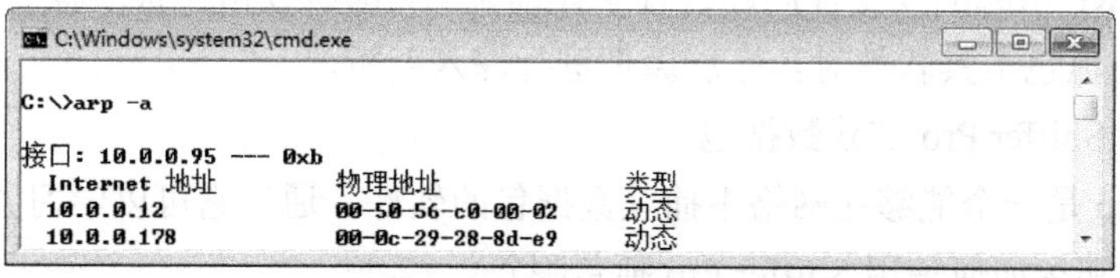

图5.43　网关的IP-MAC自动绑定

这种方法是基于 ARP 防火墙所赋予的安全防护机制使 ARP 攻击失效。

（3）防御 ARP 攻击和 ARP 欺骗

防御 ARP 攻击和 ARP 欺骗最有效的方法是进行 ARP 绑定，即分别在主机和网关进行 ARP 绑定，这样 ARP 缓存表将不会受到虚假的 ARP 应答信息的影响而出现网络故障。如果网络中的主机较多，进行 ARP 绑定的工作量将十分大，并且主机进行 ARP 绑定后重启系统就需要重新绑定，所以，可以使用 ARP 防火墙进行自动抵御。

注意

如果网关是路由器而不是主机，则需要在网关设备上手动绑定 ARP。这是因为 ARP 攻击是双向的，只攻击网关就可以导致网络通信瘫痪。

（4）查找进行 ARP 攻击或 ARP 欺骗的主机

当网络出现故障时，可通过 ARP 协议查找到有问题主机的 MAC 地址，如果 MAC 地址没有记录或攻击者使用的是虚假的 MAC 地址，那么应该如何找到问题主机呢？

在网络出现 ARP 病毒时，可以知道中病毒主机的 MAC 地址（MAC 地址可能是虚假的）。经查表没有发现对应的主机，说明 ARP 病毒伪造了一个虚假的 MAC 地址。这时要查找出问题主机，就要查看交换机的 MAC 地址表。

由于交换机会学习数据帧中的源 MAC 地址，所以使用“show mac address-table”命令可查看端口学习到的 MAC 地址。从 MAC 地址表中找到有问题的 MAC 地址，从而判断发出此 MAC 地址数据帧的主机下挂在此端口。然后再查看下挂交换机的 MAC 地址表，最终确定一个端口下的所有问题主机。

例如，出现问题的 MAC 地址是 001f.caff.1003，先查找此 MAC 地址对应的端口。

```
Switch#show mac address-table address 001f.caff.1003
          Mac Address Table
-------------------------------------------

Vlan    Mac Address       Type        Ports
----    -----------       --------    -----
   1    001f.caff.1003    DYNAMIC     Fa0/1
Total Mac Addresses for this criterion: 1
```

可以找到此 MAC 地址对应的端口。如果网络结构比较复杂，可能会有多个端口对应此 MAC 地址，这时就要对接口下挂设备进行逐个查找。

5．使用 Sniffer 软件分析 ARP 协议

前面对 ARP 引起的安全性问题进行了详细说明，也通过相关软件验证了结论。下面将通过 Sniffer 抓包工具软件对其底层原理进行深入剖析。

（1）使用 Sniffer Pro 捕获数据包

Sniffer Pro 是一个能够在网络中捕获数据包的软件，通过它可以学习并理解 TCP/IP 的各种协议。那么如何使用 Sniffer Pro 抓包呢？

启动 Sniffer Pro 后，单击图 5.44 中的按钮，出现图 5.45 所示的界面。

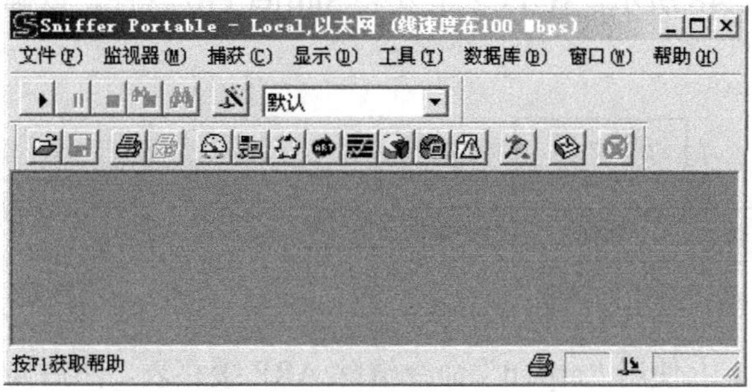

图5.44　Sniffer Pro抓包界面（1）

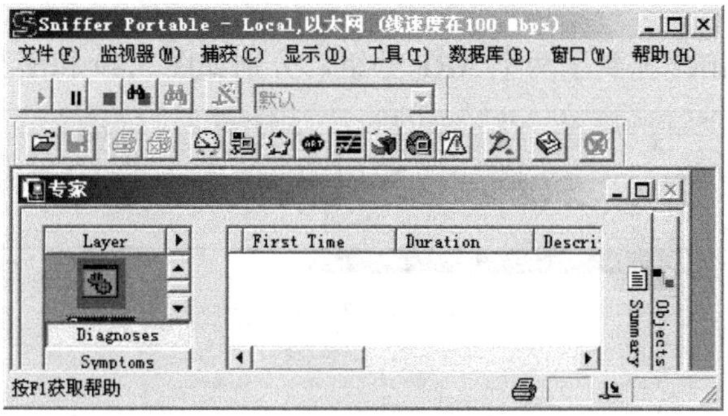

图5.45　Sniffer Pro抓包界面（2）

当图 5.45 中的按钮显示可用时，表示已捕获到数据。单击按钮，然后单击“解码”选项，出现图 5.46 所示的界面，即可看到捕获的数据包。

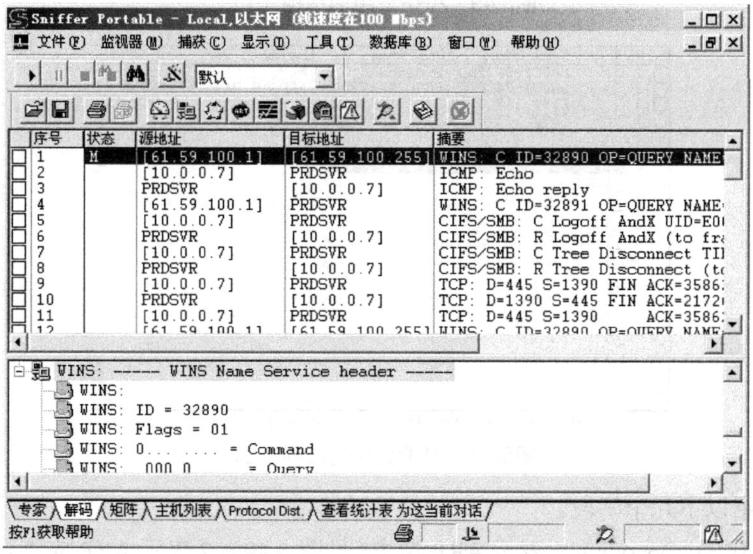

图5.46　Sniffer Pro抓包界面（3）

（2）ARP 协议原理分析

ARP 分组直接封装在数据链路层的帧中，如图 5.47 所示。

下面通过抓包来看一下 ARP 分组和帧的结构。

实验环境如图 5.48 所示，在 PC2 上安装 Sniffer Pro 软件，以确保两台主机间通信正常。

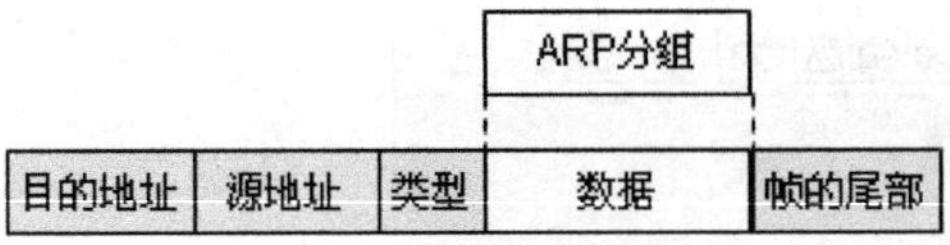

图5.47　ARP分组的封装

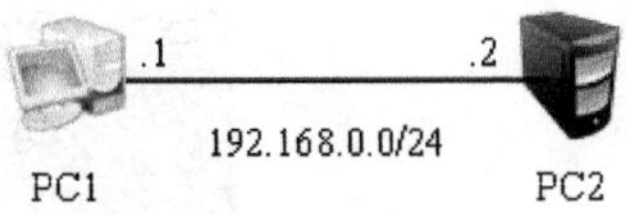

图5.48　实验拓扑图

首先在主机 PC1 上使用“arp -d”命令清除 ARP 缓存表，然后向主机 PC2 发送一个 ICMP 包。

ping 192.168.0.2 -n 1

在 PC2 上用 Sniffer 抓到了两个 ARP 分组，分别如图 5.49 和图 5.50 所示。

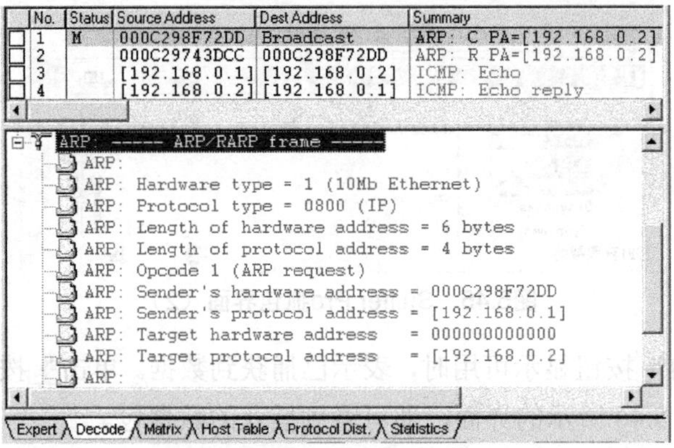

图5.49　ARP分组的结构（1）

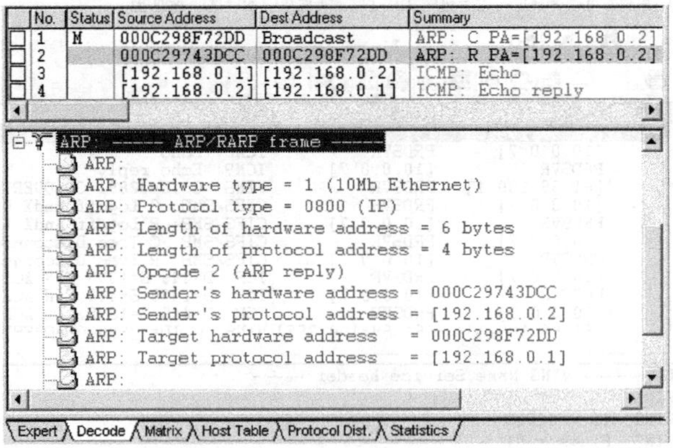

图5.50　ARP分组的结构（2）

重点介绍以下几个字段。

- 操作代码（Opcode）：1 表示 ARP 请求（见图 5.49），2 表示 ARP 应答（见图 5.50）。
- 发送端硬件地址（Sender's hardware address）：图 5.49 中表示主机 PC1 的网卡地址。
- 发送端协议地址（Sender's protocol address）：图 5.49 中表示主机 PC1 的 IP 地址。
- 目标端硬件地址（Target hardware address）：图 5.49 中的 000000000000 表示主机

PC1 不知道 PC2 的网卡地址，而图 5.50 中的 000C298F72DD 表示主机 PC1 的网卡地址。

➢ 目标端协议地址（Target protocol address）：图 5.49 中的 192.168.0.2 表示主机 PC2 的 IP 地址。

可以看到，主机 PC2 在 ARP 应答分组中已经包含了自己的物理地址，这样 PC1 就获得了 PC2 的物理地址，下一步 PC1 就可以向 PC2 发送 IP 数据报文了。

接下来看一下数据链路层帧头的结构。查看图 5.50 所示的 ARP 分组的 DLC（数据链路层），看一下它的帧头结构，如图 5.51 所示。

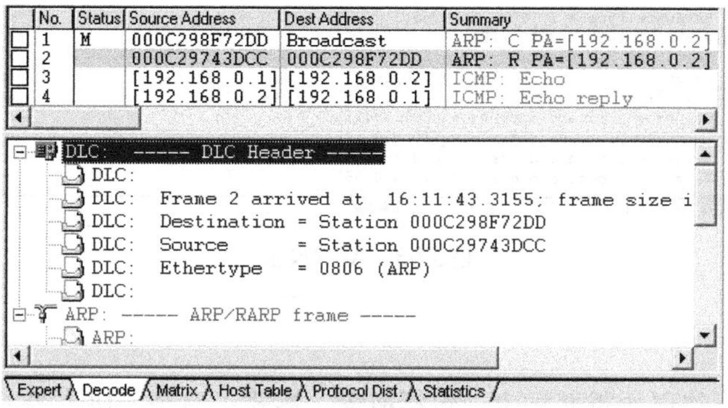

图5.51　帧的头部

这是 PC2 回应 PC1 的帧，其字段说明如下。

➢ 目的地址（Destination）：主机 PC1 的网卡地址。

➢ 源地址（Source）：主机 PC2 的网卡地址。

➢ 类型（Ethertype）：0806 表示此帧携带的数据是 ARP 分组。

回顾之前讲的 ARP 攻击，如何通过 Sniffer 抓包来分析 ARP 攻击的原理呢？如图 5.52 所示，攻击方主机（10.0.0.12）运行长角牛网络监控机软件，给网络中的主机发送网关的虚假 MAC 地址，其中的一台“受害”主机（10.0.0.95）安装了 Sniffer Pro。通过 Sniffer 抓包来分析 ARP 攻击的原理。具体步骤如下。

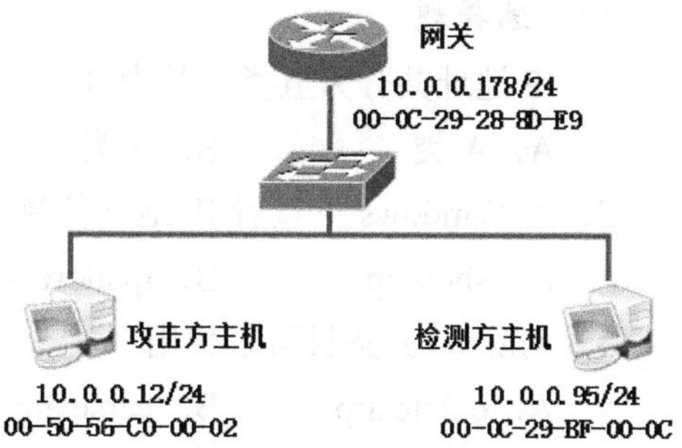

图5.52　ARP攻击拓扑图

① 捕获并查看报文。

单击▶按钮，开始捕获所有收到和发出的数据报文。等待一段时间之后，单击按钮，可以查看分析结果。

② 分析验证 ARP 攻击的原理。

如图 5.53 所示，ARP 数据包来自 MAC 地址为 005056C00002 的主机。

选中一个报文查看其具体内容，该数据报文属于 ARP 的回应包（ARP Reply），其内容显示网关 10.0.0.178 的 IP 地址对应的 MAC 地址为 000C29943155，这个地址显然和真实的网关 MAC 地址（000C29288DE9）不同。因此，如果本机将这个地址存入 ARP 缓存，就无法和网关通信。

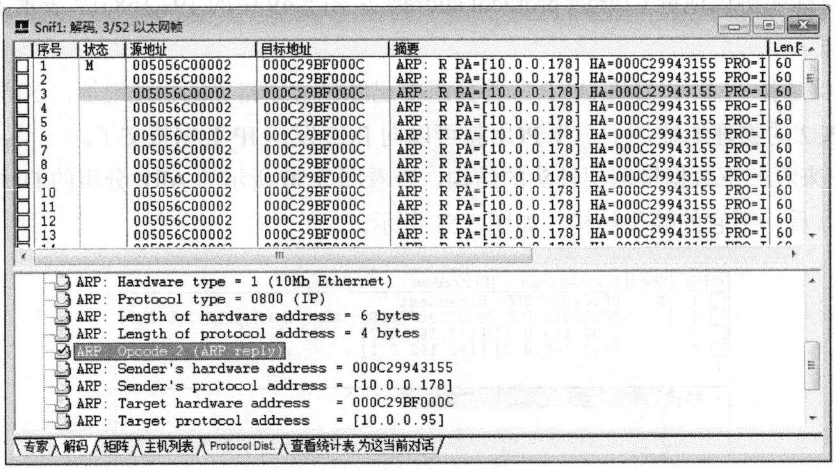

图5.53　ARP攻击

本章总结

本章介绍了网络层的重要技术，包括概念、格式、命令、协议等内容。本章涉及内容全是重点，更是理解后续高级网络知识的基石。读者学习本章内容应建立在理解的基础上，刚开始不要过多地学习操作命令以及实验等内容，而应该先掌握技术原理，然后再尝试练习实际操作。

本章作业

一、选择题

1. IP 地址共分为五类，其中（　　）地址的掩码长度为 24 位。

   A. A 类　　B. B 类　　C. C 类　　D. D 类

2. 在 Windows 下查看 IP 地址信息，可以使用（　　）命令。

   A. show ip　　B. ipaddress　　C. ipconfig　　D. ifconfig

3. 清除 ARP 条目可以使用（　　）命令。

   A. delete arp　　B. earse arp　　C. arp -a　　D. arp -d

二、判断题

1. IP 地址和 MAC 地址使用其中一个就可以完成通信。（　　）
2. ping 命令主要用于测试网络的连通性。（　　）
3. ARP 协议用来将 IP 地址解析为 MAC 地址。（　　）
4. 添加 ARP 静态条目可以有效防范 ARP 攻击。（　　）

三、简答题

1. IP 地址由哪两个部分组成？作用分别是什么？
2. 私有地址包括哪三组地址范围？
3. ARP 协议的基本功能是什么？

第 6 章

路由技术基础

技能目标

- 理解路由的原理
- 学会配置静态路由和默认路由
- 学会排查静态路由的简单故障
- 无线路由器常用配置

本章是从真正意义上开始接触路由的第一章，路由器将根据数据报文的三层信息转发数据。本章将介绍路由的概念、路由表的概念，并介绍如何手动配置路由，即静态路由和默认路由的配置。

在实际工作中，静态路由的应用是最为广泛的，并且很多有经验的网络管理员都认为对静态路由的理解是后续学习路由的关键。所以本章没有相对的重点，因为全是重点，本章学习的关键也不在于配置，而在于理解。通过本章的学习要对“路由”有深一层的认识。本章后半部分简单介绍常见的接入互联网方式，重点讲解了在实际网络环境中，小型企业与家庭用户如何选择接入互联网的方式和进行无线路由配置。

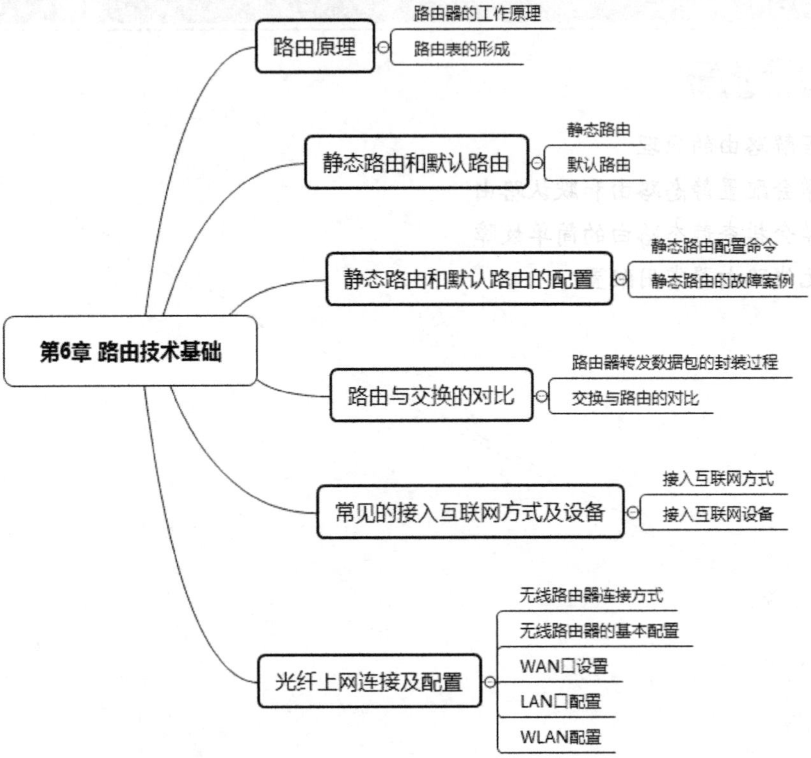

6.1 路由原理

路由器工作在 OSI 参考模型的网络层，它的作用是为数据包选择最佳路径，最终送达目的地。那么路由器是怎样选择路径的呢？

在只有一个网段的网络中，数据包可以很容易地从源主机到达目标主机。但如果一台计算机要和非本网段的另一台计算机进行通信，数据包可能就要经过很多路由器。如图 6.1 所示，主机 A 和主机 B 所在的网段被许多路由器隔开，主机 A 与主机 B 之间的通信要经过这些中间路由器，就面临一个很重要的问题——如何选择到达目的地的路径。数据包从 A 到达 B 有很多条路径可供选择，但是很显然，在这些路径中某一时刻总会有一条路径是最好（最快）的。因此，为了尽可能地提高网络访问速度，就需要有一种方法来判断从源主机到达目标主机的最佳路径，从而进行数据转发，这就是路由技术。

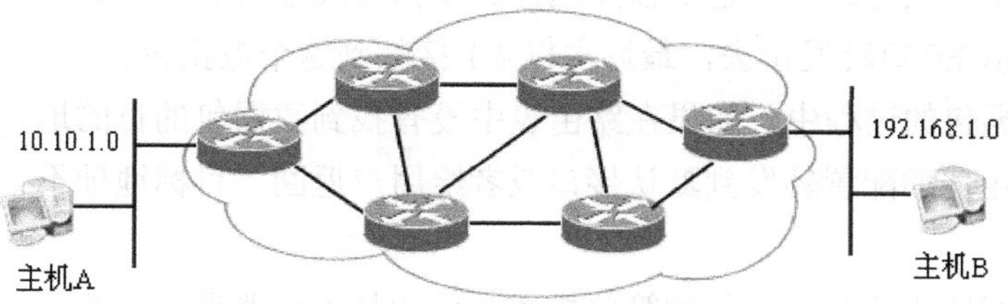

图6.1　路由器连接不同网段

6.1.1　路由器的工作原理

首先来看一下路由器是如何工作的。对于普通用户来说，能够接触到的只是局域网，通过在 PC 上设置默认网关就可以使局域网内的计算机与 Internet 进行通信。其实在 PC 上设置的默认网关就是路由器以太口的 IP 地址。如果局域网内的计算机要和外面的计算机进行通信，只要把请求提交给路由器的以太口即可，接下来的工作由路由器来完成。因此可以说路由器是互联网的中转站，网络中的数据包就是通过一个一个的路由器转发到目的网络的。

那么路由器是如何进行数据包的转发的呢？就像一个人要去某个地方，他的脑海里一定要有一张地图一样。在每个路由器的内部也有一张地图，这张地图就是路由表。路由表中包含该路由器掌握的所有目的网络地址和通过此路由器到达这些网络的最佳路径。最佳路径指的是路由器的某个接口或下一跳路由器的地址。正是由于路由表的存在，路由器才可以高效地进行数据包的转发。下面以图 6.2 所示的网络为例，介绍路由器转发数据包的过程。为了讨论方便，将网段 192.168.1.0/24 简写为 1.0，其他网段也做了类似处理。

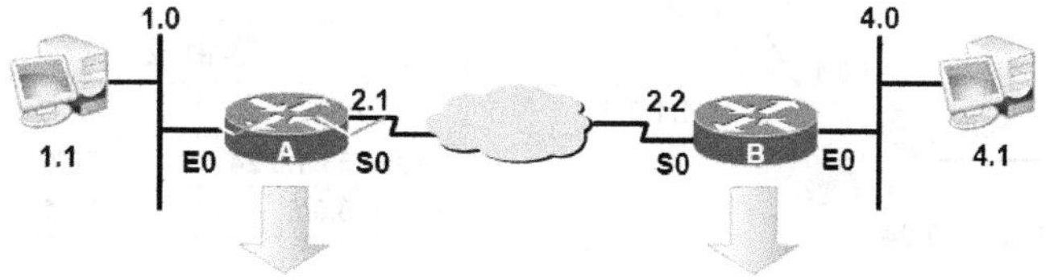

路由表	
网段	接口
1.0	E0
2.0	S0
4.0	S0

路由表	
网段	接口
1.0	S0
2.0	S0
4.0	E0

图6.2　路由器的工作原理

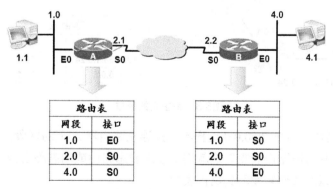

（1）主机 1.1 要发送数据包给主机 4.1，因为它们的 IP 地址不在同一网段，所以主机 1.1 会将数据包发送给本网段的网关路由器 A。

（2）路由器 A 接收到数据包，先查看数据包 IP 首部中的目标 IP 地址，再查找自己的路由表。数据包的目标 IP 地址是 4.1，属于 4.0 网段，路由器 A 在路由表中查到 4.0 网段转发的接口是 S0。于是，路由器 A 将数据包从 S0 接口转发出去。

（3）网络中的其他路由器也是按照这样的步骤转发数据的，直到到达路由器 B，再用同样的方法从 E0 口转发出去，最后主机 4.1 接收到这个数据包。

在转发数据包的过程中，如果在路由表中没有找到数据包的目的地址，则根据路由器的配置转发到默认接口或者给用户返回“目标地址不可达”的信息。

上述只是对路由器工作过程的简单描述，但却是路由器最基本的工作原理。

请扫描二维码观看视频讲解。

路由器工作原理（视频）

6.1.2 路由表的形成

在计算机网络中，路由表（routing table）是一个存储在路由器或者联网计算机中的电子表格（文件）或类数据库。路由表中存储着指向特定网络地址的路径（在有些情况下，还记录有路径的路由度量值）和网络周边的拓扑信息。路由表建立的主要目的是实现路由协议和静态路由选择。

路由表是在路由器中维护的路由条目的集合，路由器根据路由表选择转发路径。

那么路由表是怎么形成的呢？

➢ 直连网段：当在路由器中配置了接口的 IP 地址，并且接口状态为 up 时，路由表中出现直连路由项。如图 6.3 所示，路由器 A 在接口 F0/0 和 F0/1 上分别配置了 IP 地址，并且在接口状态是 up 时，在路由器 A 的路由表中就会出现 192.168.1.0 和 10.0.0.0 这两个网段。

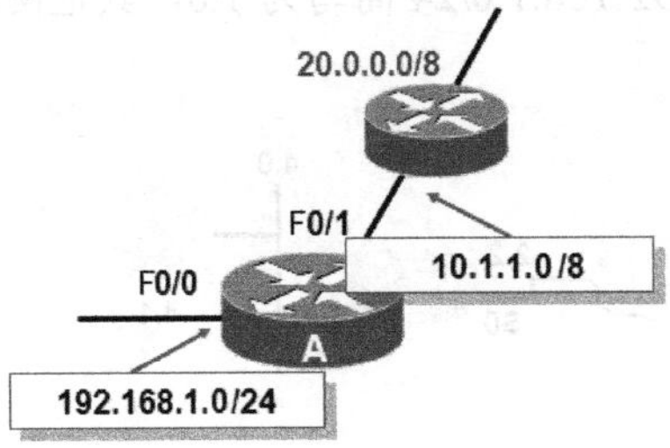

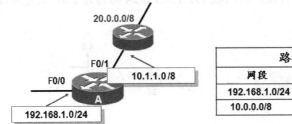

路由表	
网段	接口
192.168.1.0/24	F0/0
10.0.0.0/8	F0/1

图6.3 路由表的形成

➢ 非直连网段：对于 20.0.0.0 这样不直接连在路由器 A 上的网段，路由器A 怎么将其写进路由表呢？这就需要使用静态路由或动态路由技术来将这些网段以及如何转发写到路由表中。

请扫描二维码观看视频讲解。

路由表的形成方式（视频）

6.2 静态路由和默认路由

静态路由和默认路由是配置路由的最基本方式，即由管理员主观控制数据走向，具体介绍如下。

6.2.1 静态路由

静态路由是由管理员在路由器中手动配置的固定路由。如图 6.4 所示，如果路由器 A 需要将数据转发到非直连网段 192.168.1.0，就需要在路由器 A 上添加静态路由。

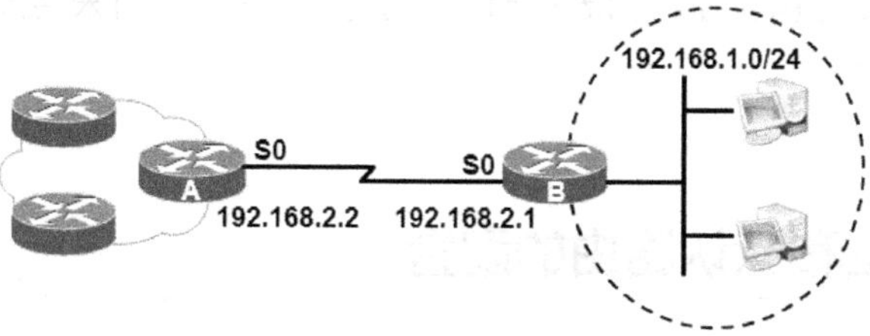

图6.4 静态路由示意图

在路由器 A 上添加静态路由必须指明下列内容。

- 要到达的目的网络是 192.168.1.0/24。
- 与路由器 A 直连的下一个路由器 B 的接口 IP 地址或者路由器 A 的本地接口。

静态路由是由管理员手动设置的，除非管理员干预，否则静态路由不会发生变化。由于静态路由需要管理员逐条写入，而且对网络的改变不会做出反应，所以静态路由一般用于网络规模不大、拓扑结构相对固定的网络中。静态路由的特点如下。

- 允许对路由的行为进行精确的控制。由于静态路由是手动配置的，因此管理员可以通过静态路由来控制数据包在网络中的流动。
- 静态路由是单向的。也就是说，如果希望实现双方的通信，必须在通信双方配置双向的静态路由。例如上例中，在路由器 A 上配置了静态路由，只是告诉路由器 A 如何到达 192.168.1.0 网段。如果路由器 B 也需要将数据包转发到连接在路由器 A 上的网络，还要在路由器 B 上配置路由。
- 静态路由虽然能够对数据包通过路由器的路径进行精确的控制，但同时也限制了它的灵活性。由于它是静态配置的，不能根据网络的变化灵活改变，因此当网络拓扑更新时（如链路故障），管理员就必须重新配置静态路由。

6.2.2 默认路由

默认路由是一种特殊的静态路由，是当路由表中没有与数据包的目的地址相匹配的表项时供路由器做出的选择。如果没有提供默认路由，那么目的地址在路由表中没有匹配表项的数据包将被丢弃。

默认路由在某些时候非常有效。当存在末梢网络（Stub Network）时，默认路由会大大简化路由器的配置，减轻管理员的工作负担，提高网络的性能。

那么，什么是末梢网络呢？末梢网络是这样一种网络：只有一条唯一的路径能够到达其他网络。如图 6.4 所示的路由器 B 右侧的网络 192.168.1.0 就是一个末梢网络。这个网络中的主机要访问其他网络必须通过路由器 B 和路由器 A，没有第二条路可走，这样就可以在路由器 B 上配置一条默认路由。只要是网络 192.168.1.0 中的主机要访问其他网络，将数据包发送到路由器 B 后，路由器 B 就会按照默认路由来转发（转发到路由器 A 的 S0 口），而不管该数据包的目的地址到底是哪个网络。

另外，适当地使用默认路由还可以减小路由表的大小。网络管理员有时会这样配置路由表，即在路由表中只添加少量的静态路由，同时添加一条默认路由。这样当收到的数据包的目的网络没有包含在路由表中时，就会按照默认路由来转发（当然默认路由有可能不是最好的路由）。

6.3 静态路由和默认路由的配置

下面介绍有关静态路由和默认路由的配置命令。

6.3.1 静态路由配置命令

1. 配置静态路由

静态路由配置命令的格式如下。

Router (config) # ip route *network mask* {*address* | *interface*}

其中，各参数的含义如下所述。

- network：目的网络地址。
- mask：子网掩码。
- address：到达目的网络经过的下一跳路由器的接口地址。
- interface：到达目的网络的本地接口。

2. 配置默认路由

默认路由配置命令的格式与静态路由一样，只是在目的网络部分有所不同，具体命令如下。

Router (config) # ip route 0.0.0.0 0.0.0.0 *address*

其中，各参数的含义如下所述。

- “0.0.0.0 0.0.0.0”：代表任何网络，也就是发往任何网络的数据包都将转发到该命令指定的下一跳路由器接口地址。
- address：到达目的网段经过的下一跳路由器的接口地址。

3. 配置命令应用

下面通过一个简单的案例来应用上述配置命令。如图 6.5 所示，两台路由器 R1、R2

互联，且分别与两台主机相连，通过对路由器的配置实现整个网络互通。

初学者往往认为无须任何配置就能够实现网络互通。我们首先针对这种认识分析一下。假设两台主机需要互相访问，A 主机发送的数据报文目标地址为 30.0.0.0/24，当 R1 路由器收到数据报文后会查看自己的路由表中是否存在这样的条目，由于事先没有做任何路由配置，所以路由表中只有直连路由，而没有 30.0.0.0 条目，路由器会丢弃该数据报文。

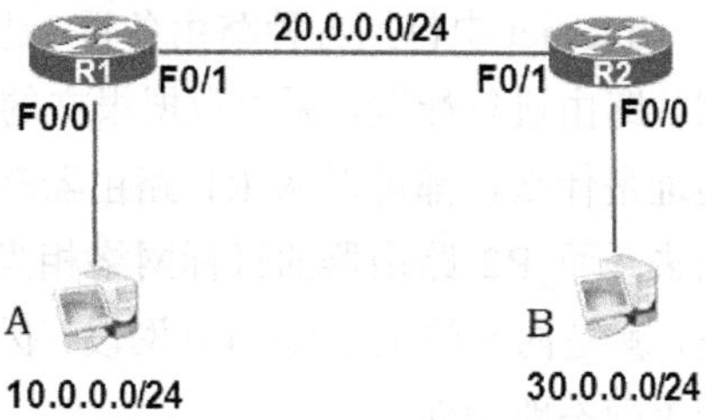

图6.5　静态路由配置拓扑

配置静态路由就是为了让路由器知道 30.0.0.0 的存在，并且知道如何到达，具体配置如下。

```
R1(config)#ip route 30.0.0.0 255.255.255.0 20.0.0.2
```

其中，30.0.0.0 255.255.255.0 是目标地址，20.0.0.2 是下一跳地址。当在 R1 路由器上完成上述配置后，两台主机之间就可以实现互通了吗？还是不能，因为 R2 路由器还不知道如何到达 10.0.0.0 网段，因此还需要进行如下配置。

```
R2(config)#ip route 10.0.0.0 255.255.255.0 20.0.0.1
```

这样就可以实现全网互通了。所谓全网互通，就是网络拓扑中任意两节点之间可以通信，这需要网络拓扑中的任意一台路由器都拥有任意网段的路由条目。

之后，可以通过“show ip route”命令来查看 R1 的路由表。

```
R1# show ip route
Codes: C - connected, S - static, R - RIP, M - mobile, B - BGP
       D - EIGRP, EX - EIGRP external, O - OSPF, IA - OSPF inter area
       N1 - OSPF NSSA external type 1, N2 - OSPF NSSA external type 2
       E1 - OSPF external type 1, E2 - OSPF external type 2
       i - IS-IS, su - IS-IS summary, L1 - IS-IS level-1, L2 - IS-IS level-2
       ia - -IS inter area, * - candidate default, U - per-user static route
       o - ODR, P - periodic downloaded static route

Gateway of last resort is not set

       10.0.0.0/24 is subnetted, 1 subnets
C       10.0.0.0 is directly connected, FastEthernet0/0
       20.0.0.0/24 is subnetted, 1 subnets
C       20.0.0.0 is directly connected, FastEthernet0/1
       30.0.0.0/24 is subnetted, 1 subnets
S       30.0.0.0 [1/0] via 20.0.0.1
```

4. **配置实例**

如图 6.6 所示，假设 192.168.1.0/24 是公司的内网网段，R1 是公司的网关路由器，R2 是 ISP 的接入设备，连接 Internet 后，应该如何配置才能满足公司访问 Internet 的需求呢？

R1(config)#ip route 0.0.0.0 0.0.0.0 200.0.0.2
R2(config)#ip route 192.168.1.0 255.255.255.0 200.0.0.1

Internet 中包括各种路由条目，选用默认路由进行配置，无论数据报文的 IP 地址是什么，都可以从 R1 路由器转发出去。而 R2 路由器的目标网络相当明确，就是内网的 192.168.1.0 网段，因此配置静态路由即可。

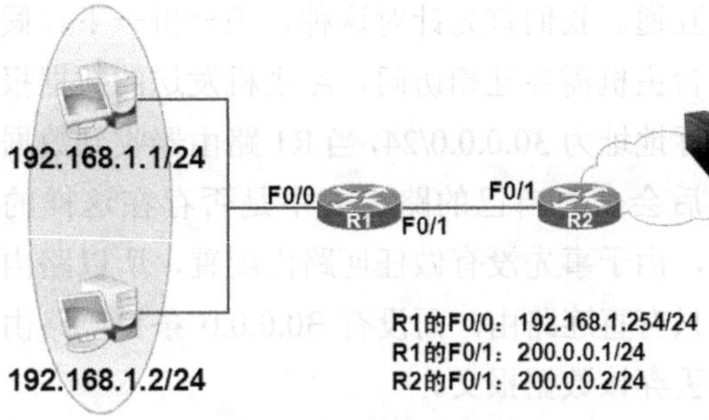

图6.6 配置实例拓扑图

上述只是一个路由实例，实际情况并没有这么简单，因为公司内网一般使用的是私有 IP 地址，需要先通过 NAT 技术转换成公网 IP 地址才能通信，这部分内容将在后续讲解。

6.3.2 静态路由的故障案例

在配置路由的过程中，会遇到很多网络故障。引起网络故障的原因有很多，可能是设备之间连接线缆的问题、IP 地址配置的问题或静态路由配置的问题等。

对网络进行排错的时候要分层、分段检查。分层检查可以首先从物理层开始检查，即通过查看端口状态来排除接口、线缆等的问题，然后再查看 IP 地址和路由等的配置是否正确。分段检查则是将网络划分成多个小段，逐段排除错误，这种排错方法对于拓扑较复杂的大型网络较适用。下面通过两个具体的案例，来说明如何进行故障排查。

1. 故障案例一

如图 6.7 所示，网络管理员测试发现 R1 和 R2 路由器之间无法 ping 通，应该按照何种顺序一步步排查，最终找到故障的原因？

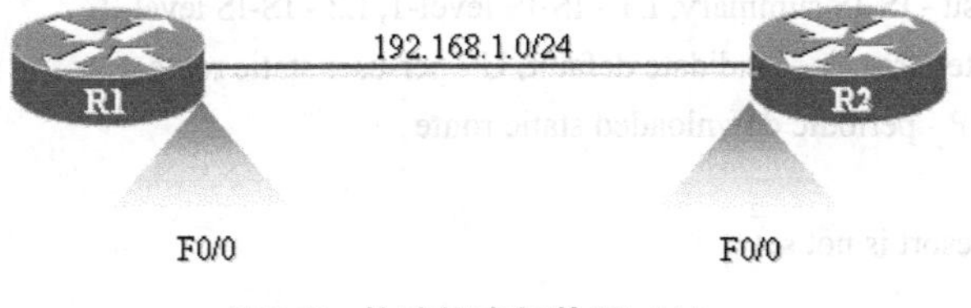

图6.7 故障排查拓扑图（1）

（1）排除物理故障

① 在 R1 路由器上通过 ping 命令测试两台路由器的连通性，命令如下。

```
R1# ping 192.168.1.2
Type escape sequence to abort.
Sending 5, 100-byte ICMP Echos to 192.168.1.2, timeout is 2 seconds:
......
Success rate is 0 percent (0/5)
```

ping 命令返回的内容是“……”，表示请求超时，R1 与 R2 路由器之间不能通信。

② 分别在 R1 和 R2 路由器上通过“show interface F0/0”命令查看接口状态，命令如下。

```
R1# sh int F0/0
FastEthernet0/0 is administratively down, line protocol is down
  Hardware is Fast Ethernet, address is cc00.06c8.f007 (bia cc00.06c8.f007)
  MTU 1500 bytes, BW 100000 Kbit, DLY 100 usec,
     reliability 255/255, txload 1/255, rxload 1/255
```

R1 路由器的 F0/0 接口是 administratively（管理上）的 down 状态，说明 F0/0 接口忘记打开或被人为关闭了，需要使用“no shutdown”命令将其打开，命令如下。

```
R2# sh int F0/0
FastEthernet0/0 is down, line protocol is down
  Hardware is Fast Ethernet, address is cc00.06c8.f008 (bia cc00.06c8.f008)
  MTU 1500 bytes, BW 100000 Kbit, DLY 100 usec,
     reliability 255/255, txload 1/255, rxload 1/255
```

R2 路由器的 F0/0 接口是 down 状态，说明 F0/0 接口或物理线路有问题。

③ 经检查发现连接 R2 路由器的 F0/0 接口的水晶头有虚接现象，重新做好水晶头，再次查看接口状态，命令如下。

```
R2# sh int F0/0
FastEthernet0/0 is up, line protocol is up
  Hardware is Fast Ethernet, address is cc00.06c8.f008 (bia cc00.06c8.f008)
  MTU 1500 bytes, BW 100000 Kbit, DLY 100 usec,
     reliability 255/255, txload 1/255, rxload 1/255
```

R2 路由器的 F0/0 接口变为 up 状态，说明 F0/0 接口状态正常。

（2）排除 IP 地址故障

① 通过 ping 命令测试两台路由器之间的连通性，命令如下。

```
R1# ping 192.168.1.2
Type escape sequence to abort.
Sending 5, 100-byte ICMP Echos to 192.168.1.2, timeout is 2 seconds:
......
Success rate is 0 percent (0/5)
```

② 分别查看 R1 和 R2 路由器之间的接口 IP 地址，发现 R2 路由器的 F0/0 接口的地址配置错误，命令如下。

```
R2# sh ip int brief
Interface          IP-Address      OK?  Method   Status     Protocol
FastEthernet0/0    192.168.2.1     YES  manual   up         up
FastEthernet0/1    unassigned      YES  unset    down       down
--More--
```

R2 路由器的 F0/0 接口的地址 192.168.2.1/24 和 R1 路由器的 F0/0 接口的地址 192.168.1.1/24 不在同一网段，所以无法 ping 通。

③ 更改接口 IP 地址，命令如下。

```
R2(config)# default int F0/0        //使用 default 命令恢复接口默认配置
R2(config)# int F0/0
R2(config-if)# ip add 192.168.1.2 255.255.255.0
R2(config-if)# no shut
```

④ 再次通过 ping 命令测试两台路由器之间的连通性，命令如下。

```
R1# ping 192.168.1.2
Type escape sequence to abort.
Sending 5, 100-byte ICMP Echos to 192.168.1.2, timeout is 2 seconds:
!!!!!
Success rate is 100 percent (5/5)
```

2. **故障案例二**

如图 6.8 所示，路由器 R1 是分公司的网关路由器，路由器 R2 是总公司的网关路由器。通过静态路由技术实现分公司的网络 192.168.10.0/24 与总公司的网络 192.168.20.0/24 互通。

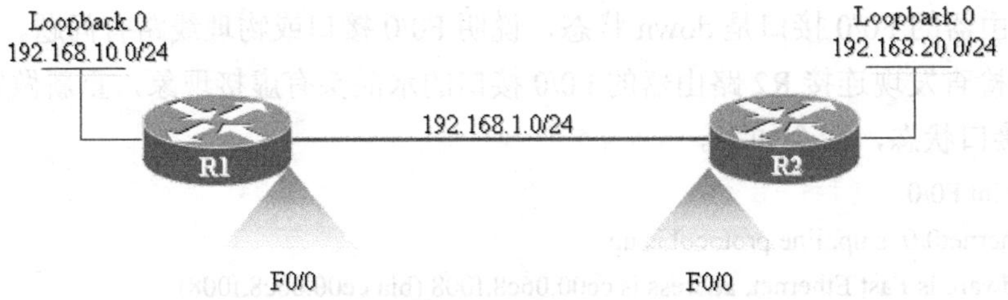

图6.8　故障排查拓扑图（2）

在配置过程中，总公司的网络管理员小张提出如下两个建议。

➢ 只要在 R1 路由器上配置默认路由就可以将分公司的数据包转发到总公司，所以没有必要再配置总公司的路由器了。你认为这样可以吗？

➢ 在总公司的路由器上也配置默认路由。这样部署默认路由可以吗？

```
R2(config)# ip route 0.0.0.0 0.0.0.0 192.168.1.1
```

（1）配置 IP 地址实现 R1 和 R2 两台路由器互通。

```
R1# ping 192.168.1.2
Type escape sequence to abort.
Sending 5, 100-byte ICMP Echos to 192.168.1.2, timeout is 2 seconds:
!!!!!
Success rate is 100 percent (5/5)
```

（2）只在 R1 路由器上配置默认路由，并通过扩展 ping 命令测试总公司和分公司网络的互通性。

① 配置默认路由。

```
R1(config)# ip route 0.0.0.0 0.0.0.0 192.168.1.2
```

② 进行连通性测试。

```
R1# ping 192.168.20.1 source 192.168.10.1
Type escape sequence to abort.
Sending 5, 100-byte ICMP Echos to 192.168.1.2, timeout is 2 seconds:
……
Success rate is 0 percent (0/5)
```

（3）在 R2 路由器上配置默认路由，并通过 ping 命令、traceroute 命令测试结果。

① 配置默认路由。

```
R2(config)# ip route 0.0.0.0 0.0.0.0 192.168.1.1
```

② 进行连通性测试。

```
R2# ping 192.168.10.1 source 192.168.20.1
Type escape sequence to abort.
Sending 5, 100-byte ICMP Echos to 192.168.1.2, timeout is 2 seconds:
!!!!!
Success rate is 100 percent (5/5)
```

③ 路由器中的 traceroute 命令与 Windows 系统中的 tracert 命令用法相同。

例如，traceroute 一个未知的 IP 地址，如 3.3.3.3，结果如下。

```
R2# traceroute 3.3.3.3 source 192.168.20.1
Type escape sequence to abort.
Tracing the route to 3.3.3.3
  1    192.168.1.1      104 msec 124 msec 144 msec
  2    192.168.1.2      32 msec 36 msec 60 msec
  3    192.168.1.1      52 msec 164 msec 108 msec
  4    192.168.1.2      160 msec 76 msec 64 msec
  5    192.168.1.1      140 msec 92 msec 140 msec
  6    192.168.1.2      184 msec 132 msec 76 msec
  7    192.168.1.1      220 msec 156 msec 156 msec
  8    192.168.1.2      268 msec 156 msec 124 msec
  9    192.168.1.1      280 msec 216 msec 160 msec
  10   192.168.1.2      296 msec 172 msec 188 msec
  ……
```

（4）将 R2 路由器上的默认路由改成静态路由。

① 删除 R2 路由器上的默认路由。

```
R2(config)# no ip route 0.0.0.0 0.0.0.0 192.168.1.1
```

② 配置明确的静态路由，并再次通过 traceroute 命令测试。

```
R2(config)# ip route 192.168.10.0 255.255.255.0 192.168.1.1
R2# traceroute 3.3.3.3 source 2.2.2.2
Type escape sequence to abort.
Tracing the route to 3.3.3.3
  1  *  *  *
  2  *  *  *
  ……
```

发现路由环路已经不存在了。

6.4 路由与交换的对比

路由器和交换机是网络中的两个核心设备，分别承担了不同的角色，两者的 OSI 层次不同，工作原理不同，使用场景也不同。

6.4.1 路由器转发数据包的封装过程

如图 6.9 所示，主机 A 向主机 B 发送数据，路由器对数据包的封装过程如下。

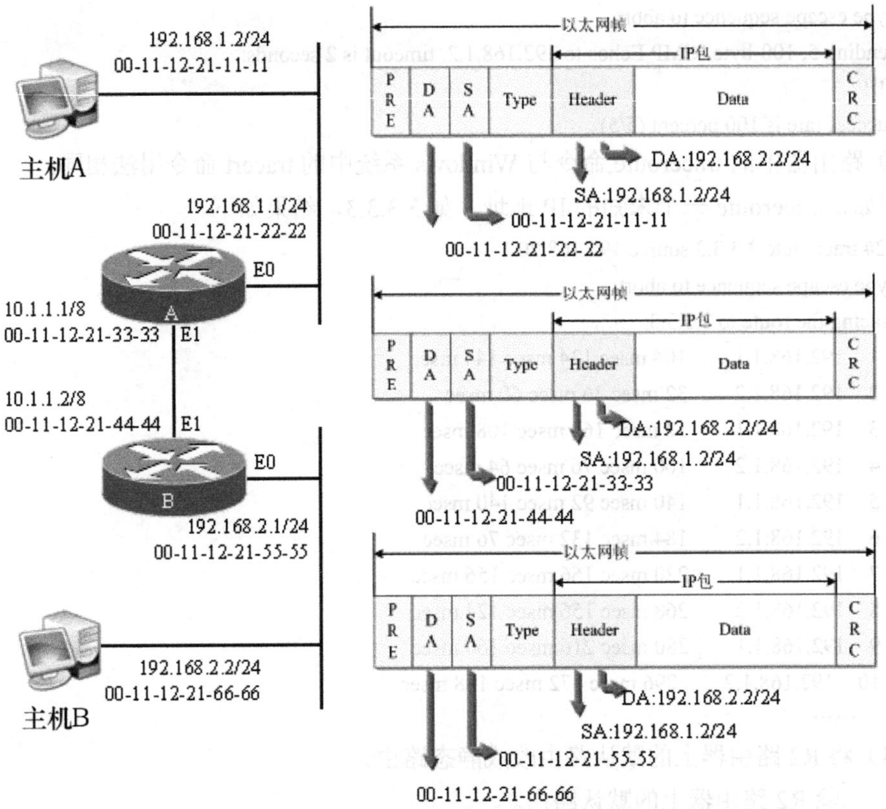

图6.9 路由器转发数据包的封装过程

（1）主机 A 在网络层将来自上层的报文封装成 IP 数据包，其首部包含了源地址和目的地址。源地址即本机地址 192.168.1.2，目的地址为主机 B 的地址 192.168.2.2。主机 A 会用本机配置的 24 位掩码与目的地址进行“与”运算，得出目的地址与本机地址不在同一网段，因此发往主机 B 的数据包需要经过网关路由器 A 转发。

（2）主机 A 通过 ARP 请求获得默认网关路由器 A 的 E0 接口 MAC 地址 00-11-12-21-22-22。在数据链路层，主机 A 将 IP 数据包封装成以太网数据帧，以太网数据帧首部的源 MAC 地址为 00-11-12-21-11-11，目的 MAC 地址为网关 E0 接口的 MAC 地址 00-11-12-21-22-22。

（3）路由器 A 从 E0 接口接收到数据帧，把数据链路层的封装去掉，认为这个 IP 数据包是要通过自己进行路由转发，所以路由器 A 会查找自己的路由表，寻找与目的 IP 地址 192.168.2.2 相匹配的路由表项，然后根据路由表的下一跳地址将数据包转发到 E1 接口。

（4）在 E1 接口，路由器 A 重新封装以太网帧，此时源 MAC 地址为路由器 A 的 E1

接口 MAC 地址 00-11-12-21-33-33，目的 MAC 地址为与之相连的路由器 B 的 E1 接口 MAC 地址 00-11-12-21-44-44。

（5）路由器 B 从 E1 接口接收到数据帧，同样会把数据链路层的封装去掉，对目的 IP 地址进行检查，并与路由表进行匹配，然后根据路由表的下一跳地址将数据包转发到 E0 接口。路由器 B 发现目的网段与自己的 E0 接口直接相连，通过 ARP 广播，路由器 B 获得主机 B 以太口的 MAC 地址 00-11-12-21-66-66。路由器 B 再将 IP 数据包封装成以太网帧，源 MAC 地址为路由器 B 的 E0 接口的 MAC 地址 00-11-12-21-55-55，目的 MAC 地址为主机 B 的 MAC 地址 00-11-12-21-66-66。封装完毕，将以太网帧从 E0 接口发往主机 B。

路由器重封装

请扫描二维码观看视频讲解。

6.4.2　交换与路由的对比

交换和路由是网络世界中两个重要的概念。

交换发生在 OSI 参考模型的第 2 层，即数据链路层，通常交换的动作由交换机完成。而路由发生在 OSI 参考模型的第 3 层，即网络层，通常路由的动作由路由器完成。路由和交换在移动信息的过程中使用不同的控制信息，所以两者实现各自功能的方式不同。

在数据链路层只能识别物理地址，因此当交换机的某个端口收到一个数据帧时，交换机会读取数据帧中相应的目标地址的 MAC 地址，然后在自己的 MAC 地址表中查找是否有目标 MAC 地址的端口信息。如果有，则把数据帧转发到相应的端口；如果没有，则向除源端口外的所有端口转发。这就是数据交换的过程。可见交换是交换机根据自己的 MAC 地址表在交换机的不同端口之间进行的，即从交换机的一个端口“交换”到另一个端口。

在网络层可以识别逻辑地址。当路由器的某个接口收到一个数据包时，路由器会读取数据包中相应目标逻辑地址的网络部分，然后在路由表中查找。如果在路由表中找到了目标地址的路由条目，则把数据包转发到路由器的相应接口；如果在路由表中没有找到目标地址的路由条目，且路由器配置了默认路由，就根据默认路由的配置转发到路由器的相应接口；如果在路由表中没有找到目标地址的路由条目，且路由器中没有配置默认路由，则将该数据包丢弃，并返回不可达信息。这就是数据路由的过程，可见路由是路由器根据自己的路由表在其不同接口之间进行的，其间经过了路由选择和路由转发的过程，即从路由器的一个接口“路由”到另一个接口。

6.5　常见的接入互联网方式及设备

Internet 服务供应商（Internet Service Provider，ISP）提供多种接入互联网的方式，常见的有传统拨号（一般为 56kbit/s Modem）、ADSL、无线接入、光纤专线、小区宽带和 Cable Modem 等。

除了上述接入互联网的方式外，ISP 还提供点到点、点到多点的专线出租业务，现在比较常见的是使用同步数字体系（Synchronous Digital Hierarchy，SDH）的 E1 数字电路。

在网络中，数据的传输是双向的，通常根据用户传输数据的方向，将数据传输分为上行传输和下行传输。例如，当用户浏览网页时，数据从网站服务器流向用户的 PC，这是下行传输；当用户发送邮件时，数据从用户的 PC 流向邮件服务器，这是上行传输（见图 6.10），对应的传输速率就是下行速率和上行速率。

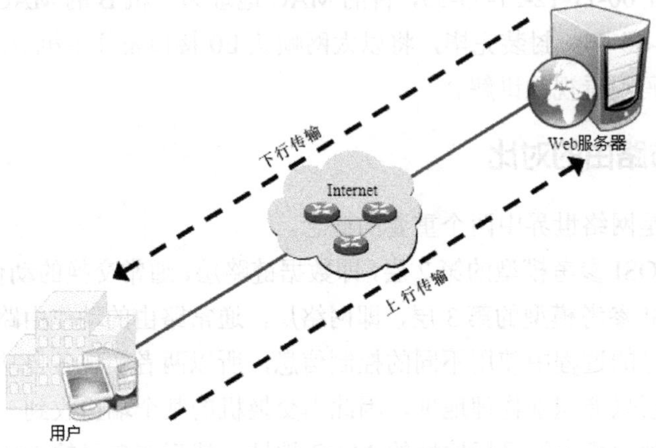

图6.10　上行传输和下行传输

6.5.1　接入互联网方式

1. ***常见的接入互联网方式***

（1）传统拨号接入互联网

在宽带业务出现之前，普通用户接入互联网一般采用传统拨号的方式，即使用 56kbit/s Modem 通过公共交换电话网（PSTN）接入互联网。传统拨号方式使用现有的电话线路接入互联网，方便用户接入。但是，传统拨号接入仅提供 56kbit/s 的速率，并且在访问互联网的同时不能进行语音通信。随着网络的发展和宽带技术的出现，传统拨号技术已经退出市场。

（2）ADSL 接入互联网

非对称用户数字线路（Asymmetric Digital Subscriber Line，ADSL）是利用现有电话线路，实现在一对电话线上提供高带宽的数据传输服务，同时又不影响同一线缆上的语音服务。

与传统拨号方式相比，ADSL 具有以下一些特点。

- 高速传输：提供上、下行不对称的传输带宽，下行速率最高可达 8Mbit/s，上行速率最高可达 1Mbit/s，最大传输距离为 5km。
- 上网、打电话互不干扰：ADSL 数据信号和语音信号互不干扰，而传统拨号方式接入互联网使用 PSTN（电话网络），导致数据、语音信号无法同时传输。所以，ADSL

解决了拨号上网时不能使用电话的问题。

➢ 独享带宽、安全可靠：ADSL 采用星形网络拓扑结构，用户可独享高带宽。

➢ 安装快捷方便：利用现有的用户电话线路，无须另铺电缆，节省投资；用户只需安装一台 ADSL MODEM 即可，无须为宽带上网重新布设或变动线路。

➢ 价格实惠：ADSL 数据信号不通过电话交换机设备，这意味着使用 ADSL 上网只需要为数据通信付账，并不需要缴付另外的电话费。

虽然 ADSL 有很多优点，但是制约 ADSL 传输速率的因素也有很多。

➢ 线路质量：ADSL 技术对线路质量要求很高，所以选择的线路规格应无变化，无桥接抽头，绝缘良好。

➢ 噪声干扰：噪声产生的原因有很多，可以是家用电器的开关、电话摘机和挂机以及其他电动设备的运动等，这些突发的电磁波干扰将会对 ADSL 线路产生影响，引起突发错误。

➢ 线路长度：发射端发出的信号会随着传输距离的增加而产生损耗，传输距离越远，信号损耗越大；ADSL 的最大下行速率为 8Mbit/s，随着距离的增加，ADSL 能够达到的下行速率也将越来越小，当传输距离达到 5km 左右时，基本上已经无法正常进行数据传输了。

为了更好地满足网络运营和信息消费的需求，新的 ADSL 标准不断被制定出来，ADSL2、ADSL2+、ADSL2++（也称 ADSL4）等技术应运而生。各种 ADSL 技术如表 6-1 所示。

表 6-1　各种 ADSL 技术及其速率表

ADSL 标准	最大下行速率	最大上行速率
ADSL	8Mbit/s	1Mbit/s
ADSL2	12Mbit/s	1Mbit/s
ADSL2+	26Mbit/s	1Mbit/s
ADSL2++	50Mbit/s	12.5Mbit/s

（3）无线方式接入互联网

使用无线方式接入互联网的最大优势是不受线路影响，可以随时随地接入互联网。但是，无线方式接入互联网受环境影响较大，信号的强弱变化会造成数据传输丢包并影响接入速率。

无线方式接入互联网的速率会根据选择技术的不同而不同，现有的接入速率一般都在 10Mbit/s 以上。常见的无线技术有以下几种。

➢ 蓝牙技术：蓝牙（bluetooth）可以被简单地看作是一种无线个人局域网。该技术只支持近距离数据传输，最大传输距离为 10m，带宽可达 1Mbit/s。所以蓝牙技术一般多应用于设备资源共享，如手机之间互传通信录、歌曲等；以及一些短距离传输设备，如手机或计算机的外围设备，像蓝牙耳机、蓝牙键盘、蓝牙鼠标等。蓝牙网络一般由主设备和从设备构成，主动提出通信要求的设备是主设备，被动进行通信的设备是从设备。

➢ 3G技术：3G是指第三代移动通信技术，G是generation的缩写。3G网络是一种能够提供多种类型高质量多媒体业务的全球漫游移动信息网络，能实现静止2Mbit/s、中低速384Kbit/s、高速144Kbit/s传输速率的通信网络。3G网络在前两代网络的基础上真正实现了无线通信与国际互联网等多媒体通信相结合，因此还处于“概念”阶段时就备受关注，引起很大规模的商业利益之争。3G标准由ITU（国际电信联盟）提出，目前有三大主流标准：WCDMA（欧洲版）、CDMA2000（美国版）和TD-SCDMA（中国版）。

➢ 4G技术：很多组织给4G下了很多不同的定义，而ITU的定义代表了传统移动蜂窝运营商对4G的看法，即认为4G是基于IP协议的高速蜂窝移动网。2005年10月，ITU给4G技术一个正式的名称IMT-Advanced（高级国际移动通信）。ITU对IMT-Advanced的峰值速率要求为：①低速移动、热点覆盖场景下，1Gbit/s以上；②高速移动、广域覆盖场景下，100Mbit/s。目前，国际上主流的4G技术主要是LTE-Advanced和Wireless MAN-Advanced（802.16m）两种。

➢ 5G技术：是4G之后的延伸，目前正处于研究中，网速可达5Mbit/s～6Mbit/s。2016年，诺基亚与加拿大运营商Bell Canada合作，完成了加拿大首次5G网络技术的测试，测试中使用了73GHz范围内频谱，数据传输速率为加拿大现有4G网络的6倍。

（4）光纤方式接入互联网

光纤方式接入互联网是一种高速、稳定、安全的接入方式。

光纤接入互联网具有以下特点。

➢ 高速传输：独享带宽，提供对称的上、下行速率，最高带宽可以达到1000Mbit/s。

➢ 抗干扰能力强：由于传输信号为光信号，所以在传输过程中抗干扰能力强。

➢ 传输距离远：由于采用光信号传输，衰减小，抗干扰能力强，所以传输距离远。

光纤接入互联网的缺点如下。

➢ 安装复杂：需要布设光纤，成本较高。

➢ 价格较高：采用光纤接入互联网，需要重新布设线缆，并且需要添加光电转换设备，导致成本较高。

光纤具有的损耗低、频带宽特性解除了铜线电缆线径小的限制，随着光纤接入方式的性能不断提高，价格不断下降，光纤接入已经成为大部分用户最普遍选择的一种接入方式。

（5）Cable Modem接入互联网

Cable Modem是通过有线电视的同轴电缆网络接入互联网的方式。

Cable Modem的光纤同轴电缆混合网（Hybrid Fiber Coaxial，HFC）接入方案采用分层树型结构，其优势是带宽比较高（10Mbit/s）。但由于电视信号占用了部分带宽，只剩余了一部分带宽可供传送其他数据信号，所以Cable Modem的实际传输速率只能达到理论传输速率的一小半。

HFC接入技术本身是一个较粗糙的总线型网络，意味着用户要和邻近用户分享有限的带宽，当一条线路上的用户增加时，其速度将会减慢。

Cable Modem和ADSL一样，提供不对称的传输速率，并且抗干扰能力较弱。

（6）租用数字电路

ISP 除了提供互联网接入业务外，还提供点到点、点到多点的数字电路出租业务。常见的数字电路出租业务是 SDH 数字电路租用。由于 SDH 数字电路租用提供点到点的链路（即相当于通过独立的线缆将两点连接起来），所以具有以下一些优点。

- 两点之间传输数据的安全性更高。
- 高带宽，SDH 数字电路租用可以提供 2Mbit/s（E1）、34Mbit/s、155Mbit/s 等带宽，最高可以提供高达 10Gbit/s 的带宽。
- 网络稳定（SDH 设备可以实现线路的备份，一旦 E1 发生故障可以快速切换到备份线路）。
- 抗干扰能力强。

除了上面的一些优点外，使用 SDH 还可以保证两点之间的带宽，并且提供备份冗余功能，有效减少故障率。

由于 SDH 数字电路租用技术要保证带宽、提供备份，所以成本昂贵，而且还需要增加专用的终端设备。

注意

E1/T1：目前，在数字通信系统中存在两种时分复用系统，一种是 ITU-T 推荐的 E1 系统，广泛应用于欧洲各国和中国；另一种是 ANSI 推荐的 T1 系统，主要应用于北美各国和日本。

在数字电路中，通常将能够提供 2.048Mbit/s 速率的线路称为 E1 线路，将能够提供 1.544Mbit/s 速率的线路称为 T1 线路。

时分复用（Time Division Multiplexing，TDM）是将不同的信号相互交织在不同的时间段内，沿同一个信道传输的技术。

2. 常见的接入互联网方式比较

常见的接入互联网方式有六种，具体介绍如下。

- 传统拨号方式仅有 56kbit/s 的速率，已经不能满足日益增长的带宽需求，并且传统拨号方式在访问互联网时不能打电话，已经淡出主流市场。
- 由于传统拨号方式无法满足日益增长的带宽需求，所以使用现有电话线路的 ADSL 技术得到迅速发展，同时它还解决了传统拨号上网与打电话无法同时进行的问题，成为普通家庭用户和小型企业接入互联网的常见方式。
- 无线接入互联网由于其带宽较小，并且网速不稳定，所以目前普通用户使用较少。但是，由于其能够实现随时随地访问网络，所以比较适合出差办公的用户。
- 与其他技术相比，光纤可以克服铜线电缆无法克服的限制因素。光纤的损耗低、频带宽解除了铜线电缆线径小的限制，并且能够满足用户的高速计算机通信、家庭购物、远程教学、视频点播以及高清晰度电视等各种业务需求。这些业务用铜线或双绞线是比较难以实现的。

➢ Cable Modem 利用现有的同轴电缆网络开展宽带接入业务。

➢ SDH 数字电路一般用于总公司和分公司之间传输机密信息。由于其带宽稳定，因此可以通过 SDH 数字电路进行视频会议等。而采用光纤专线接入互联网进行总公司和分公司之间的通信，则无法保证两点之间的带宽，并且在数据安全方面存在一定的隐患。

如图 6.11 所示，使用 E1 专线相当于将分公司和总公司的路由器通过一条点到点的线路连接起来，而使用光纤接入方式则是使分公司和总公司通过 Internet 进行通信。

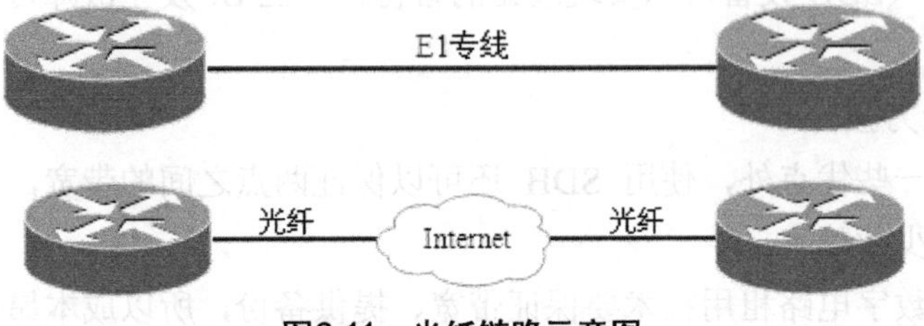

图6.11　光纤链路示意图

随着网络的发展，宽带接入技术正朝着“铜退光进，无线代替有线”的方向发展。目前，在大多数城市，铜线已经被光纤代替，光纤到户成为网络发展的必然方向。

6.5.2　接入互联网设备

在小型企业和家庭用户中，通常使用无线路由器接入互联网。无线路由器是带有无线覆盖功能的路由器，主要应用于用户上网和无线覆盖。无线路由器可以看作是一个转发器，将宽带网络信号通过有线和无线网络转发给附近的设备（笔记本电脑、平板电脑、支持 Wi-Fi 的手机）。下面以 TP-Link 企业级无线路由为例介绍无线路由的硬件结构，如图 6.12 和图 6.13 所示。

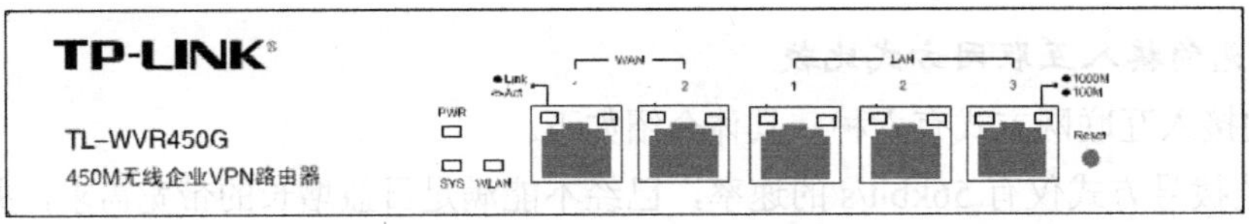

图6.12　无线路由器前面板

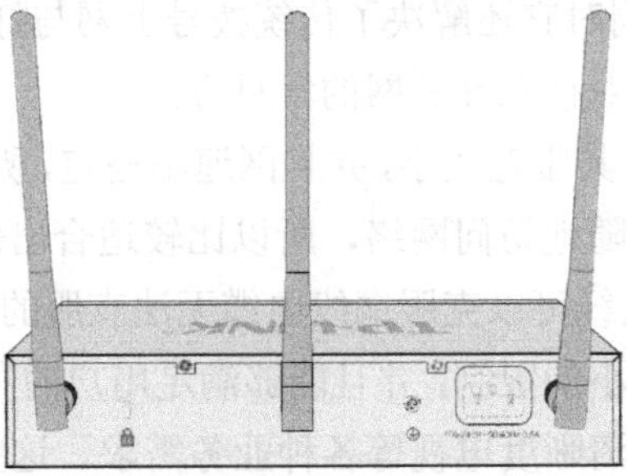

图6.13　无线路由器后面板

TL-WVR450G 可以支持 10/100/1000Mbit/s 带宽的连接设备，提供 2 个固定 WAN 口和 3 个固定 LAN 口，每个接口对应一组指示灯，即 Link/Act 和 1000M/100M 指示灯。无线路由器前面板指示灯说明见表 6-2。

表 6-2　无线路由器前面板指示灯说明

指示灯	功能
PWR	电源指示灯。长亮表示加电正常，不亮表示没有加电
SYS	系统状态指示灯。长亮表示系统初始化，不亮表示系统故障，闪烁表示系统正常
WLAN	无线指示灯。长亮表示无线功能启用，不亮表示无线功能没有启用
Link/Act	广域网和局域网状态指示灯。闪烁表示相应端口正在传输数据，不亮表示相应端口未建立连接
1000M/100M	速率指示灯。绿色长亮表示端口工作在 1000Mbit/s 模式，黄色长亮表示端口工作在 100Mbit/s 模式，不亮表示端口工作在 10Mbit/s 模式或链路未建立

无线路由器后面板接口说明如下。

➢ Reset：复位键。恢复出厂设置。

➢ 天线：共三根，用于收发无线数据。

➢ 电源接口：位于后面板右侧，接入电源需为 100～240V、50/60Hz、0.6A 的交流电源。

➢ 肯辛通锁孔：TL-WVR450G 提供一个安全锁孔，可以将肯辛通锁插入锁孔以防路由器被盗。

➢ 防雷接地柱：位于电源接口左侧，需使用导线接地，以防雷击。

6.6 光纤上网连接及配置

一家小型公司共有 20 名员工，公司业务需要访问 Internet，公司领导让公司内唯一了解网络的员工负责网络的接入和相关配置工作。该员工需要知道互联网服务提供商（Internet Services Provider，ISP）提供哪些接入互联网的方式，并从这些接入方式中为公司选择一种合适的方式接入互联网。

公司访问 Internet 除查询资料之外，还需要进行远程视频会议，而 ADSL 接入不具备高速传输特性，不适合公司情况，为保证远程视频会议能稳定进行，最终决定采用光纤方式接入互联网。

6.6.1　无线路由器连接方式

在实际应用中，多个用户共享一条光纤上网，可以通过无线路由器实现。即从 ISP 接一根光纤到公司，先接到路由器的 WAN 口上，再用一根双绞线从路由器的 LAN 口接到交换机或 PC 的网口上。在无线路由器上配置公网地址、内网地址，进行无线设置，输入用户名、密码后即可发起连接。这时，所有内网客户端之间可以互相通信并可以通过路由器上网，如图 6.14 所示。

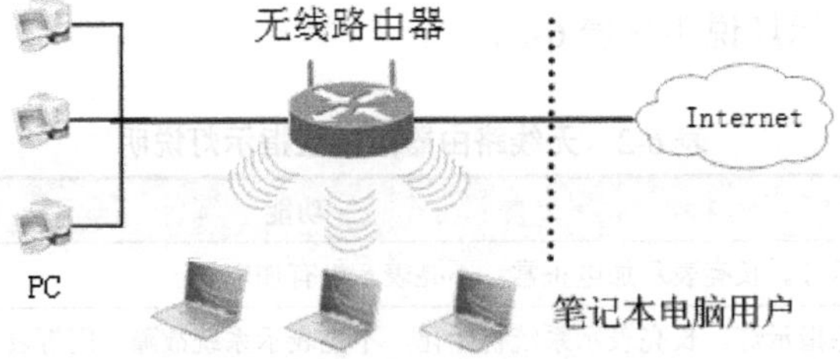

图6.14　使用无线路由器共享上网

注意

除非路由器直接带有光纤接口，否则光纤在连接到路由器之前，需要先通过光纤转换盒将光信号转化成电信号，然后再接到无线路由器上。

6.6.2　无线路由器的基本配置

本节以 TP-Link 的一款企业级无线路由器为例来讲解无线路由器的配置过程。

注意

不同品牌不同型号设备的 Web 管理界面都不太一样。在具体配置时，虽然界面不同，但内容基本是一致的，可以参考产品说明书。

无线路由器的基本配置包括以下几个步骤。

- 配置用户计算机上的 IP 地址。
- 访问无线路由器 Web 管理界面。

使用以太网线将 PC 连接到无线路由器的 LAN 口，即可在 PC 上对无线路由器进行配置。首先需要配置计算机的 IP 地址，使计算机的 IP 地址和无线路由器的 IP 地址处于同一网段，然后验证 PC 能否 ping 通无线路由器，最后再登录无线路由器的 Web 管理界面进行配置。

登录到无线路由器使用的是超文本传输协议（Hypertext Transfer Protocol，HTTP）。此协议传输的数据形式可以是普通文本、超文本、音频、视频等。

1．配置用户计算机上的 IP 地址

首先检查 PC 和无线路由器之间的以太网线是否连接好，无线路由器上对应网线的局域网状态指示灯是否亮起。TP-Link 无线路由器默认的初始管理 IP 地址为 192.168.1.1，子网掩码为 255.255.255.0，因此需要确保计算机的 IP 地址也处于此网段。将 PC 的 IP 地址设置为 192.168.1.2，子网掩码设置为 255.255.255.0。设置好计算机的 IP 地址后，为了保证 PC 能够正常访问无线路由器的 Web 管理界面，先使用“ping 192.168.1.1”命令测试网络是否能够正常通信。

注意

无线路由器的型号、厂商不同，默认的 IP 地址和访问用户名、密码也不相同。具体可查阅产品使用说明书。

2. 访问无线路由器 Web 管理界面

在浏览器地址栏中输入无线路由器 Web 管理地址“http://192.168.1.1”，出现登录界面，提示输入用户名和密码。在初次访问时，使用默认用户名（admin）和密码（admin），如图 6.15 所示，进入 Web 管理界面之后可以更改密码。注意，此处的用户名、密码为登录无线路由器的用户名、密码，而不是连接 ISP 使用的用户名、密码。

图6.15　无线路由器登录界面

输入正确的用户名和密码之后，进入无线路由器的 Web 管理界面，如图 6.16 所示。首先看到的是该设备的当前系统状态，包括系统时间、WAN 口信息、无线状态等，图 6.16 显示的是初始化后的系统信息。如果是对没有经过初始化的无线路由器进行更改，可以根据提供的系统状态信息做出相应调整。

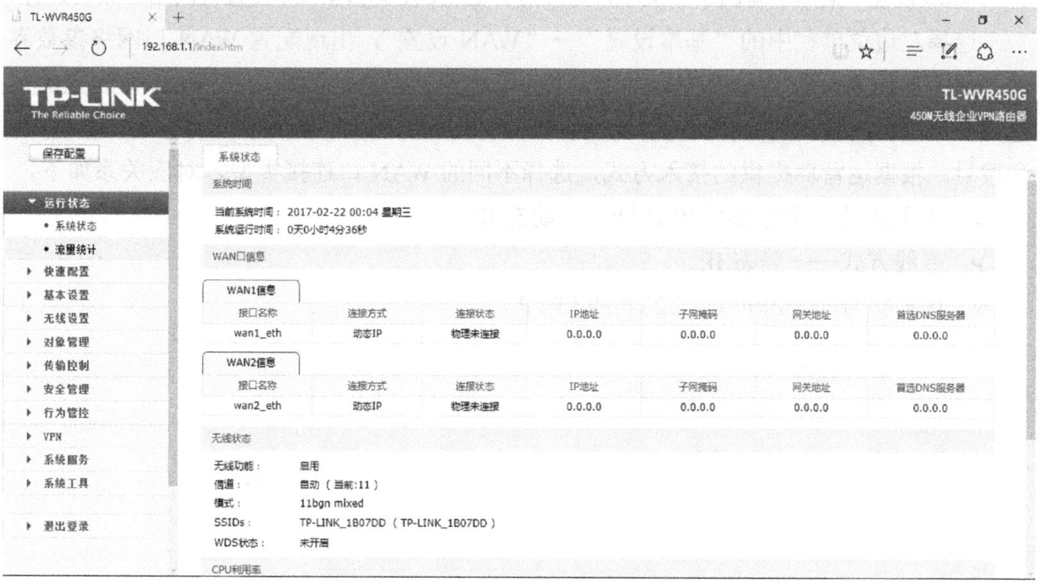

图6.16　无线路由器的Web管理界面

使用设备默认用户名和密码是很不安全的，所以登录之后需要更改设备的用户名和密码。选择左边菜单栏中的“系统工具”→“管理账号”→“修改管理账号”进行密码更改，如图 6.17 所示。输入原用户名、原密码、新用户名、新密码和确认新密码后，点击“设置”按钮，再点击左上角的“保存配置”即可使更改的配置生效。

注意

所有配置项设置之后都需要点击“保存配置”使更改的配置生效，有些配置项设置完成后，单击“保存”按钮还会提示重启，配置在重启后才能生效。

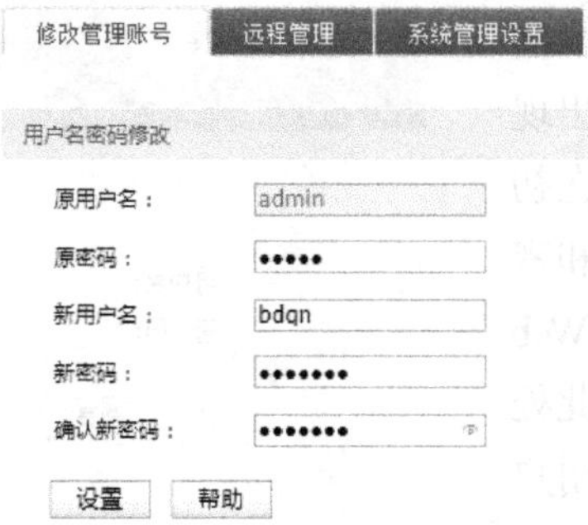

图6.17　修改管理账号

使用光纤接入方式上网，需要配置图 6.16 所示左边菜单栏中的“基本设置”下的网络参数和 DHCP 服务器，其他选项可以不配置，如果需要配置可以参考相关设备的说明书。

6.6.3　WAN 口设置

“基本设置”菜单下有四个子菜单，可以进行 LAN 设置和 WAN 设置等网络参数的设置。

选择左边菜单栏中的“基本设置”→“WAN 设置”，出现配置 WAN 口网络参数界面，如图 6.18 所示。无线路由器上的 WAN 口为连接光纤的端口，在 WAN 口设置的信息为在互联网上使用的公网 IP 地址。WAN 口共提供三种连接类型：动态 IP、静态 IP 和拨号。根据运营商提供的接入方式，选择不同的 WAN 口连接类型，对应关系如下。

- 不用拨号，动态获得 IP 地址——动态 IP。
- 专线方式——静态 IP。
- 虚拟拨号——PPPoE、L2TP 或 PPTP。

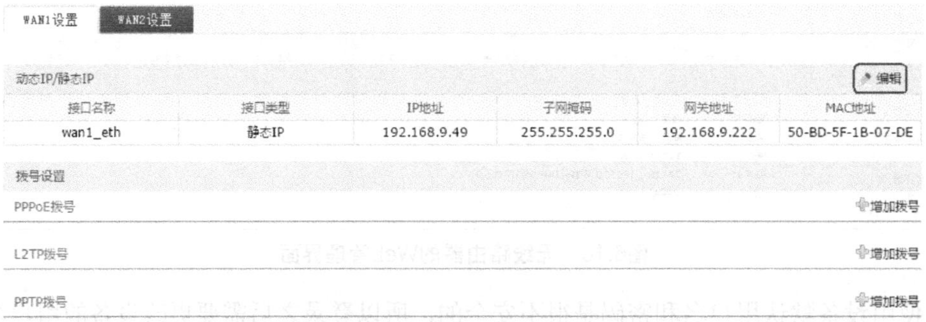

图6.18　动态IP地址编辑

1. **动态** IP

动态 IP 是普通用户常用的方式，即光纤接入大楼，多个用户动态获取 IP 地址，共享带宽。单击图 6.18 右上角的”编辑“按钮，选择动态 IP 的 WAN 口连接类型（见图 6.19）。这种连接类型不需要手动进行配置，无线路由器会自动获得公网 IP 地址及 DNS 服务器地址。

那么，DNS 服务器的作用是什么呢？域名系统（Domain Name System，DNS）服务器就是负责将网站域名映射为 IP 地址。在网络中访问一台主机或服务器，需要知道它们的 IP 地址，而在实际生活中访问网站是在浏览器地址栏中输入网站域名，这就需要通过 DNS 服务器将域名解析成 IP 地址，从而进行访问。例如，访问新浪网站时，首先在浏览器地址栏中输入域名 www.sina.com 后按 Enter 键，主机将发送报文给 DNS 服务器进行域名解析；然后 DNS 服务器将解析出来的 IP 地址发送给主机；最后主机根据 DNS 服务器解析出来的 IP 地址访问新浪网站。

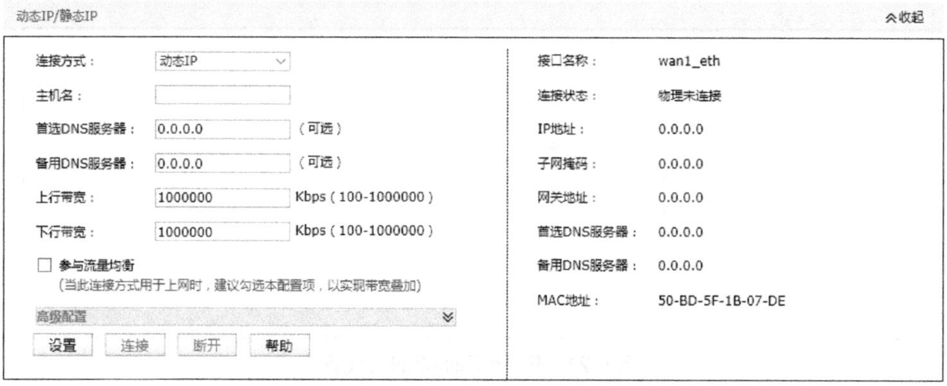

图6.19　动态IP

- 设置：单击”设置“按钮，保存 WAN 网络参数配置。
- 连接：单击“连接”按钮，可以显示无线路由器获得的公网 IP 地址、子网掩码、网关及 DNS 信息。
- 断开：单击“断开”按钮，将释放无线路由器获得的 IP 地址。

2. **静态** IP

如果运营商提供的接入方式为专线方式，那么应在 WAN 口连接方式中选择“静态 IP”，如图 6.20 所示，并将运营商分配的 IP 地址、子网掩码、网关及 DNS 填入相应的选项中。

3. PPPoE

一般家庭上网多选择使用虚拟拨号的光纤接入方式，在无线路由器上选择 PPPoE 的 WAN 口连接类型，如图 6.21 所示。把 ISP 分配的用户名和密码填入相应位置，并设置相关选项即可完成 WAN 口配置。

用户名、密码：填入运营商提供的上网用户名和密码。若使用正常拨号模式，则不需要修改。TP-Link 提供图 6.22 所示的三种不同的连接模式。

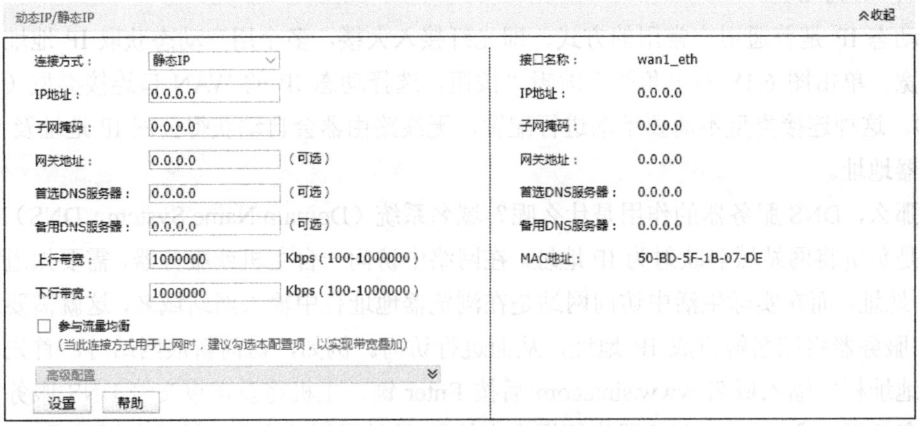

图6.20　静态IP的WAN口设置

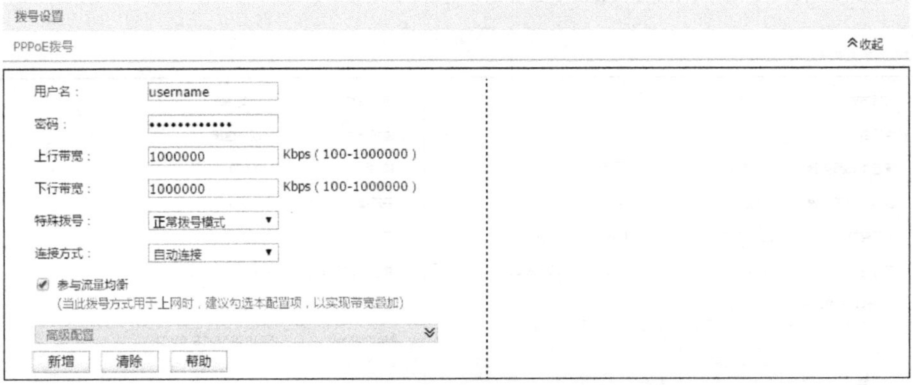

图6.21　PPPoE的WAN口设置

➢ 手动连接：无线路由器不会自动进行拨号连接，只能通过手动进行连接（单击“连接”按钮）。这种连接模式可以在没有足够的访问 Internet 的网络流量时，由系统自动断开连接；也可以单击“断线”按钮即时断开连接。

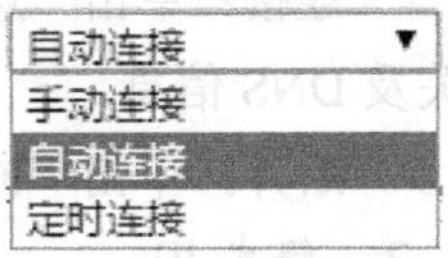

图6.22　PPPoE的连接模式

➢ 自动连接：在开启无线路由器后，系统就进行自动连接。如果出现异常掉线，系统会以一定时间间隔为周期尝试连接，直到成功为止。如果接入 Internet 的方式为包月，可以使用这种连接方式。

➢ 定时连接：可以设定连接的时段，即指定拨号开始的时间和断开网络连接的时间。使用定时连接模式，可以有效地控制局域网的上网时间。

在高级选项中还可以设置 DNS 服务器等信息，一般不需要进行修改。

6.6.4　LAN 口设置

1．设置无线路由器的管理地址

选择左边菜单栏中的“基本设置”→“LAN 设置”，进入无线路由器 LAN 口设置界面，如图 6.23 所示。LAN 口的地址为内部局域网通过 Web 管理界面远程管理无线路由器的地址，也是内部局域网的网关。

➢ IP 地址：无线路由器局域网的 IP 地址，也是内部局域网的管理地址和网关。根据需要可以更改。

➢ 子网掩码：无线路由器局域网的子网掩码。

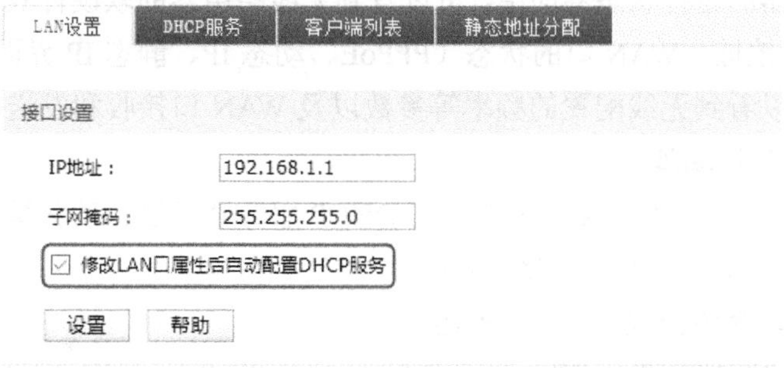

图6.23　无线路由器LAN口设置

注意

如果更改了 LAN 口 IP 地址，则需要使用新的 IP 地址才能通过 Web 管理界面管理无线路由器，并且内部局域网中的所有主机的网关都必须更改为此地址才能访问 Internet。

勾选“修改 LAN 口属性后自动配置 DHCP 服务”选项，无线路由器就会自动配置 DHCP 服务，所分配的网段就是 LAN 网段的地址池。

2. **配置 DHCP 服务器**

如图 6.24 所示，DHCP 服务器的地址池默认为 LAN 网段的地址池，该选项不可修改，而 DHCP 服务器的地址租期、网关、DNS 服务器等参数可以更改。其中，DNS 服务器和网关地址为可选配置，如果不进行配置，客户端主机也能够自动获得 DNS 服务器的地址和无线路由器默认的网关地址（LAN 口地址）。如果有特殊需要，也可以手动配置网关和 DNS 服务器地址。

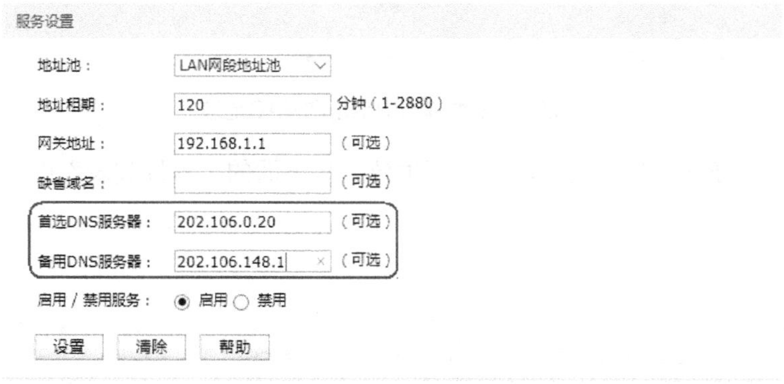

图6.24　DHCP服务器配置

无线路由器设置完成后，单击”设置“保存配置。

3. **无线路由器的状态检查**

在完成配置之后，单击菜单“运行状态”可以查看当前路由器的状态信息，包括 LAN 口状态、WAN 口状态、无线状态、WAN 口流量、设备版本和运行时间等。

在无线路由器的运行状态界面中，可以看到无线路由器的软硬件版本号、LAN 口的状态和配置的 IP 地址、WAN 口的状态（PPPoE、动态 IP、静态 IP 界面略有不同）等，无线状态中还可以看到无线配置的频率等参数以及 WAN 口接收和发送的数据流量。

4. **内网预留 IP 地址**

公司添加了一台打印服务器，虽然使用 DHCP 服务器可以自动获得 IP 地址，但是打印服务器的 IP 地址不可能经常变化，网络管理员可以为打印服务器预留一个 IP 地址，其他服务器也可能有类似需求。

打印服务器的预留 IP 地址为 192.168.1.190，如图 6.25 所示。

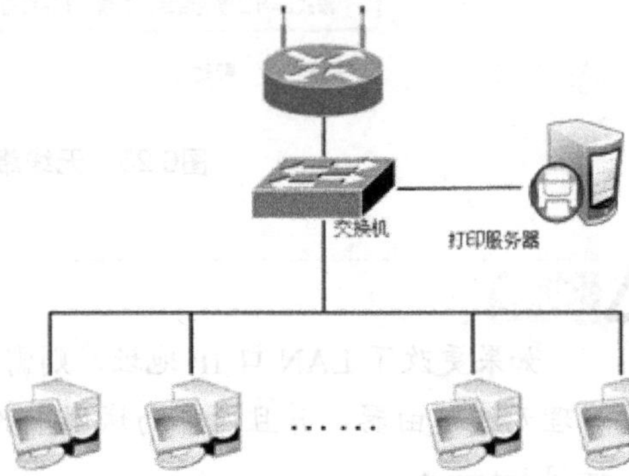

图6.25 网络结构拓扑图

选择左边菜单栏中的“DHCP 服务器”→“静态地址分配”可以为服务器预留地址，具体配置如下。

（1）在 Web 管理界面的左边选择子菜单“基本设置”→”LAN 设置“→“静态地址分配”，填写打印服务器的静态 IP 地址和 MAC 地址，如图 6.26 所示。

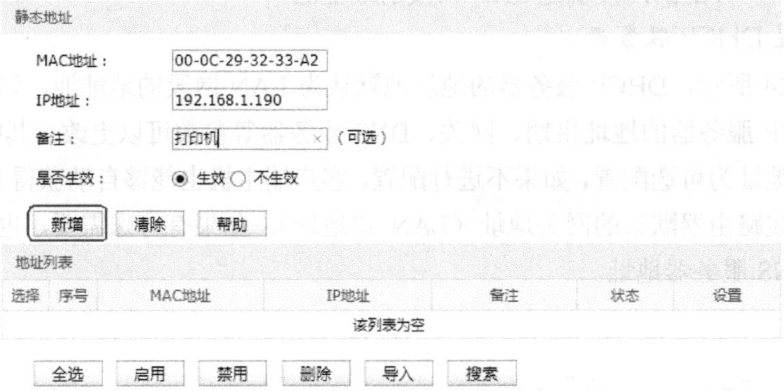

图6.26 添加静态IP地址和MAC地址

（2）单击“新增”按钮后，配置即可生效。从下面的“地址列表”中可以查看到结果，如图 6.27 所示。

地址列表

选择	序号	MAC地址	IP地址	备注	状态	设置
☐	1	78-0c-b8-8f-ff-a7	192.168.1.190	打印机	已启用	

图6.27 静态IP地址的分配结果

（3）配置完成后单击“保存配置”按钮，打印服务器即可重新获得 IP 地址。如图 6.28 所示，打印服务器已经获得预留的 IP 地址。

客户端列表				
序号	主机名	MAC地址	IP地址	剩余租期
1	print	78-0C-B8-8F-FF-A7	192.168.1.190	永久

图6.28　静态IP地址客户端列表

6.6.5　WLAN 配置

1．WLAN 概述

情景 1：公司高层领导召开紧急会议，需要参会人员接入网络以共享会议资料，但因为会议室墙上的接入点数量不够导致无法实现需求，作为网络管理员做何感想？即便会议室墙上的插口数量足够，如果参会人员稍微多一点，那么整个会议室看起来就会像一张蜘蛛网。

情景 2：我们是 iPhone 的代理商，我们的手机可以满足你的各种上网需求，无论网上冲浪、电子邮件、游戏娱乐、电影视频……不过，必须在手机上连接一根网线，如果网线足够长的话，你将可以去任何地方。

……

上述情景就是推动 WLAN 发展的原动力。

无线局域网（Wireless Local Area Network，WLAN）是指应用无线技术将计算机设备互联在一起，构成可以互相通信和共享资源的网络体系，它本质上是计算机网络与无线通信技术的一种融合。顾名思义，“无线”就是不再使用通信电缆将计算机与网络互联，而是通过无线信号作为传输的媒介，从而使计算机网络更加灵活方便。

（1）WLAN 的优点

- 安装便捷：相对于有线网络需要布设线缆而言，WLAN 部署的工程量基本可以忽略不计。而且 WLAN 的方便快捷不仅体现在组建网络的过程中，还体现在后期的网络检修、扩建等维护工作中。
- 使用灵活：在有线网络中，网络设备的安放位置受到网络信息点位置的制约。而 WLAN 建成后，在信号覆盖区域内的任何一个位置都可以接入网络。
- 经济节约：有线网络布线的费用往往占据工程花费的主要部分，因为线缆的使用量相当大。而 WLAN 可以省去这部分费用。
- 易于扩展：对于公司的会议室或召开大型会议的会场而言，现场使用网络的用户数量无法固定且多为移动用户，通过有线网络实现接入基本不可能。而如果选用 WLAN 技术，只要确保网络覆盖面积和带宽，就可以实现所有用户的接入，而不必再估算需要多少个信息点。

（2）WLAN 的不足

关于 WLAN 的负面新闻也不少，主要集中在安全性及烦琐的标准上。

➢ 安全性缺陷：WLAN 的发展速度太快，相关安全标准的研究远远跟不上 WLAN 自身的需求，使得 WLAN 技术的安全性一直令人担忧，很多公司不愿意应用 WLAN 技术的原因也在于此。于是 IEEE 推出了许多安全措施，相继采用了 WEP、WPA、WPA2、VPN、802.1x、802.11i 等标准，但却事与愿违，WEP 及其改进方案 WPA 均存在严重的安全漏洞，VPN、802.1x 这两项原本属于有线网络的安全技术也只是简单地转接到 WLAN 上，实际应用效果并不理想。

➢ 标准之争：由于上述提到的一系列安全性问题，以及涉及很多商业利益的缘故，新的 WLAN 标准层出不穷，在我国最为著名的就是 Wi-Fi 与 WAPI 之争。

注意

Wi-Fi 全称 Wireless Fidelity，无线保真的意思，实质上是一种无线网络互联技术，当然也定义了该项技术的标准。WEP、WPA、802.11i 都是该技术采用的安全机制。有人曾简单地将 802.1b 标准等同于 Wi-Fi，这在几年前似乎成立，随着无线网络飞速发展，Wi-Fi 技术正过渡到 802.11n 的时代。

无线局域网认证和保密基础结构（Wireless LAN Authentication and Privacy Infrastructure，WAPI）是一种安全协议，也是我国无线局域网安全强制性标准。

2. WLAN 的部署

在部署 WLAN 时应该考虑以下因素。

（1）设备支持的无线标准

在之前的章节中，简单地介绍了 WLAN 中常用的一些标准：802.11a、802.11b、802.11g 和 802.11n。目前，绝大多数的无线设备都同时支持 802.11b、802.11g 和 802.11n，而 802.11a 已基本被淘汰。

（2）环境因素

① 覆盖面积

无线路由器由于支持的标准以及设备的功效不同，其传输距离也不同。目前，大部分设备覆盖面积的理论值至少可以达到室内 100m、室外 300m。但在实际环境中，传输信号会受到各种障碍物的影响，且传输速率会由于传输距离的增大而递减。

② 障碍物

网络管理员遇到最多的情况是室内环境部署，其中障碍物是避免不了的。下面介绍一些经验值供参考（实际部署 WLAN 时，无线信号会受到很多因素的影响，以现场具体的测试值为准）。

➢ 水泥墙（15～25cm），衰减 10～12dB。

➢ 木板墙（5～10cm），衰减 5～6dB。

➢ 玻璃墙（5～10cm），衰减 5～7dB。

根据上述经验值，给出建筑材料对于无线信号的影响。

➢ 当无线路由器与终端被水泥墙隔开时，可传输距离小于 5m。

- 当无线路由器与终端被木板墙隔开时，可传输距离小于 15m。
- 当无线路由器与终端被玻璃墙隔开时，可传输距离小于 15m。

③ 安装位置

以单一房间或大厅为例，如果面积不大，在中央位置安装即可，最好放置在大厅的天花板上，还要兼顾施工的难易程度。如果大厅面积较大或接入客户端数量较多，可以考虑放置两个无线路由器，安装于大厅的两个对角。

“无线路由器是有一定覆盖面积的，每个无线路由器根据自身硬件性能的不同，连接客户端的数量也不同。因此，部署的无线路由器越多，通信的质量越好，当然成本也就越高。”这个看似合理的想法给很多 WLAN 的构建造成致命的影响。因为无线路由器之间存在着很大的干扰，如果两个无线路由器的频段相同，则可能在某些点产生强烈的干扰，使得客户端之间无法正常通信。最常见的现象就是网络极其不稳定，所以在部署多个无线路由器时，无线路由器之间的距离是至关重要的考虑因素，这里提供一些理论值。

- 当相邻的无线路由器频段相同时，间隔 25m。
- 当相邻的无线路由器频段相邻时，间隔 16m。
- 当相邻的无线路由器频段相隔时，间隔 12m。

（3）外界干扰

室内环境中的干扰源不会很多，典型的有微波炉、防盗装置（如安检门），还有其他大功率的电子设备等。部署的无线设备应至少远离干扰源 2m 以上。

3. WLAN 的配置

WLAN 部署的网络环境如图 6.29 所示。

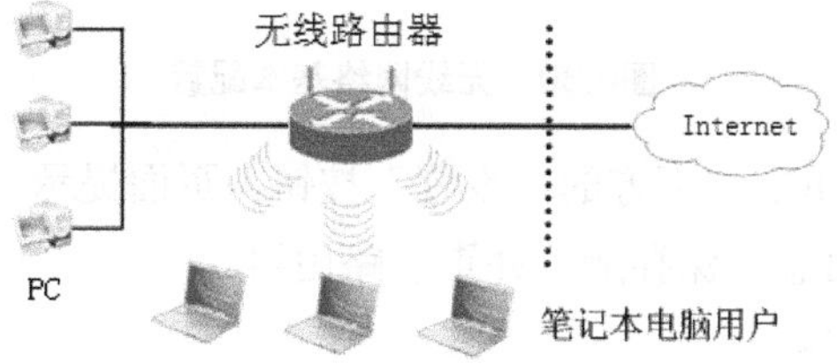

图6.29　公司会议室示意图

（1）登录无线路由器。

延续上一个案例，同样使用 TP-Link 企业级无线路由器配置实现无线功能，网络管理员依旧通过 Web 管理界面配置无线路由器。

（2）设置无线网络。

服务集标识符（Service Set Identifier，SSID）的设置往往容易被忽略，因为有些网络管理员认为是否更改 SSID 与客户端能否访问无线网络关系不大。但如果附近不只有一台无线路由器，则修改这些参数就变得尤为重要。

SSID 可以简单地理解成 WLAN 的名称标识，是 WLAN 最基本的身份识别机制。如果同一区域内有同厂商的多台无线路由器，默认情况下，它们的 SSID 相同。这样客户端很可能会连接到其他的无线路由器上，为无线网络通信带来极大的不便。

单击无线路由器 Web 管理界面左侧菜单栏“无线设置”→“无线网络设置”→“基本设置”，如图 6.30 所示，默认的 SSID 为 TP-LINK，可以将其改为 bdqn，启用无线功能并配置安全选项、认证类型、加密算法、PSK 密码等参数。

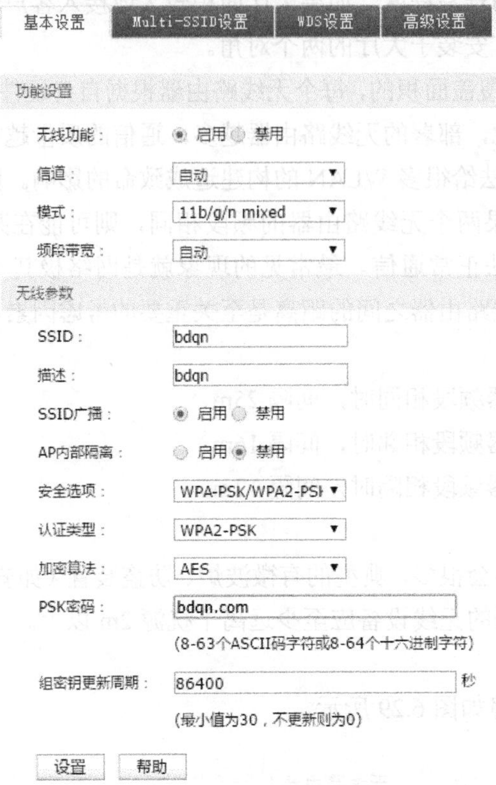

图6.30　无线网络基本配置

（3）配置完成后，单击左下方的“设置”按钮，页面提示“只有重启路由后无线设置的更改才生效!”等信息，保存配置并重启路由器。

4. 配置客户端接入

首先，客户端必须有相关的无线网络设备，如笔记本电脑必须有无线网卡以及相关驱动程序，手机必须有支持 WLAN 的模块（具备 WLAN 接入功能）；然后，再通过一些简单的设置即可接入 WLAN。

目前，大部分的笔记本电脑都自带无线网卡，通过操作系统自带的无线网络连接即可接入 WLAN，具体设置步骤如下。

（1）单击桌面状态栏右下角的“网络连接”图标，出现如图 6.31 所示的界面，可以看到已搜索到多个无线网络。

（2）单击 bdqn，提示“输入网络安全密钥”，如图 6.32 所示，输入正确的安全密钥即可。

（3）具有 WLAN 功能的手机、平板电脑等移动端也可以连接设置好的 WLAN，并可以在移动端的浏览器上输入无线路由器的管理地址远程管理无线路由器，如图 6.33 所示。

图6.31　无线网络连接

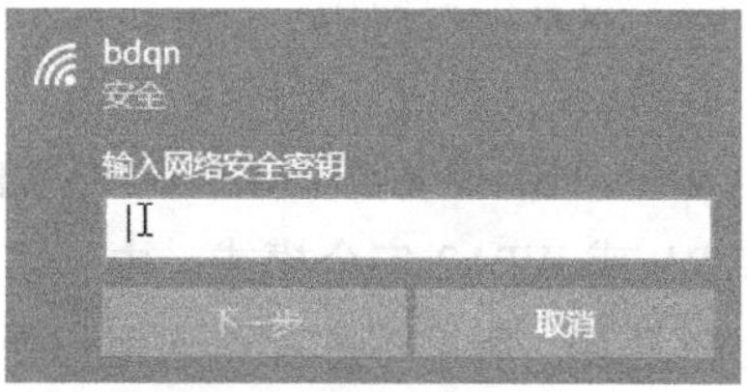

图6.32　输入网络安全密钥

图6.33　手机管理无线路由器

5. WLAN 的安全常识

再安全的网络也一定会有漏洞，安全永远是一个相对的概念，而没有绝对意义上的安全。就好像安装了防盗门，并不能绝对保证盗贼无法进入，只是增加了一定的安全性，起码一般的小毛贼是进不来了。

（1）更改默认的用户名、口令

使用默认口令是很不安全的，有点网络常识的人都会知道，一旦网络的非管理人员通过默认口令获取到管理权限，后果将不堪设想。所以当我们拿到一台无线路由器时，第一件要做的事情就是更改默认的用户名与口令。

（2）禁用 SSID 广播

禁用 SSID 广播后，WLAN 依然可以正常使用，只是在客户端搜索 WLAN 时将无法找到网络的标识——SSID。客户端要想接入该网络，就必须手动输入 SSID。虽然禁用 SSID 广播后，在接入该网络时需要手动输入 SSID，但却大大提高了网络的安全性。

（3）设置用户密钥

TP-Link 提供了三种安全类型： WEP、WPA/WPA2 和 WPA-PSK/WPA2-PSK，推荐使用 WPA-PSK/WPA2-PSK。WPA/WPA2 是采用 Radius 服务器进行身份认证并得到密钥的 WPA 或 WPA2 安全模式，由于要架设一台专用的认证服务器，代价比较昂贵且维护也比较复杂，所以不推荐普通用户使用此安全类型；WPA-PSK/WPA2-PSK 是基于共享密钥的 WPA 安全模式，安全性很高，设置也比较简单，适合普通家庭用户和小型企业使用。本案例中，我们选择 WPA-PSK/WPA2-PSK。在设置用户密钥时，除了安全类型的选择之外，还需要配置如图 6.34 所示的其他配置项。

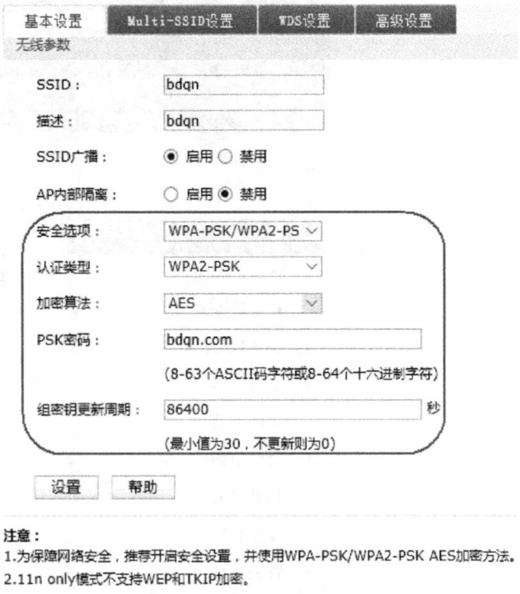

图6.34 设置用户密钥

- 安全选项：用来选择系统采用的安全模式，即自动、WPA-PSK、WPA2-PSK。默认为自动，路由器会根据主机请求自动选择 WPA-PSK 或 WPA2-PSK 安全模式。
- 加密算法：用来选择对无线数据进行加密的安全算法，选项有自动、TKIP 和 AES。
- PSK 密码：WPA-PSK/WPA2-PSK 的初始设置密钥，要求为 8～63 个 ASCII 字符或 8～64 个十六进制字符。
- 组密钥更新周期：设置广播和组播密钥的定时更新周期，以秒为单位，取值范围是 30～604800，若该值为 0，则表示不进行更新。

（4）无线 MAC 地址过滤

如果怀疑有其他非法用户使用网络，可以单击“无线参数”→“无线主机状态”查看当前正在连接无线路由器的设备。如图 6.35 所示，当前接入无线路由器的设备有一台内网主机、一台打印机和一部手机。

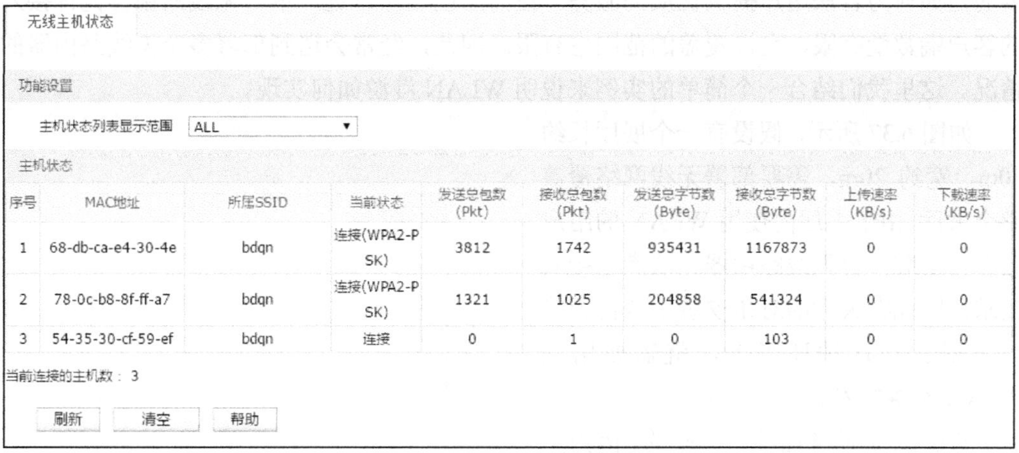

序号	MAC地址	所属SSID	当前状态	发送总包数(Pkt)	接收总包数(Pkt)	发送总字节数(Byte)	接收总字节数(Byte)	上传速率(KB/s)	下载速率(KB/s)
1	68-db-ca-e4-30-4e	bdqn	连接(WPA2-PSK)	3812	1742	935431	1167873	0	0
2	78-0c-b8-8f-ff-a7	bdqn	连接(WPA2-PSK)	1321	1025	204858	541324	0	0
3	54-35-30-cf-59-ef	bdqn	连接	0	1	0	103	0	0

图6.35　查看接入设备的状态

在本例中，手机是非法接入设备，对应的 MAC 地址是 78-0c-b8-8f-ff-a7，可以利用无线 MAC 地址过滤禁止该设备接入无线路由器，具体操作步骤如下。

如图 6.36 所示，在 “无线 MAC 地址过滤”选项卡中，勾选“启用无线 MAC 地址过滤”，选择“禁止规则列表中的 MAC 地址访问本无线网络”。然后输入手机的 MAC 地址，并填写备注，单击“新增”按钮，将手机的 MAC 地址添加到下方的“规则列表”中。这样，该手机就无法接入了。

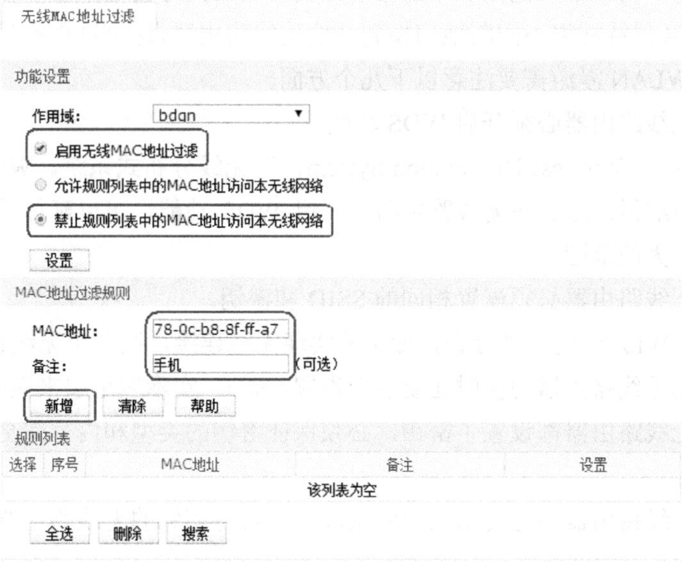

图6.36　配置MAC地址过滤

真正意义上的 WLAN 安全是相对于企业而言的，尤其是大中型企业，它们有着丰富的上网资源和值得窥探的数据，作为网络管理员还应该进一步关注这方面的内容。

6. WLAN 漫游

对于 WLAN 而言，除了安全方面的保障，即如何防止非法用户接入无线网络，更重要的是如何为合法用户提供优质的服务。在前面已经探讨过，单一无线路由器允许接入的客户端数量有限，允许覆盖的范围也有限。因此，经常会遇到部署多个无线路由器的情况。这里我们结合一个简单的实例来说明 WLAN 漫游如何实现。

如图 6.37 所示，假设有一个展厅长约 60m，宽约 20m，需要部署无线网络覆盖整个大厅。由于大厅内使用 WLAN 的用户较多，安装一台无线路由器无法满足接入需求，因此在大厅的对角安装了两台无线路由器。在这种环境下，就需要用到 WLAN 漫游技术。

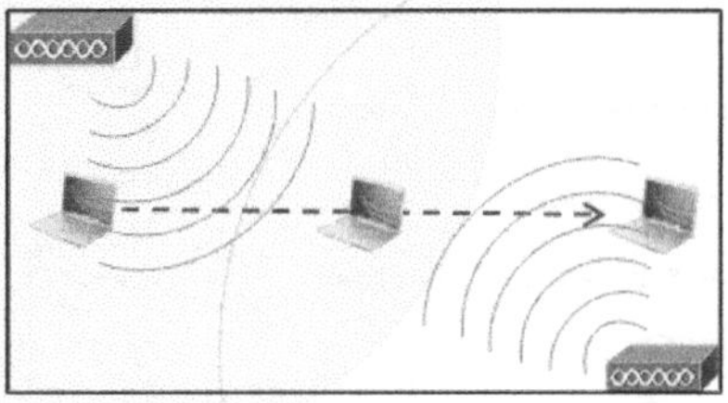

图6.37 WLAN漫游

WLAN 覆盖的面积是有限的，因为无线电波在传输过程中会不断衰减，所以，当环境较大时，就要部署多个无线路由器，而且它们的覆盖面积要相互重叠。WLAN 用户会在整个范围内移动，各个无线路由器应提供“无缝”连接，即当客户端在两台无线路由器间切换时不会影响网络的持续通信。

客户端的无线网卡能够发现附近信号最大的无线路由器，如果各个条件都满足，就可以通过它接入网络。当用户逐渐远离初始连接的无线路由器时，该无线路由器的信号会变得越来越弱，相应地其他无线路由器的无线路由器信号会逐渐强于该无线路由器。这时，客户端就会保持网络不间断地切换到其他无线路由器，这个过程称为 WLAN 漫游。

配置实现 WLAN 漫游需要注意以下几个方面。

（1）各个无线路由器必须开启 WDS 功能。

WDS 的全称为 Wireless Distribution System，即无线分布式系统。WDS 的功能是充当无线网络的中继器，通过在无线路由器上开启 WDS 功能，可以延伸扩展无线信号，从而覆盖更广更大的范围。

（2）各个无线路由器必须配置相同的 SSID 和密钥。

SSID 是对 WLAN 的一种标识，如果要实现无缝连接，则各个无线路由器的 SSID 必须相同，否则无线路由器切换时还要手动设置 SSID，实际应用起来很不方便。

如果每个无线路由器都设置了密钥，必须保证密钥的类型和内容完全相同才能实现 WLAN 漫游。

（3）相邻无线路由器不能使用相同的频段，一般将相邻的无线路由器设置为相差五个频段。

相邻的两台无线路由器实质上就是相邻的两台无线电波收发器，无线电波之间受到干涉的影响，在某些地点会产生信号的消亡，导致上网信号时断时续。因此在实施过程中，一般会将相邻的两台无线路由器设置为相差五个频段（这是一个经验值）。但要注意一个关键问题，即使按上述设置，也不能从根本上消除无线电波之间的干涉，只能从一定程度上优化 WLAN 通信，因此，起决定性作用的仍是无线路由器之间的距离。如果相邻的无线路由器距离太近，即使不在一个频段也会导致网络通信不稳定，所以部署期间的测试是必不可少的。有时虽然 WLAN 设计没有问题，但由于该区域已经覆盖了其他的无线路由器信号，也可能造成影响。

（4）配置无线路由器的 IP 地址时，注意不要出现 IP 地址冲突且配置在同一网段内。

由于无线路由器最终要接入有线网络，所以它们的 IP 地址不能冲突。由于一次购买的无线路由器设备一般是同品牌的，默认的 IP 地址都相同，如果施工人员忘记设置 IP 地址，就很容易出现 IP 地址冲突的故障。

像 TP-Link 无线路由器这种相对低端的设备，一般不支持不同网段间的 WLAN 漫游。实际应用中，会将各个无线路由器配置在同一网段中，而且在 DHCP 中预留一部分 IP 地址。

（5）尽量关闭无线路由器的 DHCP 功能，而通过有线网络的设备实现。

无线路由器都提供 DHCP 的功能。在接入网络之前应该禁用所有无线路由器的 DHCP 功能，否则在网络中就会出现很多 DHCP 服务器自动分配 IP 地址造成网络混乱的现象。

本章总结

本章介绍了路由器的基本工作原理以及家用路由器的简单使用。路由器是网络层的核心设备，不管哪种类型的路由器，其基本工作原理都是查询路由表转发数据包，所以读者应首先理解路由器的工作原理，并尝试分析数据包到达路由器后的处理过程。本章也是学习高级路由知识的基础，希望读者重视本章内容。

本章作业

一、选择题

1．路由表中不包含（　　）信息。

A．目标网段信息　　B．下一跳接口地址

C．路由类型　　D．本地接口的 MAC 地址

2．以下关于静态路由和默认路由的说法中，正确的是（　　）。

A．静态路由是由网络管理员手动配置的

B．静态路由就是默认路由

C．静态路由具有双向性，只需要配置一个方向即可双向互通

D．静态路由的特例是默认路由，它常用在末梢网络中

3.（　　）命令用于查看路由器的路由表。

A．show route　　B．show ip route

C．show ip interface　　D．show run

二、判断题

1．路由表中表示静态路由条目的符号是 C。（　）

2．一台 Cisco 路由器 E0、E1 接口的 IP 地址分别为 192.168.0.1/24、192.168.1.1/24。若一个源 IP 地址为 192.168.1.10/24 的数据包需要转发至 192.168.0.0/24 网段，在经过路由器重新封装后，其源 MAC 地址将会变为路由器 E0 接口的 MAC 地址。（　）

3．管理员配置 WLAN 漫游时，SSID 和密钥必须相同。（　）

4．光纤接入方式中，最高带宽可以达到 1000Mbit/s。（　）

三、简答题

1．简述路由器工作原理。

2．静态路由有哪些特点？

3．常见的接入互联网方式有哪些？

第 7 章

传输层协议

技能目标

- 理解 TCP 和 UDP 报文首部的格式
- 理解 TCP 连接建立和终止的过程
- 了解常见的协议和端口

本章主要介绍传输层的两个协议：TCP 和 UDP，以及常用的传输层端口。前半部分详细介绍 TCP 首部格式、TCP 连接建立与终止过程，后半部分主要介绍 UDP 和网络中其他常见协议及其端口。

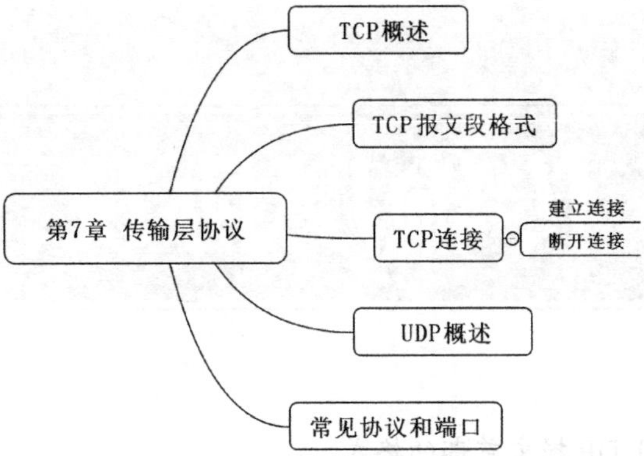

7.1 TCP 概述

TCP/IP 协议簇的传输层协议主要有传输控制协议（Transmission Control Protocol，TCP）和用户数据报协议（User Datagram Protocol，UDP）。TCP 是一种面向连接的、可靠的、基于字节流的传输层通信协议，由 IETF 的 RFC 793 定义。在 TCP/IP 协议簇中，TCP 层是位于 IP 层之上、应用层之下的中间层。在简化的 OSI 参考模型中，TCP 完成传输层的功能，主要用于在计算机程序之间进行通信，又称端到端的通信。即网络层负责将数据从一台计算机传输至远端另一台计算机，而传输层负责打通进程间通信的桥梁。当某个应用希望通过 TCP 和远端计算机通信时，发送端会发送一个请求，且该请求需要借助网络层被送至目标计算机之上。在双方进行“握手”之后，TCP 将在两个应用之间建立一个全双工的通信，直到连接被一方或双方关闭为止。

TCP 的主要特点如下。

- 提供全双工服务，即数据可在同一时间双向传输。
- 每一个 TCP 连接都有发送缓存和接收缓存，用来临时存储数据，同时提供了滑动窗口机制来适配发送端和接收端的可承载流量。
- 通过序列号保证数据的传输安全和数据的高效重组。
- 通过确认机制和重传机制保证数据的可达性。

7.2 TCP 报文段格式

TCP 将若干个字节构成一个分组，称为报文段（Segment），封装在 IP 数据报中。TCP 报文段的首部格式如图 7.1 所示。

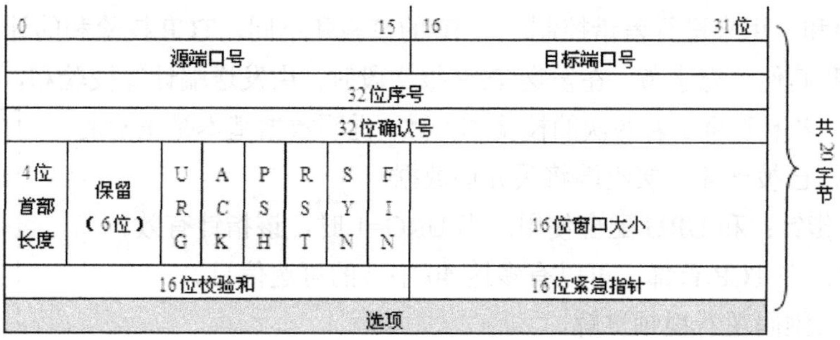

图7.1　TCP报文段的首部格式

首部长度为 20～60 字节，以下是各字段的含义。

➢ 源端口号：16 位字段，为发送端进程对应的端口号。

➢ 目标端口号：16 位字段，对应的是接收端的进程。接收端收到报文段后，会根据这个端口号来确定要把数据送给哪个具体的应用程序进程。

➢ 序号：当 TCP 连接从发送端进程接收到数据字节时，就把它们存储在发送缓存中，并对每一个字节进行编号。编号的特点如下。

- 不一定从 0 开始，一般会产生一个随机数作为第一个字节的编号，称为初始序号（ISN），范围是 $0\sim2^{32}-1$。
- 每个方向的编号是互相独立的。
- 当字节都被编号后，TCP 连接就给每个报文段指派一个序号，这个序号就是该报文段中第一个字节的编号。

当数据到达目的地后，接收端会按照序号把数据重新排列，以保证数据传输的正确性。

➢ 确认号：确认号是反馈给发送端的确认信息，用来告诉发送端该序号之前的报文段都已经收到。如确认号是 X，则表示前 X-1 个报文段都已经收到。

➢ 首部长度：用于确定首部数据结构的字节长度。一般情况下，TCP 首部是 20 字节，最大可以扩展为 60 字节。

➢ 保留：这部分保留位供今后扩展功能用，现在还没有使用到。

➢ 控制位：这六个控制位有很重要的作用，TCP 的连接、传输和断开都受这六个控制位的指挥。各位含义如下。

- URG：紧急指针有效位。
- ACK：当 ACK=1 时，确认序列号字段有效；当 ACK=0 时，确认序列号字段无效。
- PSH：为 1 时，要求接收端尽快将报文段送达应用层。
- RST：为 1 时，通知重新建立 TCP 连接。
- SYN：同步序号位，TCP 需要建立连接时，将这个值设为 1。
- FIN：发送端完成发送任务位，当 TCP 完成数据传输需要断开连接时，提出断开连接的一方将这个值设为 1。

➢ 窗口大小：说明本地可接收报文段的数目，这个值的大小是可变的，当网络通畅时将这个值变大可以加快传输速度，当网络不稳定时减小该值可以保证数据的可靠传输。TCP 协议中的流量控制机制就是依靠变化窗口的大小来实现的。

➢ 校验和：用来进行差错控制。与 IP 的校验和不同，TCP 校验和的计算包括 TCP 首部、数据和其他填充字节。在发送 TCP 报文段时，由发送端计算校验和，当到达目的地时再计算一次校验和。若两次的校验和一致，说明数据基本是正确的；否则认为数据已被破坏，接收端将丢弃该数据。

➢ 紧急指针：和 URG 配合使用。当 URG=1 时，该指针有效。

➢ 选项：在 TCP 首部，可以有多达 40 字节的可选信息。

请扫描二维码观看视频讲解。

TCP 报文格式

7.3 TCP 连接

TCP 是面向连接的协议，它在源点和终点之间建立一条虚连接。读者可能会感到困惑，为什么使用 IP（无连接协议）服务的 TCP 却是面向连接的？关键在于 TCP 的连接是虚连接，而不是物理连接。TCP 报文段封装成 IP 数据报后，每一个 IP 数据报可以走不同的路径到达终点，因此收到的 IP 数据报可能不按顺序到达，甚至可能丢失或损坏。如果一个报文段没有按顺序到达，那么 TCP 将保留已经收到的数据，并等待之前的报文段到达；如果一个报文段丢失或损坏，那么 TCP 就要重传。总之，TCP 确保报文段是有序的。

在数据通信之前，发送端与接收端要先建立连接；等数据发送结束后，双方再断开连接。TCP 连接的每一方都是由一个 IP 地址和一个端口号组成的。

7.3.1 建立连接

TCP 建立连接的过程称为三次握手，下面通过 Sniffer 抓包来分析三次握手的过程。实验环境由两台 Windows 主机 PC1 和 PC2 组成，确保两台主机通信正常，在 PC2 上搭建 Web 站点并安装 Sniffer Pro 软件，如图 7.2 所示。

在 PC1 上启动 IE 浏览器访问 192.168.0.2，在 PC2 上用 Sniffer 抓到了很多数据包，只分析其中的前三个数据包，如图 7.3～图 7.5 所示。

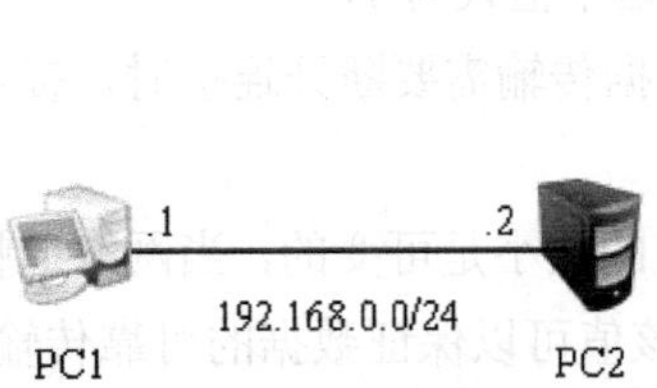

图7.2 实验拓扑图

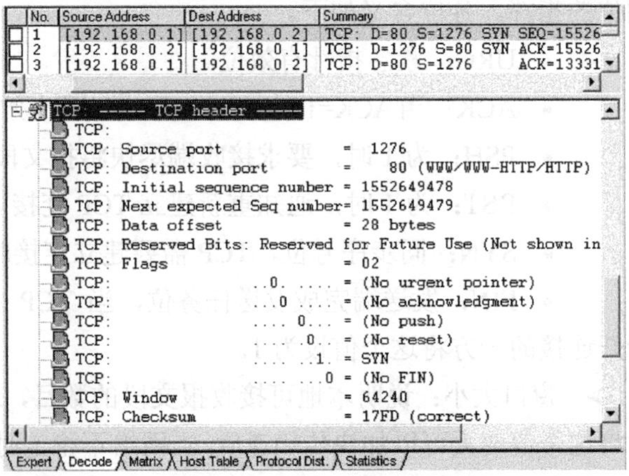

图7.3 TCP三次握手（1）

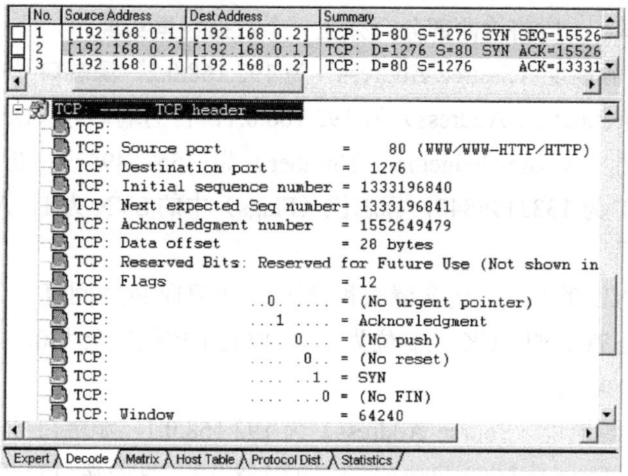

图7.4　TCP三次握手（2）

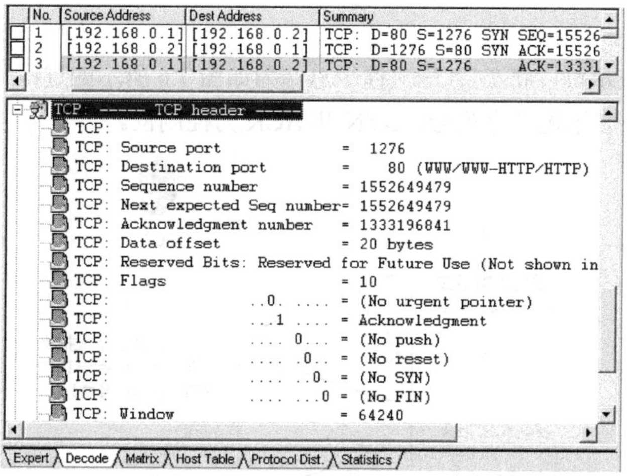

图7.5　TCP三次握手（3）

➢ 第一次握手

PC1 使用一个随机的端口号向 PC2 的 80 端口发送建立连接的请求，此过程的典型标志就是 TCP 的 SYN 控制位为 1，其他五个控制位全为 0。

在图 7.3 中，源地址（Source Address）为 192.168.0.1，源端口号（Source Port）为 1276，目的地址（Destination Address）为 192.168.0.2，目的端口号（Destination Port）为 80，初始序列号（Initial Sequence Number）为 1552649478，标志位（Flags）中的 SYN 为 1。

➢ 第二次握手

第二次握手实际上是分两部分来完成的。

（1）PC2 收到了 PC1 的请求，向 PC1 回复一个确认信息，此过程的典型标志就是 TCP 的 ACK 控制位为 1，其他五个控制位全为 0，而且确认序列号是 PC1 的初始序列号加 1。

（2）PC2 也向 PC1 发送建立连接的请求，此过程的典型标志和第一次握手一样，即 TCP 的 SYN 控制位为 1，其他五个控制位全为 0。

为了提高效率，一般将这两部分合并在一个数据包里实现。

在图 7.4 中，源地址（Source Address）为 192.168.0.2，源端口号（Source Port）为 80，目的地址（Destination Address）为 192.168.0.1，目的端口号（Destination Port）为 1276，确认序列号（Acknowledgement Number）为 1552649479，初始序列号（Initial Sequence Number）为 1333196840，标志位（Flags）中的 SYN 为 1，ACK 为 1。

➢ 第三次握手

PC1 收到了 PC2 的回复（包含请求和确认），也要向 PC2 回复一个确认信息，此过程的典型标志就是 TCP 的 ACK 控制位为 1，其他五个控制位全为 0，而且确认序列号是 PC2 的初始序列号加 1。

在图 7.5 中，源地址（Source Address）为 192.168.0.1，源端口号（Source Port）为 1276，目的地址（Destination Address）为 192.168.0.2，目的端口号（Destination Port）为 80，确认序列号（Acknowledgement Number）为 1333196841，标志位（Flags）中的 ACK 为 1。

通过以上的演示可以将 TCP 三次握手总结为如图 7.6 所示的过程，图中的 Seq 表示请求序列号，Ack 表示确认序列号，SYN 和 ACK 为控制位。

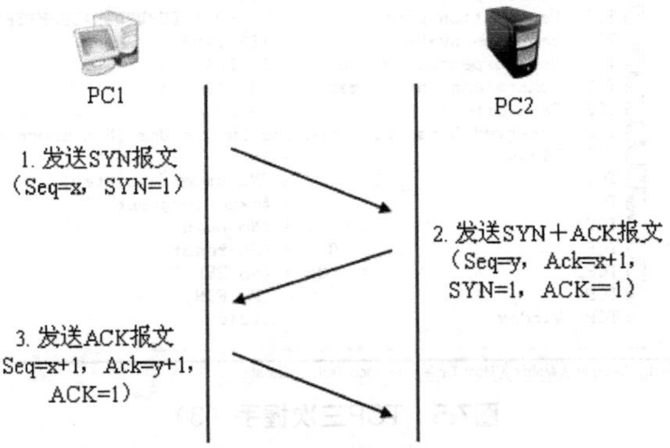

图7.6 TCP三次握手示意图

这样就完成了三次握手，PC1 与 PC2 之间即建立了 TCP 连接，在 PC2 的命令行窗口中运行“netstat -na”命令，可以看到如下信息。

```
Proto  Local Address      Foreign Address      State
TCP    192.168.0.2:80     192.168.0.1:1276     ESTABLISHED
```

其中，状态（State）是 ESTABLISHED，表明 TCP 连接已成功建立。

注意

➢ netstat 命令可以显示协议统计信息和当前的 TCP/IP 网络连接。
➢ 参数“-a”显示所有连接和监听端口，“-n”以数字形式显示地址和端口号。
➢ 使用“netstat /?”可查看详细的说明。

可以看出，SYN 控制位只有在请求建立连接时才被置为 1。

TCP 使用面向连接的通信方式，大大提高了数据传输的可靠性，使发送端和接收端在数据正式传输之前就有了交互，为数据正式传输打下了坚实的基础。

7.3.2　断开连接

参加数据交换的双方中的任何一方（客户端或服务器）都可以关闭连接。TCP 断开连接分四步，也称为四次挥手，如图 7.7 所示。

（1）服务器向客户端发送 FIN 和 ACK 位置 1 的 TCP 报文段。

（2）客户端向服务器返回 ACK 位置 1 的 TCP 报文段。

（3）客户端向服务器发送 FIN 和 ACK 位置 1 的 TCP 报文段。

（4）服务器向客户端返回 ACK 位置 1 的 TCP 报文段。

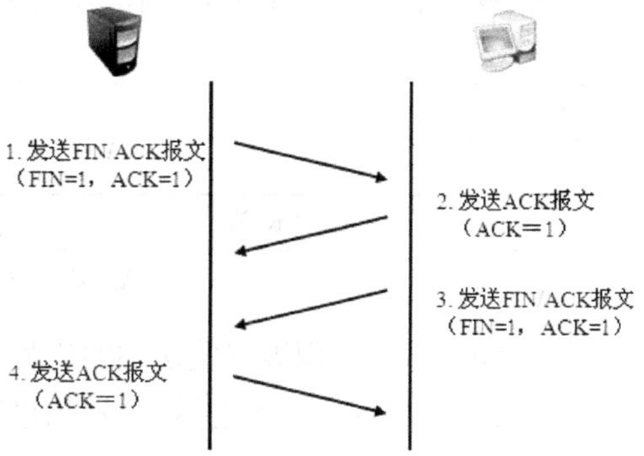

图7.7　TCP断开连接示意图

在 TCP 断开连接的过程中，有一个半关闭的概念。即 TCP 一方（通常是客户端）可以终止发送数据，但仍然可以接收数据，称为半关闭。具体描述如下。

（1）客户端发送 FIN 报文段，单方面关闭连接，服务器发送 ACK 报文段接受半关闭。

（2）服务器继续发送数据，而客户端只发送 ACK 确认，不再发送任何数据。

（3）当服务器把所有数据发送完毕后，就发送 FIN 报文段，客户再发送 ACK 报文段，这样就关闭了 TCP 连接。

思考

TCP 建立连接需要三次握手，为什么终止连接需要四次挥手？

请扫描二维码观看视频讲解。

TCP 三次握手和四次挥手

7.4　UDP 概述

UDP 与 TCP 一样，也用于处理数据包，是一种无连接的协议。在 OSI 参考模型中，

UDP 位于传输层，处于 IP 的上一层。UDP 具有不提供数据包的分组、组装且不能对数据包进行排序的缺点，也就是说，当报文发送之后，无法得知其是否安全完整到达。既然 UDP 有这样的缺点，为什么进程还愿意使用它呢？因为 UDP 也有优点，UDP 的首部结构简单，在数据传输时能实现最小的开销。如果进程想发送很短的报文而不关注可靠性，就可以使用 UDP。使用 UDP 发送很短的报文时，在发送端和接收端之间的交互要比使用 TCP 少得多。

UDP 首部的格式如图 7.8 所示。各字段的含义如下。

0　　　　　　　　　　15	16　　　　　　　　　　31 位
源端口号	目的端口号
UDP 长度	校验和

图7.8　UDP首部的格式

- 源端口号：标识数据发送端的进程，和 TCP 的端口号类似。
- 目的端口号：标识数据接收端的进程，和 TCP 的端口号类似。
- UDP 长度：指出 UDP 的总长度，为首部加上数据。
- 校验和：完成对 UDP 数据的差错检验，它的计算与 TCP 校验和类似。这也是 UDP 协议提供的唯一可靠性机制。

7.5 常见协议和端口

TCP 在网络中的应用范围很广，主要用于对数据传输可靠性要求高的环境中，如网页浏览使用的 HTTP 就是依赖 TCP 提供可靠性的。在使用 TCP 时，通信双方对数据的可靠性要求高，即使降低了一些数据传输率也是可以接受的。

如表 7-1 所示列出了一些 TCP 常用的端口及其功能。

表 7-1　TCP 端口及其应用

端口	协议	说明
21	FTP	FTP 服务器开放的控制端口
23	Telnet	用于远程登录，可以远程控制、管理目标计算机
25	SMTP	SMTP 服务器开放的端口，用于发送邮件
80	HTTP	超文本传输协议

UDP 在实际工作中的应用范围很广。例如，聊天工具 QQ 在发送短消息时就是使用了 UDP 的方式。不难想象，如果发送十几个字的短消息也使用 TCP 协议进行一系列的验证，将导致传输率大大下降。有谁会愿意用一个“反应迟钝”的软件进行网络聊天呢？在网络飞速发展的今天，虽然网络技术日新月异，但对于常用的简单数据传输来说，UDP 不失为一个很好的选择。在网络服务中也有用到 UDP 的，表 7-2 中列出了 UDP 常用的

一些端口。

表 7-2　UDP 常用的一些端口

端口	协议	说明
69	TFTP	简单文件传输协议
111	RPC	远程过程调用
123	NTP	网络时间协议

本章总结

本章介绍了传输层的两个主流协议：TCP 和 UDP，包括包格式、建立连接和断开连接等内容。本章属于传输层相关内容，其正常工作依赖底层的正常工作，即传输层依赖网络层才可以正常工作。至此，读者已经学习了 OSI 分层模型中 1～4 层的相关知识，学完本章内容后读者可以尝试站在全局角度看待整个网络通信过程，这对于更深一步理解网络将非常有帮助。

本章作业

一、选择题

1．TCP 建立连接时，（　　）控制位置 1。

A．SYN　　B．ACK　　C．RST　　D．FIN

2．断开 TCP 连接可以通过发送（　　）控制位为 1 的报文段来实现。

A．SYN　　B．ACK　　C．PSH　　D．FIN

3．HTTP 使用的传输层协议和端口分别是（　　）。

A．UDP 和 80　　B．UDP 和 69　　C．TCP 和 80　　D．TCP 和 69

二、判断题

1．Telnet 使用 TCP 协议的 23 号端口实现通信。（　　）

2．TCP 建立连接需要四次握手，断开连接需要三次挥手。（　　）

3．在 TCP 的第二个握手包中，SYN 标志位置 1。（　　）

4．UDP 比 TCP 可靠。（　　）

三、简答题

1．画图描述 TCP 的三次握手过程，并标识标志位的变化。

2．画图描述 TCP 断开连接的过程，并标识标志位的变化。

3．简述 TCP 的特点。

第 8 章

虚拟局域网

技能目标

- 了解 VLAN 的原理
- 了解中继的原理
- 学会配置 VLAN 和中继
- 理解单臂路由的通信过程
- 学会配置单臂路由
- 了解单臂路由的缺陷
- 了解三层交换的转发原理
- 学会配置三层交换机实现 VLAN 间的路由

随着网络规模不断扩大，接入的主机和设备越来越多，网络中的广播流量也随之加大。这样就会加重交换机的负担，甚至导致交换机死机，有没有一种方法可以分割交换机上的广播域呢？本章讲解的虚拟局域网（Virtual Local Area Network，VLAN）技术，可以从逻辑上将一个大的网络划分成若干小的虚拟局域网，从而分割交换机上的广播域。VLAN 技术不仅能够控制广播，还能够增强网络的安全性。但是网络划分了 VLAN 之后又面临新的问题，即如何解决随之而来的通信问题。本章将通过多种方式实现不同 VLAN 间的数据转发——单臂路由和三层交换机。

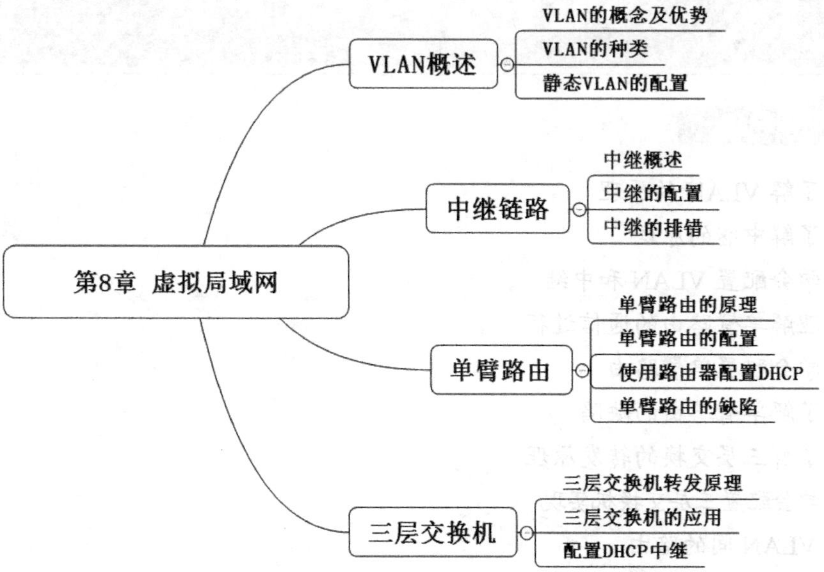

8.1 VLAN 概述

VLAN 是网络中的重要概念，下面重点介绍 VLAN 的相关知识。

8.1.1 VLAN 的概念及优势

在传统的交换式以太网中，所有的用户都在同一个广播域中。当网络规模较大时，广播包的数量会急剧增加，在广播包的数量占到传输总量的 30%时，网络的传输效率将会明显下降。特别是当某网络设备出现故障后，就会不停地向网络发送广播，从而导致广播风暴，使网络通信陷于瘫痪。那么，应该怎样解决出现的问题呢？可以使用分隔广播域的方法来解决这一问题，分隔广播域有两种方法。

➢ **物理分隔**。将网络从物理上划分为若干个小网络，使用能隔离广播的路由设备将不同的网络连接起来实现通信。

➢ **逻辑分隔**。将网络从逻辑上划分为若干个小的虚拟网络，即 VLAN。VLAN 工作在 OSI 参考模型的数据链路层，一个 VLAN 就是一个交换网络，其中的所有用户都在同一个广播域中，各 VLAN 通过路由设备连接实现通信。

使用物理分隔有很多缺点，它使得局域网的设计缺乏灵活性。例如，连接在同一台交换机上的用户只能划分在同一个网络中，而不能划分在多个不同的网络中。

虚拟局域网（Virtual Local Area Network，VLAN）是一组逻辑上的设备和用户，这些设备和用户并不受物理位置的限制，可以根据功能、部门及应用等将它们组织起来，它们相互之间的通信就好像位于同一个网段中一样，由此得名。VLAN 是一种比较新的技术，工作在 OSI 参考模型的第 2 层和第 3 层，一个 VLAN 就是一个广播域，VLAN 之间的通信通过第 3 层的路由器来完成。VLAN 的产生给局域网的设计增加了灵活性，使得网络管理员在划分工作组时，不再受限于用户所处的物理位置。VLAN 既可以在一台交换机上实现，也可以跨交换机实现。VLAN 可以根据网络用户的位置、作用或部门等进行划分，如图 8.1 所示。

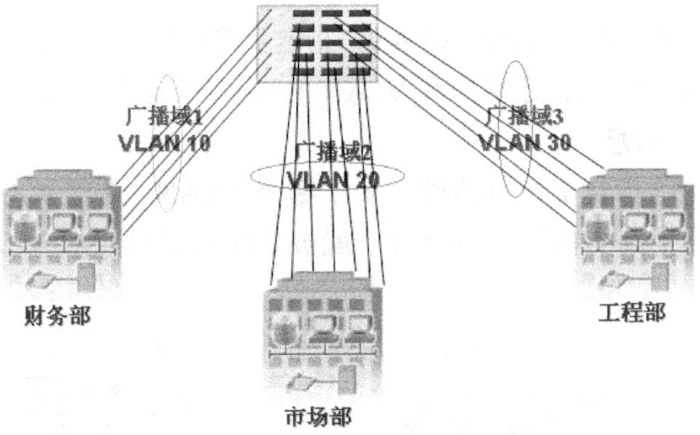

图8.1　VLAN的划分

VLAN 具有灵活性和可扩展性等特点，使用 VLAN 技术能带来以下好处。

1．控制广播

每个 VLAN 都是一个独立的广播域，这样就减少了广播对网络带宽的占用，提高了网络传输效率，并且一个 VLAN 出现广播风暴不会影响到其他的 VLAN。

2．增强网络安全性

由于只能在同一 VLAN 内的端口之间交换数据，不同 VLAN 的端口之间不能直接访问，因此 VLAN 可以限制个别主机访问服务器等资源，所以通过划分 VLAN 可以提高网络的安全性。

3．简化网络管理

在交换式以太网中，如果网络管理员对某些用户重新进行网段分配，则需要对网络系统的物理结构进行调整，甚至需要追加网络设备，这样会增大网络管理的工作量。而对于采用 VLAN 技术的网络来说，一个 VLAN 可以根据部门职能、对象组或者应用的不同将位于不同地理位置的用户划分为一个逻辑网段，在不改动网络物理连接的情况下可以任意地在工作组或子网之间移动工作站。VLAN 技术大大减轻了网络管理和维护工作的负担，降低了网络维护的费用。

请扫描二维码观看视频讲解。

VLAN 概述

8.1.2 VLAN 的种类

根据 VLAN 使用和管理的方式不同，可以将 VLAN 分为两种：静态 VLAN 和动态 VLAN。

1. 静态 VLAN

静态 VLAN 是基于端口划分的 VLAN，指定了哪些端口与特定的 VLAN 相关联。这就直接在每个交换机上实现了端口和 VLAN 的映射，但这种映射只在本地有效，交换机之间并不共享这一信息。

静态 VLAN 明确指定交换机的端口属于哪个 VLAN，这需要网络管理员手动配置。当用户主机连接到交换机端口上时，就被分配到了对应的 VLAN 中，如图 8.2 所示。

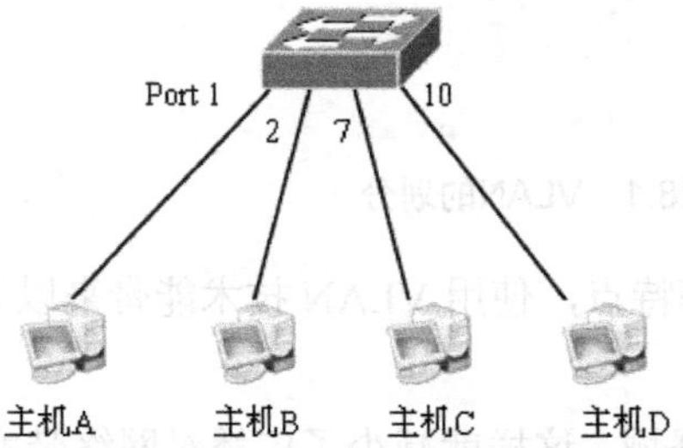

VLAN表

端口	所属VLAN
Port 1	VLAN 5
Port 2	VLAN 10
……	……
Port 7	VLAN 5
……	……
Port 10	VLAN 10

图8.2 基于端口的VLAN使用

这种端口和 VLAN 之间的映射只在本地有效，交换机之间不能共享这一信息。

2. 动态 VLAN

动态 VLAN 是根据终端用户的 MAC 地址，决定属于哪一个 VLAN。VLAN 管理策略服务器（VLAN Management Policy Server，VMPS）中包含一个文本文件，文件中存有 VLAN 与 MAC 地址的对应表。交换机对这个文件进行下载，然后对文件中的 MAC 地址进行校验。

基于MAC地址的动态VLAN是根据主机的MAC地址自动将其指派到合适的VLAN中。这种 VLAN 划分方法的最大优点是：当用户的物理位置移动时，即从一个交换机转到其他的交换机时，VLAN 不用重新配置。这种方法的缺点是：初始化时所有的用户都必须进行配置，如果有几百个甚至上千个用户，配置任务将非常繁重。所以这种划分方法不适用于大型局域网。

8.1.3 静态 VLAN 的配置

1. VLAN 的范围

Cisco Catalyst 交换机最多能支持 4096 个 VLAN，表 8-1 列出了 Catalyst 交换机中 VLAN 的分配情况。

表 8-1 VLAN 范围

VLAN 的 ID 范围	范围	用途
0、4095	保留	仅限系统使用。用户不能查看和使用这些 VLAN
1	正常	Cisco 默认的 VLAN。用户能够使用该 VLAN，但不能删除它
2～1001	正常	用于以太网的 VLAN。用户可以创建、使用和删除这些 VLAN
1002～1005	正常	用于 FDDI 和令牌环网的默认 VLAN。用户不能删除这些 VLAN
1006～1024	保留	仅限系统使用。用户不能查看和使用这些 VLAN
1025～4094	扩展	仅用于以太网 VLAN

所有的 Catalyst 交换机都支持 VLAN，但不同型号的交换机支持的 VLAN 数目不同。例如，Catalyst 2960 最多能够支持 255 个 VLAN，而 Catalyst 3560 最多能够支持 1024 个 VLAN。

2. VLAN 基本配置

在交换机上配置基于端口的 VLAN 的具体步骤如下。

（1）创建 VLAN

在 Cisco IOS 中创建 VLAN 有两种方法：VLAN 数据库配置模式和全局配置模式。

① VLAN 数据库配置模式

此模式只支持 VLAN 正常范围（1～1005）。表 8-2 列出了 VLAN 数据库配置模式下创建 VLAN 的命令。

表 8-2 VLAN 数据库配置模式下创建 VLAN 的命令

步骤	命令	目的
第 1 步	vlan database	进入 VLAN 配置状态
第 2 步	vlan vlan-id[name vlan-name]	创建 VLAN 号及 VLAN 名（可选）
第 3 步	exit	更新 VLAN 数据库库并退出

例如，创建 ID 为 20、名称为 test20 的 VLAN，其执行过程如下。

```
Switch# vlan database
Switch(vlan)# vlan 20 name test20
Switch(vlan)# exit
APPLY completed.
Exiting……
```

② 全局配置模式

此模式不仅支持 VLAN 正常范围，还支持 VLAN 数据库配置模式不能配置的扩展范围的 VLAN。表 8-3 列出了在全局配置模式下创建 VLAN 的命令。

表 8-3 在全局配置模式下创建 VLAN 的命令

步骤	命令	目的
第 1 步	configure terminal	进入配置状态
第 2 步	vlan vlan-id	输入一个 VLAN 号，进入 VLAN 配置状态
第 3 步（可选）	name vlan-name	输入一个 VLAN 名。如果没有配置 VLAN 名，默认的名称是 VLAN 号前面用 0 填满的四位数，如 VLAN0004 是 VLAN4 的默认名称
第 4 步	exit 或 end	退出

例如，创建 ID 为 20、名称为 test20 的 VLAN，其执行过程如下。

```
Switch# configure terminal
Switch(config)# vlan 20
Switch(config-vlan)# name test20
Switch(config-vlan)# exit
```

注意

Cisco 推荐使用全局配置模式来定义 VLAN。因为 VLAN 数据库配置模式已经被认为是一种过时的方法，未来的 IOS 版本将不再支持它。

要删除 ID 为 20 的 VLAN，需要使用“no vlan vlan-id”命令。其执行过程如下。

```
Switch# configure terminal
Switch(config)# no vlan 20
```

也可以在 VLAN 数据库中删除 VLAN，其执行过程如下。

```
Switch# vlan database
Switch(vlan)# no vlan 20
Switch(vlan)# exit
```

（2）将交换机的端口加入到相应的 VLAN 中

表 8-4 列出了将一个交换机的端口分配到已定义好的 VLAN 中的步骤。

表 8-4 将端口分配到 VLAN 中的命令

步骤	命令	目的
第 1 步	configure terminal	进入配置状态
第 2 步	interface interface-id	进入要分配的端口
第 3 步	switchport mode access	定义二层端口的模式
第 4 步	switchport access vlan vlan-id	把端口分配给某一 VLAN
第 5 步	exit 或 end	退出

例如，将端口 fastethernet0/1 分配到 VLAN 2，其执行过程如下。

```
Switch# configure terminal
Switch(config)# interface fastethernet0/1
Switch(config-if)# switchport mode access
```

```
Switch(config-if)# switchport access vlan 2
Switch(config-if)# exit
```

使用下面的命令可以还原接口到默认配置状态。

```
Switch(config)#default interface interface-id
```

（3）验证 VLAN 的配置

查看 VLAN 信息的命令如下。

```
Switch# show vlan brief
```

查看某个 VLAN 信息的命令如下。

```
Switch# show vlan id vlan-id
```

3. VLAN **配置实例**

在一台 Catalyst 2960 交换机上创建 VLAN 10、VLAN 20 和 VLAN 30，将 VLAN 30 命名为 caiwu，并将交换机的端口 5～10 添加到 VLAN 10 中，将交换机的端口 11～15 添加到 VLAN 20 中，将交换机的端口 16～20 添加到 VLAN 30 中，其配置命令如下。

```
Switch#config terminal
Switch(config)#vlan 10,20
Switch(config-vlan)#exit
Switch(config)#vlan 30
Switch(config-vlan)#name caiwu
Switch(config-vlan)#exit

Switch(config)#interface range f0/5 – 10
Switch(config-if-range)#switchport mode access
Switch(config-if-range)#switchport access vlan 10
Switch(config-if-range)#exit

Switch(config)#interface range f0/11 – 15
Switch(config-if-range)#switchport mode access
Switch(config-if-range)#switchport access vlan 20
Switch(config-if-range)#exit

Switch(config)#interface range f0/16 – 20
Switch(config-if-range)#switchport mode access
Switch(config-if-range)#switchport access vlan 30
Switch(config-if-range)#end
```

查看 VLAN 信息，结果如下。

```
Switch#showvlan brief
VLAN Name                    Status          Ports
---------------------------------------- ------------------------------------------
1     default                active          Fa0/1, Fa0/2, Fa0/3, Fa0/4
                   Fa0/21, Fa0/22,Fa0/23, Fa0/24
10    VLAN0010               active          Fa0/5, Fa0/6, Fa0/7, Fa0/8
                   Fa0/9, Fa0/10
20    VLAN0020               active          Fa0/11, Fa0/12, Fa0/13, Fa0/14
```

			Fa0/15
30	caiwu	active	Fa0/16, Fa0/17, Fa0/18,Fa0/19
			Fa0/20
1002	fddi-default	act/unsup	
1003	token-ring-default	act/unsup	
1004	fddinet-default	act/unsup	
1005	trnet-default	act/unsup	

8.2 中继链路

通过前面的学习，读者已经能够在交换机上划分 VLAN 了。但是当网络中存在多台交换机时，位于不同交换机上的相同 VLAN 的主机之间如何通信呢？这就是本节要解决的问题，即跨交换机的 VLAN 通信。

8.2.1 中继概述

1. 中继的作用

在路由/交换网络中，Trunk 通常被称为“中继（遗传）”。如图 8.3 所示，在两台交换机 SW1 和 SW2 上分别创建了 VLAN 10、VLAN 20 和 VLAN 30，如何才能让连接在不同交换机上的相同 VLAN 间的主机通信呢？

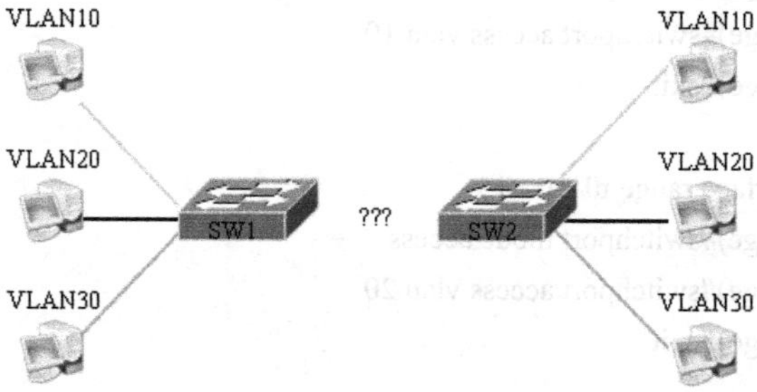

图8.3 跨交换机的VLAN通信

如果为每个 VLAN 都连接一条物理链路，那么两台交换机之间有几个 VLAN，就需要在两台交换机之间连接几条物理链路，如图 8.4 所示。

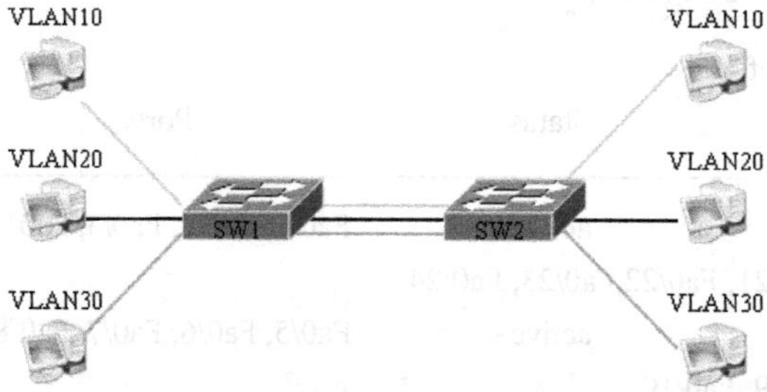

图8.4 使用多条物理链路连接多个VLAN

这种连接方式会带来很大的扩展性问题，即随着 VLAN 数量的增加，需要在两台交换机之间连接多条物理链路，从而占用很多交换机端口，这显然是不可取的。

在现实生活中运送货物，为了使不同类型的货物在到达目的地后能被正确地区分开，通常的做法是在货物上贴不同的标签。在 VLAN 中，由于不同 VLAN 的 VLAN 号不同，实际上可以只使用一条中继链路，为属于不同 VLAN 的数据帧打上不同的标识即可，如图 8.5 所示。

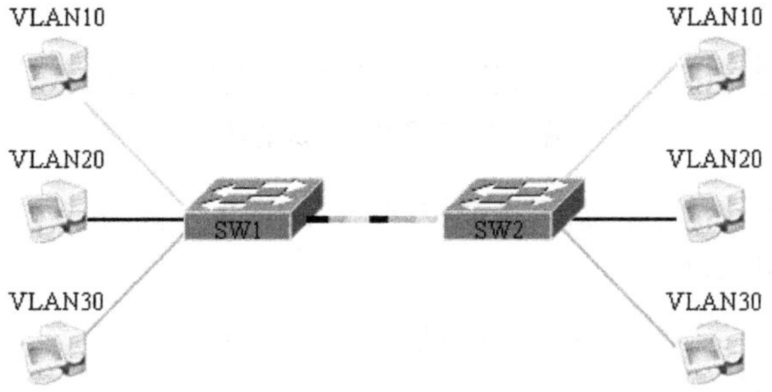

图8.5　使用一条中继链路连接多个VLAN

在交换网络中，有两种链路类型：接入链路和中继链路。接入链路通常属于一个 VLAN。图 8.5 中的主机与交换机之间的链路就是接入链路。中继链路可以承载多个 VLAN。图 8.5 中的交换机 SW1 与 SW2 之间的链路就是中继链路。中继链路常用来将一台交换机连接到其他交换机上，或者将交换机连接到路由器上。

Trunk（干道、中继）的作用就是使同一个 VLAN 能够跨交换机通信。如图 8.6 所示，在 VLAN 跨交换机通信的过程中，数据帧会有什么变化呢？

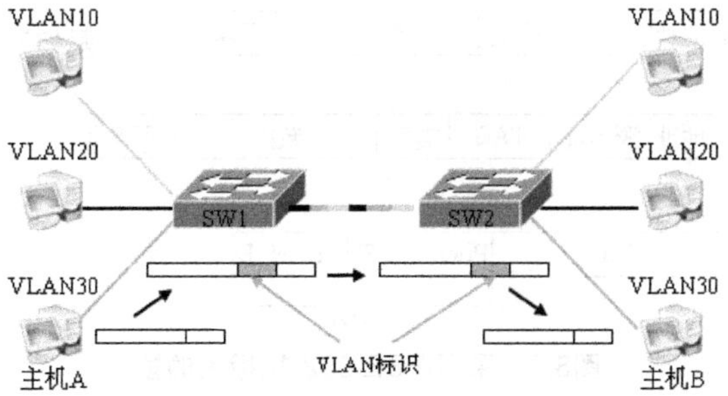

图8.6　数据帧通过中继链路时的标记过程

（1）当 VLAN30 中的主机 A 发送数据帧给主机 B 时，主机 A 发送的数据帧是普通的数据帧。

（2）交换机 SW1 接收到数据帧，知道这个数据帧来自 VLAN30 且要转发给 SW2，于是就会在数据帧中打上 VLAN30 的标识，然后发送给 SW2。

（3）SW2 接收到带有 VLAN30 标识的数据帧后，根据目标 MAC 地址，得知数据帧是发给主机 B 的，就删除 VLAN 标识，还原为普通的数据帧，然后转发给主机 B。

2. VLAN 的标识

VLAN 的标识方法有多种，每一种标识方法都使用一种不同的帧标识机制。在以太网上实现中继，可采用如下两种封装类型。

（1）ISL

交换机间链路（Inter-Switch Link，ISL）是 Cisco 私有的标记方法，采用 ISL 标识的帧如图 8.7 所示。

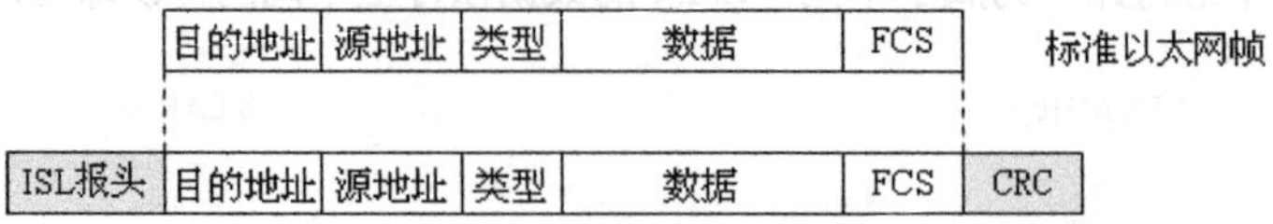

图8.7　采用ISL标识的帧

ISL 报头封装 26 个字节，循环冗余校验（Cyclic Redundancy Check，CRC）是尾部四个字节，总共 30 个字节。

ISL 只是对帧进行封装，并没有修改帧中的任何内容。

（2）IEEE 802.1q

IEEE 802.1q 是公有的标记方法，其他厂商的产品也支持。

链路双方的设备要使用相同的标记方法。例如，Cisco 交换机与其他厂商的交换机互连，就要使用标准的 IEEE 802.1q 协议，这是因为其他厂商的设备不支持 Cisco 私有的 ISL 标记方法。

下面重点介绍 IEEE 802.1q 的工作原理和帧格式。IEEE 802.1q 使用了一种内部标记机制。中继设备将 4 字节的标记插入到数据帧内，并重新计算 FCS。如图 8.8 所示，采用 IEEE 802.1q 标识的帧在标准以太网帧内插入了 4 字节。

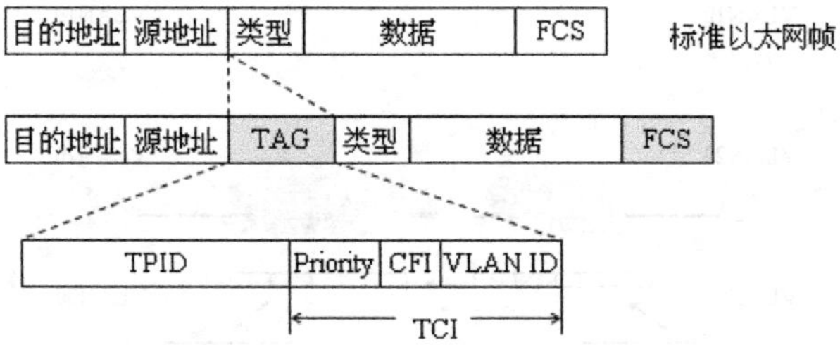

图8.8　采用IEEE 802.1q标识的帧

这个 4 字节的标记头包含以下内容。

① 2 字节标记协议标识符（TPID）：包含一个固定值 0x8100，这个特定的 TPID 值指明了该帧带有 IEEE 802.1q 的标记信息。

② 2 字节标记控制信息（TCI）：包含了下面的字段。

➢ 3 位的用户优先级（Priority）：IEEE 802.1q 不使用该字段。

➢ 1 位的规范格式标识符（CFI）：CFI 常用于以太网和令牌环网。在以太网中，CFI 的值通常设置为 0。

➢ 12 位 VLAN 标识符（VLAN ID）：唯一标识了帧所属的 VLAN，又称 VLAN 标签。VLAN ID 可以唯一地标识 4096 个 VLAN，但 VLAN 0 和 VLAN 4095 是被保留的。

如图 8.9 所示是实际抓到的 IEEE 802.1q 封装的数据帧，其 VLAN ID 为 2。

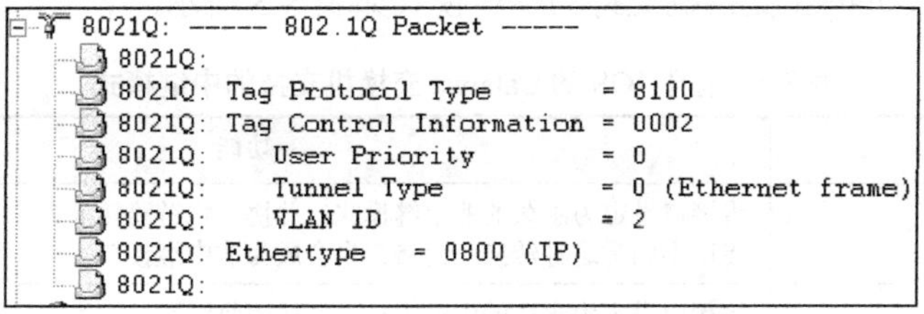

```
8021Q: ----- 802.1Q Packet -----
  8021Q:
  8021Q: Tag Protocol Type          = 8100
  8021Q: Tag Control Information    = 0002
  8021Q:     User Priority          = 0
  8021Q:     Tunnel Type            = 0 (Ethernet frame)
  8021Q:     VLAN ID                = 2
  8021Q: Ethertype    = 0800 (IP)
  8021Q:
```

图8.9　802.1q封装的数据帧

3. Native VLAN

IEEE 802.1q 在设计时，为了与不支持 VLAN 的交换机混合部署，特地设计了一个 Native VLAN，它允许交换机从中继端口上转发未被标记的帧。在 Cisco Catalyst 交换机上，默认的 Native VLAN 是 VLAN 1，但可以配置。Native VLAN 的数据帧在中继链路中是未被标记的，如图 8.10 所示。

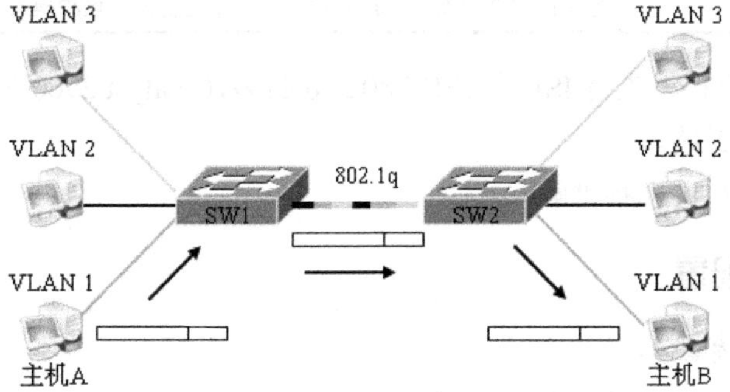

图8.10　数据帧在Native VLAN中的传送

传于两台设备之间的中继端口会要求链路两侧具有相同的 Native VLAN 配置。

注意

Native VLAN 是 IEEE 802.1q 中的概念，ISL 中并没有 Native VLAN，即 ISL 对中继链路上的所有数据帧都进行 VLAN 标记。

4. 中继的模式和协商

通过前面的介绍我们知道，中继是两台 Cisco Catalyst 交换机端口之间或者交换机和路由器之间的一条点对点链路。中继可以传输多个 VLAN 的数据流，并且允许用户将 VLAN 从一台交换机扩展到多台交换机。

ISL 和 IEEE 802.1q 的配置要视 Cisco 交换机的 IOS 而定，可以指定中继链路使用 ISL 封装、IEEE 802.1q 封装或者自动协商等封装类型。

自动协商是由动态中继协议（Dynamic Trunking Protocol，DTP）管理的。DTP 为 Cisco 专有，它同时支持 ISL 和 IEEE 802.1q，但只能用于交换机之间的中继链路，不能用于交换机和路由器之间的中继链路。Cisco Catalyst 交换机端口默认开启 DTP 协商。

基于 IOS 的 Catalyst 交换机支持的中继模式如表 8-5 所示。

表 8-5　基于 IOS 的 Catalyst 交换机支持的中继模式

模式	功能
接入（access）	将接口设定为永久的非中继模式，并协商将链路转换为非中继链路。即使邻接接口不同意这种转换，此接口也会成为非中继接口
中继（trunk）	将接口设定为永久的中继模式，并协商将链路转换为中继链路。即使邻接接口不同意这种转换，此接口也会成为中继接口
动态期望（dynamic desirable）	使接口主动尝试将链路转换为中继链路。如果邻接接口被设置为 trunk、dynamic desirable 或 dynamic auto 模式，此接口就会成为中继接口。此模式是采用 Cisco IOS 软件的所有以太网接口的默认模式
动态自动（dynamic auto）	允许接口将链路转换为中继链路。如果邻接接口被设置为 trunk 或 dynamic desirable 模式，此接口会成为中继接口
非协商（nonegotiate）	禁止接口产生 DTP 帧（首先需要将接口设定为 trunk 模式）。建立中继链路，必须手动将邻接接口配置为 trunk 模式，如果邻接接口是 dynamic desirable 或 dynamic auto 模式，则邻接接口最终会成为 access 接口。如果所连接的设备不支持 DTP 帧（如非 Cisco 设备），就适合采用这种模式

Catalyst 3560 交换机支持 ISL 和 IEEE 802.1q 封装，Catalyst 2960 只支持 IEEE 802.1q 封装，不支持 ISL 封装。

请扫描二维码观看视频讲解。

Trunk 链路

8.2.2　中继的配置

1. 配置步骤与命令

（1）进入接口配置模式，命令如下。

Switch(config)#interface {FastEthernet|GigabitEthernet} slot/port

（2）选择封装类型，命令如下。

Switch(config-if)#switchport trunk encapsulation {isl | dot1q | negotiate}

选择 negotiate，就是指明端口与邻接端口进行协商。根据邻接端口的配置，本地端口可以协商成为 ISL 或 802.1q 封装。

（3）将接口配置为 trunk，命令如下。

Switch(config-if)#switchport mode {dynamic {desirable | auto} | trunk}

（4）（可选）指定 Native VLAN，命令如下。

Switch(config-if)#switchport trunk native vlan*vlan-id*

另外，如果不需要中继传送某个 VLAN 的数据，则可以从中继中删除这个 VLAN，命令如下。

Switch(config-if)#switchport trunk allowed vlanremove*vlan-id*

同样，也可以在中继中添加某个 VLAN，命令如下。

Switch(config-if)#switchport trunk allowed vlan add *vlan-id*

使用 show 命令验证接口模式，命令如下。

Switch#show interface *interface*-idswitchport

2. 配置实例

如图 8.11 所示，两台交换机 SW1 和 SW2 各划分了三个 VLAN，端口分配如下。

VLAN1：F0/1～F0/3，VLAN2：F0/4～F0/10，VLAN3：F0/11～F0/23。

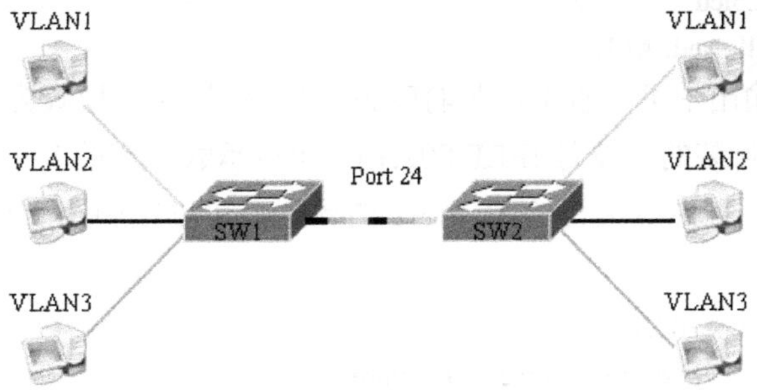

图8.11　VLAN通信实例拓扑图

两台交换机的配置类似，下面以 SW1 为例介绍中继配置与验证的过程。

（1）在交换机上添加 VLAN，命令如下。

```
SW1#config terminal
SW1(config)#vlan 2,3
SW1(config-vlan)#exit
```

（2）将接口添加到相应的 VLAN 中，命令如下。

```
SW1(config)#interface range f0/4 – 10
SW1(config-if-range)#switchport mode access
SW1(config-if-range)#switchport access vlan 2

SW1(config)#interface range f0/11 – 23
SW1(config-if-range)#switchport mode access
SW1(config-if-range)#switchport access vlan 3
```

（3）配置交换机之间互连的端口为 trunk 模式，命令如下。

```
SW1(config)#interface f0/24
SW1(config-if)#switchport mode trunk
```

（4）在另一台交换机上执行类似的配置，完成后，使用 show 命令进行验证，命令如下。

```
SW1#show interface f0/24 switchport
Name: Fa0/24
Switchport: Enabled
Administrative Mode: trunk
Operational Mode: trunk
Administrative Trunking Encapsulation: dot1q
Operational Trunking Encapsulation: dot1q
Negotiation of Trunking: On
Access Mode VLAN: 1 (default)
Trunking Native Mode VLAN: 1 (default)
Voice VLAN: none
Administrative private-vlan host-association: none
```

```
Administrative private-vlan mapping: none
Operational private-vlan: none
Trunking VLANs Enabled: ALL
Pruning VLANs Enabled: 2-1001
Capture Mode Disabled
Capture VLANs Allowed: ALL
```

从上面的命令输出中可以看出，在端口 F0/24 上配置接口模式为 trunk，并且工作模式也是 trunk。中继封装的协议是 IEEE 802.1q，可以承载所有的 VLAN。

（5）如果不需要在中继上传输 VLAN2 的数据，可以在中继上移除 VLAN2，命令如下。

```
SW1(config)#interface f0/24
SW1(config-if)#switchport trunkallowedvlan remove 2
SW1(config-if)#end

SW1#show interface f0/24 switchport
Name: Fa0/24
Switchport: Enabled
Administrative Mode: trunk
Operational Mode: trunk
Administrative Trunking Encapsulation: dot1q
Operational Trunking Encapsulation: dot1q
Negotiation of Trunking: On
Access Mode VLAN: 1 (default)
Trunking Native Mode VLAN: 1 (default)
Voice VLAN: none
Administrative private-vlan host-association: none
Administrative private-vlan mapping: none
Operational private-vlan: none
Trunking VLANs Enabled: 1,3-1005
Pruning VLANs Enabled: 2-1001
Capture Mode Disabled
```

从“show interface f0/24 Switchport”命令的输出中可以看出，中继中已经移除了 VLAN2。

8.2.3 中继的排错

VLAN 中的常见故障是设备不能跨越中继链路建立连接。为了排除中继端口的故障，需要验证下列配置是否正确。

1. **接口模式**

要确保至少一侧链路的中继模式是 trunk 或 dynamic desirable。通过命令“show interface interface-id trunk”可以验证接口的中继配置。

2. **封装类型**

确保链路两端的中继封装类型兼容。

3. Native VLAN

如果使用 IEEE 802.1q 封装，就要确保中继链路两端的 Native VLAN 配置相同。

下面以图 8.12 所示的拓扑环境为例进行介绍。

- PC1 和 PC3 属于 VLAN 2，其 IP 地址分别为 192.168.0.2/24，192.168.0.3/24。
- PC2 和 PC4 属于 VLAN 3，其 IP 地址分别为 192.168.1.2/24、192.168.1.3/24。

网络管理员配置设备后发现属于相同 VLAN 的主机之间无法通信，应如何解决？

SW1 的配置信息如下。

```
interface FastEthernet0/1
switchport access vlan 2
switchport mode access
!
interface FastEthernet0/2
switchport access vlan 3
switchport mode access
!
interface FastEthernet0/24
switchport mode dynamic auto
!
```

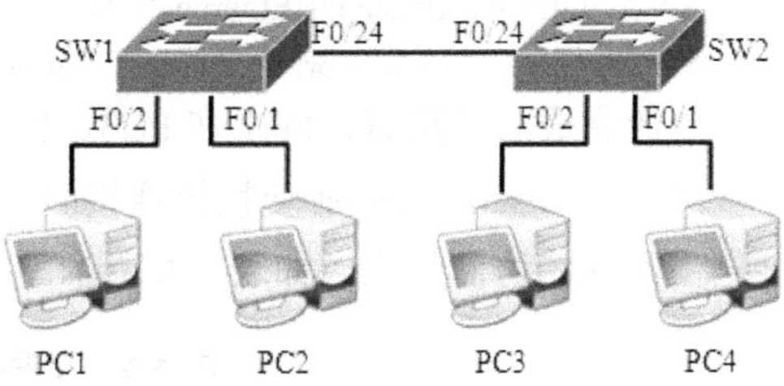

图8.12　Trunk排错案例拓扑图

SW2 的配置信息如下。

```
interface FastEthernet0/1
switchport access vlan 2
switchport mode access
!
interface FastEthernet0/2
switchport access vlan 3
switchport mode access
!
interface FastEthernet0/24
switchport mode dynamic auto
!
```

首先，需要确定交换机之间的连通性；然后，再查看交换机的配置和端口的协商。经检查，交换机的物理链路正常，再使用“show interface fastenternet 0/24 switchport”命令查看接口模式。

```
SW1#show interface fastethernet 0/24 switchport
Name: Fa0/24
Switchport: Enabled
Administrative Mode: dynamic auto                         //管理模式
Operational Mode: static access                           //工作模式
Administrative Trunking Encapsulation: negotiate          //管理的 Trunk 封装模式
Operational Trunking Encapsulation: native
Negotiation of Trunking: On
Access Mode VLAN: 1 (default)
```

```
Trunking Native Mode VLAN: 1 (default)
Administrative Native VLAN tagging: enabled
......
```

观察发现、SW1、SW2 的 F0/24 接口的工作模式为 access 模式，导致网络不通。分别更改 SW1 和 SW2 交换机的 F0/24 接口的模式，使其成为 trunk 模式，配置如下。

```
SW1(config)#interface fastEthernet 0/24
SW1(config-if)#switchport mode trunk //将接口模式改为 trunk

SW2(config)#interface fastEthernet 0/24
SW2(config-if)#switchport mode trunk //将接口模式改为 trunk
```

更改完成后经测试，PC1 和 PC3、PC2 和 PC4 能够正常通信。

当两台 Cisco Catalyst 交换机连接时，连接的端口会进行协商，由于端口配置不同，会产生不同的协商结果，如表 8-6 所示。

表 8-6　交换机端口协商对应表

SW1 端口模式	SW2 端口模式	SW1 协商结果	SW2 协商结果
trunk	dynamic auto	trunk	trunk
trunk	dynamic desirable	trunk	trunk
dynamic auto	dynamic auto	access	access
dynamic auto	dynamic desirable	trunk	trunk
dynamic desirable	dynamic desirable	trunk	trunk
trunk、nonegotiate	Trunk	trunk	trunk
trunk、nonegotiate	dynamic auto	trunk	access
trunk、nonegotiate	dynamic desirable	trunk	access

在局域网中，使用 VLAN 技术可以大大改善网络的工作效率，同时让管理者更容易管理网络。需要注意的是，实施 VLAN 技术的真正目的是隔离广播域，也就是避免网络中出现大量的广播，从而影响网络通信效率，但是隔离广播的同时，不同 VLAN 之间的通信也被阻塞了。在生产环境中，不同 VLAN 之间的通信是必需的，比如服务器和客户机分别属于不同的 VLAN，客户机需要访问服务器的场景。本章后面部分将介绍解决不同 VLAN 间通信的两种方式：单臂路由和三层交换机。

8.3 单臂路由

单臂路由是解决不同 VLAN 间通信的方式之一，在小型网络中的适用场景比较多。

8.3.1 单臂路由的原理

如图 8.13 所示，假设主机 A 属于 VLAN 10，主机 B 属于 VLAN 20，且两台主机分别连接到 SW1 的 F0/1 和 F0/2 接口上。通过上一章所学的知识可以知道，两台主机被中间的交换机逻辑隔开，不能直接通信。一般不同 VLAN 的主机被分配的 IP 地址也属于不同网段，所以不同网段间的主机通信必须借助网关。上述分析说明，要想实现 VLAN 间通信，就必须借助其他设备，如路由器等。下面通过分析几个问题来详细了解 VLAN 间路由的概念。

1. 链路类型

首先需要知道图 8.13 中的链路类型。连接两台主机的链路毋庸置疑是 access 链路，关键是路由器和交换机之间的链路属于什么链路？由于主机 A 和主机 B 分别属于不同的 VLAN，两台主机发送的流量都通过该链路，因此，这条链路应该是中继链路。

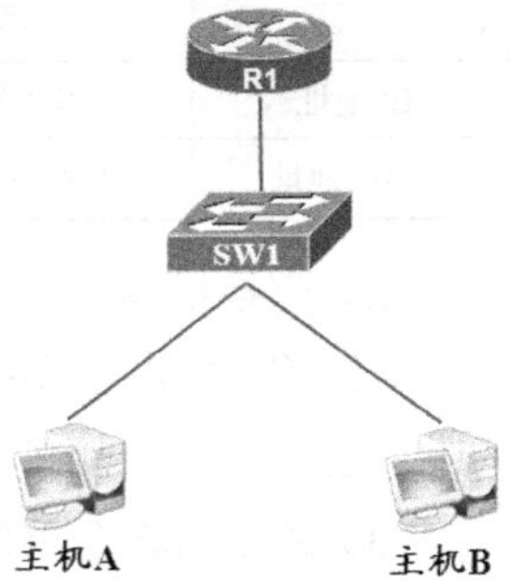

图8.13 单臂路由

2. 子接口

主机 A 与主机 B 通信，由于双方属于不同的网段，所以主机 A 首先与网关通信，主机 A 的网关应该是 R1，主机 B 的网关也应该是 R1，一个路由器接口如何成为多个网段的网关呢？路由器的物理接口可以被划分成多个逻辑接口，这些划分后的逻辑接口被形象地称为子接口。例如，F0/1 接口可以被划分成 F0/1.1、F0/1.2、F0/1.3 等多个子接口。值得注意的是，这些逻辑子接口并不能被单独开启或关闭，也就是说，当物理接口被开启或关闭时，该接口的所有子接口也随之被开启或关闭。

3. VLAN 标签的转换

R1 在转发数据的过程中，除了要重新封装数据的 MAC 地址之外，还要转换 VLAN 的标签。当主机 A 发送数据帧给网关路由器时，数据帧中的标签属于 VLAN 10，当数据帧从路由器中转发出来时，VLAN 的标签就被转换为 VLAN 20，如图 8.14 所示。

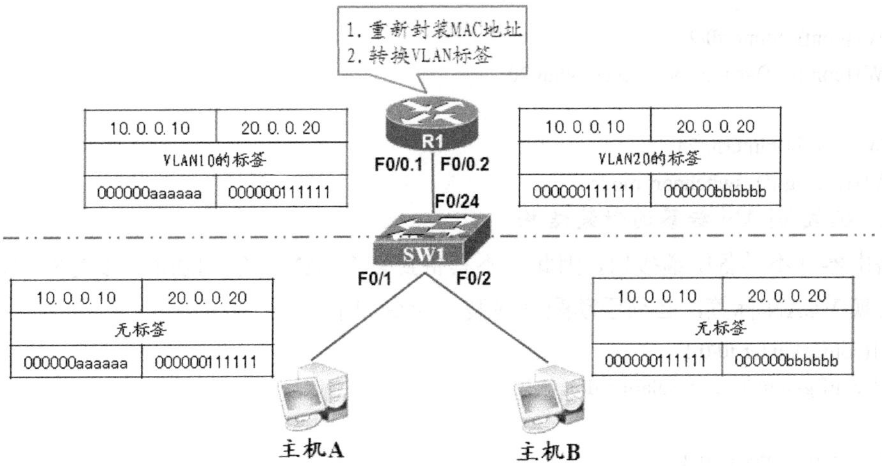

图8.14 VLAN标签的转换

由上述三个问题的说明，我们对 VLAN 间路由有了简单的了解。下面就主机 A 与主机 B 间的通信来展示这一过程。

（1）如表 8-7 所示，主机 A 发送数据的目标 IP 地址为主机 B 的 IP 地址，而目标

MAC 地址为网关的 MAC 地址，即 R1 的 F0/0.1 接口的 MAC 地址（这里省略了 ARP 的过程）。由于数据帧为主机所发出，所以没有任何标签。

表 8-7　主机及设备的 IP 地址和 MAC 地址

	主机 A	主机 B	R1 的 F0/0.1	R1 的 F0/0.2
IP 地址	10.0.0.10/24	20.0.0.20/24	10.0.0.1/24	20.0.0.1/24
MAC 地址	000000aaaaaa	000000bbbbbb	000000111111	000000111111

（2）交换机属于二层设备，并不会重新封装二层的帧结构，但由于转发的目的方向为中继链路，所以交换机要给该数据帧封装 VLAN 标签，于是从交换机转发出去的数据的唯一变化就是增加了 VLAN 标签。

（3）路由器将会重新封装二层数据帧，目标和源 MAC 地址都发生改变。除此之外，路由器转发出来的数据将属于新的广播域——VLAN 20，所以路由器还需更换数据帧中的 VLAN 标签。

（4）交换机将再次转发数据帧，与步骤（2）不同的是，它将数据帧中的标签拆掉。

8.3.2　单臂路由的配置

本小节集中介绍单臂路由的配置，继续沿用上一节的拓扑图（见图 8.13）。需要提醒读者的是，8.3.1 节中介绍的三个问题都是我们配置时需要注意的。

1. 配置链路类型

为交换机各个接口配置链路类型，命令如下。

```
SW1(config)#interf0/1
SW1(config-if)#switchport access vlan 10

SW1(config)#interf0/2
SW1(config-if)#switchport access vlan 20

SW1(config)#interf0/24
SW1(config-if)#switchport mode trunk
```

2. 配置 VLAN 标签的封装结构

路由器并不具备中继接口，因此也不具备封装 VLAN 标签的功能。要想实现由路由器来转换 VLAN 标签，必须手动配置封装，命令如下。

```
R1(config)#inter f0/0.1
R1(config-subif)#encapsulation dot1Q 10

R1(config)#inter f0/0.2
R1(config-subif)#encapsulation dot1Q 20
```

3. 配置子接口地址

这里需要路由器的子接口成为网关，因此给路由器的子接口配置 IP 地址，命令如下。

```
R1(config)#inter f0/0.1
R1(config-subif)#ip add 10.0.0.1 255.255.255.0
```

```
R1(config)#inter f0/0.2
R1(config-subif)#ip add 20.0.0.1 255.255.255.0
```

8.3.3 使用路由器配置 DHCP

1. 实现步骤与配置命令

在 Cisco 路由器上配置 DHCP 服务的详细过程如下。

（1）定义 IP 地址池

Router(config)#ipdhcp pool *pool-name*

pool-name：地址池的名称，一般用具有某种含义的字符串表示。

（2）动态分配 IP 地址段

Router(dhcp-config)#network *network-number* mask

network-number mask：可动态分配给客户端主机的 IP 地址范围。

（3）设定网关地址

Router(dhcp-config)#default-router *gateway-ip*

gateway-ip：为客户端主机指定的网关地址。

（4）为客户端配置 DNS 地址

Router(dhcp-config)#dns-server *dns-ip*

dns-ip：为客户端主机指定的 DNS 服务器地址，该命令可以后跟多个备用的 DNS 地址。

（5）设定地址的租期

Router(dhcp-config)#lease *days*

days：表示地址租期。

（6）预留静态分配的 IP 地址

Router(config)#ipdhcp excluded-address *low-address [high-address]*

斜体部分表示预留的地址范围，*low-address* 为地址范围中的首地址，*high-address* 为地址范围中的尾地址。如果需要预留多个不连续的地址，可以多次执行此命令。

例如，预留地址 192.168.100.20～192.168.100.30、192.168.100.100 的配置命令如下。

```
Router(config)#ipdhcp excluded-address 192.168.100.20 192.168.100.30
Router(config)#ipdhcp excluded-address 192.168.100.100
```

2. 配置实例

以前面单臂路由（见图 8.13）为例进行配置，为了显得更加真实一点，适当更改一下需求。

- 客户端主机从 2 台变成 60 台（每个 VLAN 30 台），IP 地址段分别为 192.168.1.0/24 和 192.168.2.0/24。
- 公司内没有 DNS 服务器，需要选用外网的 DNS 服务器，首选 DNS 为 202.106.0.20，备用 DNS 为 202.106.148.1；另外，默认网关分别为 192.168.1.1 和 192.168.2.1，这些地址都需要通过 DHCP 服务器功能分配给客户端主机。
- VLAN 10 中有两台服务器：打印服务器（192.168.1.33）和文件服务器（192.168.

1.100)，需要为它们预留静态的 IP 地址。

具体配置过程如下。

```
R1(config)#ipdhcp pool VLAN 10
R1(dhcp-config)#network 192.168.1.0 255.255.255.0
R1(dhcp-config)#default-router 192.168.1.1
R1(dhcp-config)#dns-server 202.106.0.20 202.106.148.1
R1(dhcp-config)#lease 2
R1(config)#ipdhcp excluded-address 192.168.1.100
R1(config)#ipdhcp excluded-address 192.168.1.33

R1(config)#ipdhcp pool VLAN 20
R1(dhcp-config)#network 192.168.2.0 255.255.255.0
R1(dhcp-config)#default-router 192.168.2.1
R1(dhcp-config)#dns-server 202.106.0.20 202.106.148.1
R1(dhcp-config)#lease 2
```

8.3.4 单臂路由的缺陷

在路由器与交换机之间连接的链路，对于整个网络而言无疑是核心骨干链路，很容易成为整个网络流量的瓶颈。不仅如此，骨干链路的上端还是借助路由器的子接口实现的，这些子接口堆积在路由器的一个物理接口上，无疑给转发性能本来就不强的路由器带来了很大的压力。如果公司业务对网络流量的需求不是很大，这种缺陷可能不太明显。如果公司网络的 VLAN 数量众多，或公司业务对网络流量的需求很高，这种缺陷就尤为明显，甚至导致整个网络瘫痪。

图 8.15 很形象地展示了这一点，随着客户端 VLAN 数量的增加，将会带动路由器与交换机之间骨干链路流量的增加，而且所有 VLAN 的网关都集中在路由器的物理接口上，这给路由器增加了很大的转发压力。试想一下，若每个 VLAN 的每个数据帧都需要让路由器完成 MAC 地址的封装和 VLAN 标签的封装，这对路由器而言将是怎样的灾难？

读者也许会有这样的疑问，为什么一定要是“单臂”路由，多几个“臂”不是可以很好地缓解上述问题吗？如图 8.16 所示，为了缓解压力，在路由器的 F0/0、F0/1 两个物理接口上配置单臂路由来实现全部 VLAN 互通。

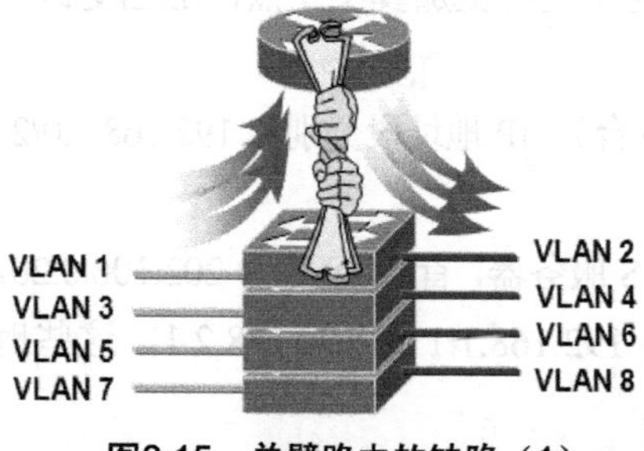

图8.15 单臂路由的缺陷（1）

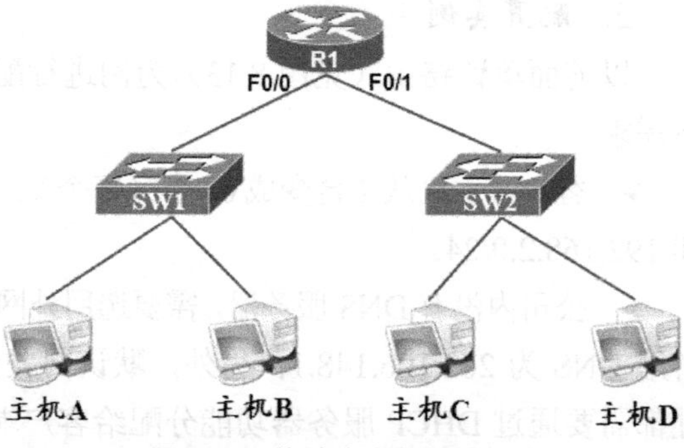

图8.16 单臂路由的缺陷（2）

这种情况下，如果图 8.16 中的客户端主机都处于不同 VLAN 的不同网段自然没有问题。但如果主机 A 与主机 C 处于同一 VLAN 的同一网段，而同一路由器上两个物理接口不能配置相同的 IP 地址，那么应该如何配置子接口的 IP 地址呢？在实际需求中，公司的 VLAN 结构往往需要调整，如员工物理位置发生变化、部门发生合并拆分等，都需要重新配置路由器的子接口地址，很不灵活，给维护工作带来了很大的麻烦。

此外还有一个问题，当网络规模相对较大时，公司网络需要的将不仅是客户端主机之间的交换，而是各个 VLAN 之间的交换。一般情况下，不同 VLAN 会配置不同的 IP 地址段，因此单靠二层交换是无法满足上述需求的。路由器虽然是三层设备，但其一般应用于网关设备，路由功能比较强大，交换能力要差很多。

一个非常现实的问题，集团分公司的路由网关中可能会有相当庞大的路由表（集团网本身较复杂），借助该路由器实现单臂路由时，即使是在分公司内部的 VLAN 之间互相通信，也需要查询整张路由表来判断数据包的走向，这将严重制约该路由器的性能。在目前的机制下，网络规模稍微大一点，就需要大幅提升路由设备本身的硬件资源，从而在成本方面造成严重的浪费。

综上所述，单臂路由的缺陷可以归纳为以下三点。

（1）“单臂”本身是网络的骨干链路，容易形成网络瓶颈。

（2）子接口依然依托于物理接口，实际应用不够灵活。

（3）每次 VLAN 间转发都需要查看路由表，严重浪费设备资源。

8.4 三层交换机

三层交换机中的三层指的是 OSI 七层中的第三层，即网络层。网络层的核心设备是路由器，而传统的交换机位于二层。把三层和交换机联系在一起，就意味着交换机可以工作在三层，可以运行路由协议。三层交换机实际上是一个普通的二层交换机和三层路由器的结合体，它同时具备二层交换特性和三层路由特性。

8.4.1 三层交换机转发原理

三层交换机通过硬件来交换和路由数据包。为了能在硬件中处理数据包的高层信息，Cisco Catalyst 交换机使用传统的多层交换（Multilayer Switching，MLS）体系结构或基于 Cisco 快速转发（Cisco Express Forwarding，CEF）的 MLS 体系结构。传统的 MLS 是一种旧特性，而所有新型的 Catalyst 交换机都支持 CEF 多层交换。

1. **传统的 MLS**

MLS 让应用专用集成电路（Application-Specific Integrated Circuit，ASIC）能够对被路由的数据包执行第二层重写操作，包括重写源 MAC 地址、目标 MAC 地址和重新计算得到的循环冗余校验码（CRC）。

支持传统 MLS 的 Catalyst 交换机使用一种 MLS 协议从 MLS 路由器那里获悉第二层

重写信息。使用传统 MLS 时，第三层引擎（路由器）和 ASIC 协同工作，在交换机上建立第三层条目。

使用传统 MLS 时，交换机将数据流中的第一个数据包转发给第三层引擎，后者以软件交换的方式对数据包进行处理。对数据流中的第一个数据包进行路由处理后，第三层引擎将对硬件交换组件进行程序处理，使之为后续的数据包选择路由。

如图 8.17 所示，处于 VLAN1 中的主机要将数据包发送给连接在 VLAN2 中的主机，这个过程需要经过以下几个步骤。

（1）VLAN1 的主机将数据包发送给默认网关——三层交换机，三层交换机上 VLAN1 的端口接收到主机发来的数据帧。在这个数据帧中，源 MAC 地址是 VLAN1 主机的 MAC 地址，目标 MAC 地址是默认网关的 MAC 地址。

（2）三层交换机的第三层引擎接收到这个数据帧后，在转发前重写数据帧的二层封装。在此之前，三层交换机首先要使用 ARP 协议来获得 VLAN2 主机的 MAC 地址。

（3）三层交换机使用 VLAN2 主机的 MAC 地址作为发送帧的目标 MAC 地址来封装数据帧，并重写 CRC 值。同时，在硬件中创建一个 MLS 条目，以便能够重写和转发这个数据流中的后续数据帧。

（4）VLAN1 主机发送给 VLAN2 主机的后续数据帧直接由三层交换机的 ASIC 进行处理，ASIC 根据刚创建的 MLS 条目重写第二层封装，并快速转发数据帧，如图 8.18 所示。

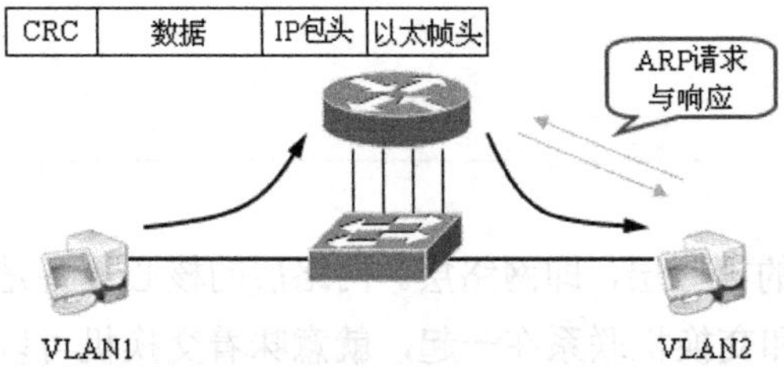

图8.17 传统的MLS（1）

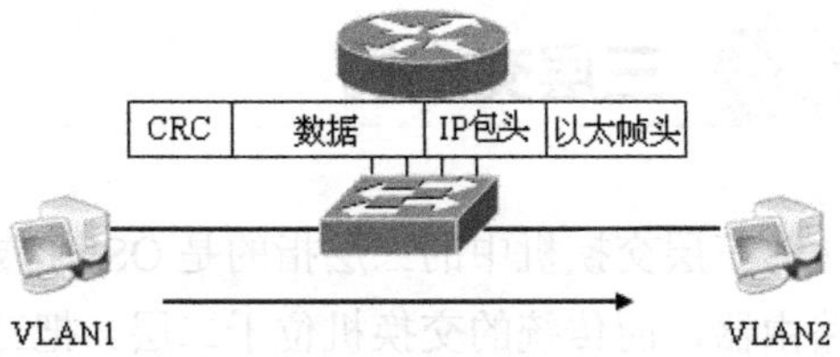

图8.18 传统的MLS（2）

这个过程常常被称为“一次路由，多次交换”。也就是说，交换机的第三层引擎只需要处理数据流中的第一个数据帧，后续的数据全部由硬件来执行转发，由此实现了三层交换机的快速转发功能。

2. 基于 CEF 的 MLS

Cisco 特快交换（Cisco Express Forwarding，CEF）技术是思科公司推出的一种全新的路由交换方案，它具有良好的交换性能、增强的交换体系结构和极高的包转发速率。CEF 是一种基于拓扑的转发模型，可预先将所有路由选择信息加入到转发信息库（Forward Information Base，FIB）中。这样，交换机就能够快速查找路由选择信息。

CEF 主要包含如下两个供转发用的信息表。

➢ 转发信息库：CEF 使用 FIB 来做出基于目标 IP 前缀的转发决策。从概念上说，FIB 类似于路由表，包含路由表中转发信息的镜像。当网络的拓扑发生变化时，路由表将被更新，FIB 也将随之变化。FIB 中包含下一跳地址信息，这些信息是根据路由表中的信息得到的。使用基于 CEF 的 MLS 时，第三层引擎和硬件交换组件都维护一个 FIB。

➢ 邻接关系表：在网络中，如果两个节点之间在数据链路层只有一跳，则它们彼此相邻。除 FIB 外，CEF 还使用邻接关系表来存储第二层编址信息。对于每个 FIB 条目，邻接关系表中都包含相应的第二层地址。和 FIB 一样，使用基于 CEF 的 MLS 时，第三层引擎和硬件交换组件都维护一个邻接关系表。

如图 8.19 所示，在使用基于 CEF 的 MLS 情况下，连接在 VLAN1 上的主机 A 要通过三层交换机将数据发送给连接在 VLAN2 上的主机 B 时，需要经过以下步骤。

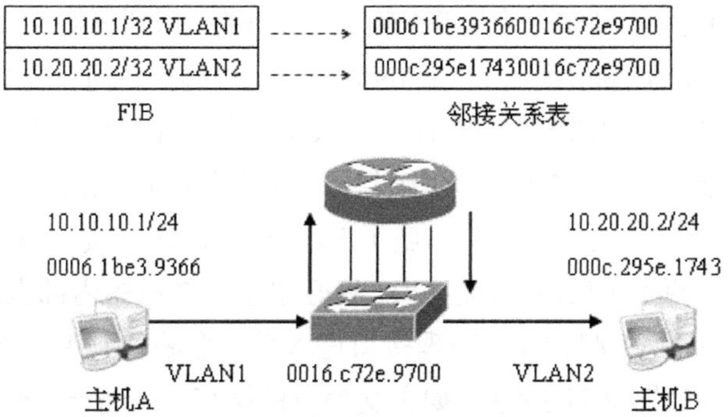

图8.19　基于CEF的MLS

（1）主机 A 发送数据包给自己的默认网关，三层交换机是主机 A 的网关，因而可接收到这个数据包。

（2）三层交换机查找 FIB，数据包的目的 IP 地址 10.20.20.2 与三层交换机直连。

（3）三层交换机查找邻接关系表并找到转发端口，在邻接关系表中，有 IP 地址与源 MAC 地址、目标 MAC 地址的对应关系。

（4）三层交换机的硬件交换组件根据邻接关系表重写数据帧的二层封装，并快速转发。

如果三层交换机接收到主机 A 发来的数据包，但邻接关系表中没有主机 B 的二层重写信息，那么三层交换机会将数据包交给第三层引擎进行处理。第三层引擎会发送 ARP 请求获取主机 B 的 MAC 地址信息，然后，将一个解析后的邻接关系条目加入到自己的邻接关系表中，硬件交换组件也将这条邻接关系条目加入到自己的邻接关系表中。

可以看出，基于 CEF 的 MLS 与传统的 MLS 的主要区别是：传统的 MLS 每个数据流的第一个数据包都要进行路由，而基于 CEF 的 MLS 在第一次路由后，就会在邻接关系表和 FIB 中保存目标信息，当有数据需要转发时，就可以直接用硬件查找邻接关系表和 FIB。

请扫描二维码观看视频讲解。

三层交换机转发原理

3. 虚接口的引入

正因为有转发机制的存在，才可以在三层交换机上实现灵活的“虚接口”机制。那么，什么是“虚接口”呢？虚接口是基于物理接口的逻辑接口，只要相关的物理接口有一个在线，该逻辑接口就永远处于 UP 状态，这在实际生产环境中具备更高的冗余性和稳定性。

在 8.3.4 节中曾提到，单臂路由的一个缺陷是依托物理接口的子接口，使其作为 VLAN 的网关很不灵活。虚接口正好可以解决这个问题。之前已学习过给交换机配置管理 VLAN，具体配置命令如下。

```
sw1(config)#interface vlan 1
sw1(config-if)#ip address 192.168.1.10 255.255.255.0
sw1(config-if)#no shutdown
```

这里的 interface vlan 1 实际上就是一个虚接口。我们并没有强调管理这台交换机需要从哪个实际的物理接口连接，其实无论从哪个物理接口连接，只要该接口可以正常通信且属于 VLAN 1（默认情况下所有接口都属于 VLAN 1），都可以远程访问管理交换机（当然需要有正确的口令），这正是虚接口的最重要特性——只要在交换机上“开启”相关 VLAN 的虚接口并配置网关 IP 地址，属于该 VLAN 的物理接口都可以动态地充当该 VLAN 的网关。

如图 8.20 所示，交换机的四个接口属于 VLAN 10，四个接口属于 VLAN 20，如果交换机已经配置了这两个 VLAN 的虚接口，就好像在交换机的内部虚拟出这两个 VLAN 的网关。当数据从属于 VLAN 10 的物理接口进入后，会映射到 VLAN 10 的虚接口，从而找到自己的网关。如图 8.21 所示，如果交换机的接口属于 trunk 模式，那么该接口将属于所有的 VLAN，交换机会查看数据帧中的标签，判断应该“转发”给哪个虚接口。

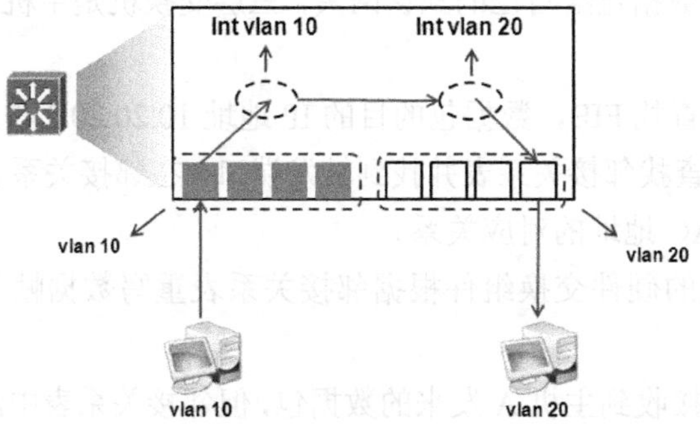

图8.20 虚接口（1）

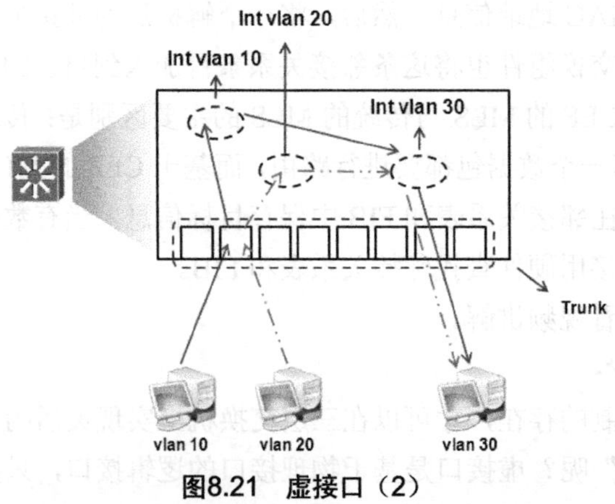

图8.21 虚接口（2）

8.4.2　三层交换机的应用

各个厂家的三层交换机的配置大同小异，本节以 Cisco 为例讲解相关配置、VLAN 间路由和 DHCP 中继的实现。

1．**配置命令**

（1）启动路由功能

三层交换机在默认情况下的配置与二层交换机相同。如果想在三层交换机上配置路由，首先需要在三层交换机上启动路由功能。配置命令如下。

Switch(config)#**ip routing**

（2）配置虚接口的 IP 地址

配置虚接口的 IP 地址的命令如下。

Switch(config)#**interface vlan** *vlan-id*

Switch(config-if)#**ip address** *ip_address netmask*

Switch(config-if)#**no shutdown**

（3）配置路由接口

三层交换机的接口默认情况下是二层接口，如果想让三层交换机与路由器之间实现点到点的连接，需要将交换机上的某个接口配置为路由接口，才能为这个接口配置 IP 地址。配置命令如下。

Switch(config-if)#**no switchport**

2．**三层交换机实现 VLAN 互通实例**

某公司拟组建网络，公司现有员工 200 人，按照部门划分为 10 个 VLAN。根据公司联网的需求，使用三层交换机实现 VLAN 之间的互通。

实验中以一台三层交换机 Catalyst 3560 和一台二层交换机 Catalyst 2960 为例，来讲解三层交换机的配置。

如图 8.22 所示，在二层交换机与三层交换机上均划分出三个 VLAN。

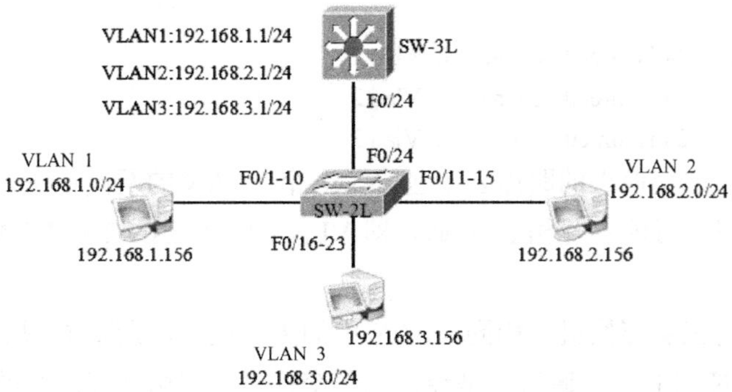

图8.22　三层交换机实现VLAN互通

具体配置步骤如下。

（1）在二层交换机上分别创建 VLAN 2、VLAN 3，分配端口到 VLAN，配置中继。

（2）在三层交换机上分别创建 VLAN 2、VLAN 3，配置中继并指定接口封装方式为

IEEE 802.1q（dot1q），命令如下。

```
SW-3L(config)#interface fastEthernet 0/24
SW-3L(config-if)#switchport trunk encapsulation dot1q
SW-3L(config-if)#switchport mode trunk
```

（3）在三层交换机上配置启动路由功能，命令如下。

```
SW-3L(config)#ip routing
```

（4）在三层交换机上配置各 VLAN 的 IP 地址，命令如下。

```
SW-3L(config)#interface vlan 1
SW-3L(config-if)#ip address 192.168.1.1 255.255.255.0
SW-3L(config-if)#no shut

SW-3L(config)#interface vlan 2
SW-3L(config-if)#ip address 192.168.2.1 255.255.255.0
SW-3L(config-if)#no shut

SW-3L(config)#interface vlan 3
SW-3L(config-if)#ip address 192.168.3.1 255.255.255.0
SW-3L(config-if)#no shut
```

（5）在三层交换机上查看路由表，命令如下。

```
SW-3L#show ip route
Codes: C - connected, S - static, R - RIP, M - mobile, B - BGP
       D - EIGRP, EX - EIGRP external, O - OSPF, IA - OSPF inter area
       N1 - OSPF NSSA external type 1, N2 - OSPF NSSA external type 2
       E1 - OSPF external type 1, E2 - OSPF external type 2, E - EGP
       i - IS-IS, su - IS-IS summary, L1 - IS-IS level-1, L2 - IS-IS level-2
       ia - IS-IS inter area, * - candidate default, U - per-user static route
       o - ODR, P - periodic downloaded static route

Gateway of last resort is not set

C      192.168.1.0/24 is directly connected, Vlan 1
C      192.168.2.0/24 is directly connected, Vlan 2
C      192.168.3.0/24 is directly connected, Vlan 3
```

可以看出，三层交换机的路由表中包含了三个 VLAN 的网段信息。

（6）验证主机是否能够互相 ping 通，即 VLAN 1、VLAN 2 和 VLAN 3 中的主机能否互相 ping 通。

二层交换机与三层交换机上相同 VLAN 中的主机通信，是通过二层交换机的中继进行的；不同 VLAN 间的主机通信，是经过三层交换机的路由功能进行的。

3. 在三层交换机上配置路由实例

在三层交换机上配置路由接口可以与普通路由器连接。路由接口类似于普通路由器上的接口，不属于任何 VLAN。

如图 8.23 所示，三层交换机使用 23 端口与路由器相连，使内部网络能够与互联网或远端分支机构连接。

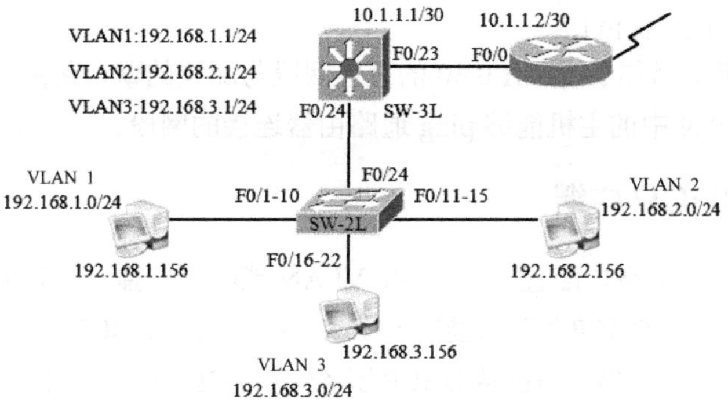

图8.23　三层交换机配置路由实例

配置步骤如下。

（1）在三层交换机上配置路由接口，并配置接口的 IP 地址，命令如下。

```
SW-3L(config)#int f0/23
SW-3L(config-if)#no switchport
SW-3L(config-if)#ip address 10.1.1.1 255.255.255.252
```

（2）在三层交换机上配置路由，命令如下。

```
SW-3L(config)#ip route 0.0.0.0 0.0.0.0 10.1.1.2
```

（3）在路由器上配置接口和路由，命令如下。

```
Router(config)#interface f0/0
Router(config-if)#ip address 10.1.1.2 255.255.255.252
Router(config-if)#no shutdown
Router(config-if)#exit

Router(config)#ip route 192.168.1.0 255.255.255.0 10.1.1.1
Router(config)#ip route 192.168.2.0 255.255.255.0 10.1.1.1
Router(config)#ip route 192.168.3.0 255.255.255.0 10.1.1.1
```

（4）验证路由条目。查看交换机的路由表，命令如下。

```
SW-3L#show ip route
Codes: C - connected, S - static, R - RIP, M - mobile, B - BGP
       D - EIGRP, EX - EIGRP external, O - OSPF, IA - OSPF inter area
       N1 - OSPF NSSA external type 1, N2 - OSPF NSSA external type 2
       E1 - OSPF external type 1, E2 - OSPF external type 2, E - EGP
       i - IS-IS, su - IS-IS summary, L1 - IS-IS level-1, L2 - IS-IS level-2
       ia - IS-IS inter area, * - candidate default, U - per-user static route
       o - ODR, P - periodic downloaded static route

Gateway of last resort is 10.1.1.2 to network 0.0.0.0

     10.0.0.0/30 is subnetted, 1 subnets
C       10.1.1.0 is directly connected, FastEthernet 0/23
C       192.168.1.0/24 is directly connected, Vlan 1
```

```
C     192.168.2.0/24 is directly connected, Vlan 2
C     192.168.3.0/24 is directly connected, Vlan 3
S*    0.0.0.0/0 [1/0] via 10.1.1.2
```

在三层交换机上增加了 10.1.1.0/30 的直连网段与配置的默认路由。此时，连接在二层交换机上各 VLAN 中的主机能够 ping 通路由器连接的网段。

8.4.3 配置 DHCP 中继

如图 8.24 所示，网络内配置了 VLAN，VLAN 能隔离广播，而 DHCP 协议需要使用广播，即：默认情况下 DHCP 协议只能在 VLAN 内部使用。DHCP 服务器位于 VLAN 100 中，就只有该 VLAN 内的客户机能从 DHCP 服务器获取 IP 地址。如果 VLAN 2 或 VLAN 3 的客户机也需要通过这台 DHCP 服务器来获取 IP 地址，应该怎么办呢？

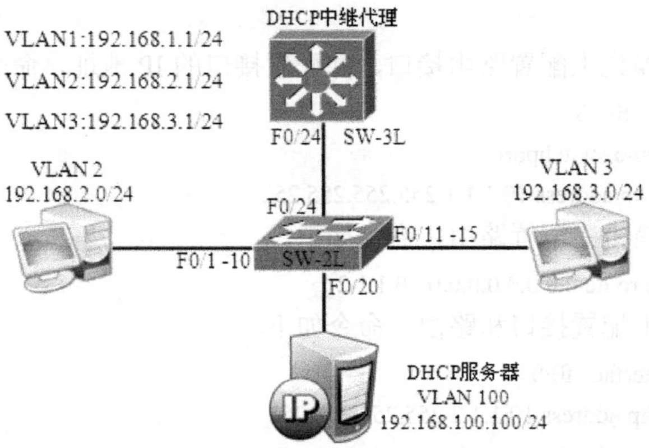

图8.24 DHCP中继的应用

解决这个问题的办法就是在三层交换机上配置 DHCP 中继转发，让三层交换机能够将 DHCP 这种特殊的广播信息在 VLAN 之间转发，让其他 VLAN 中的客户机也能从 DHCP 服务器获取 IP 地址。

1. DHCP 中继的配置

DHCP 中继的配置命令如下。

SW-3L(config-if)#ip helper-address *DHCPsrv-IPAddress*

其中，DHCPsrv-IPAddress 为 DHCP 服务器的 IP 地址。

在三层交换机上配置 DHCP 中继转发，是在其他不包含 DHCP 服务器的 VLAN 上配置实现的。SW-3L 的相关配置命令如下。

```
SW-3L(config)#interface vlan 2
SW-3L(config-if)#ip address 192.168.2.1 255.255.255.0
SW-3L(config-if)#ip helper-address 192.168.100.100      //配置 DHCP 中继
SW-3L(config-if)#no shutdown

SW-3L(config)#interface vlan 3
SW-3L(config-if)#ip address 192.168.3.1 255.255.255.0
SW-3L(config-if)#ip helper-address 192.168.100.100      //配置 DHCP 中继
```

```
SW-3L(config-if)#no shutdown

SW-3L(config)#interface vlan 100
SW-3L(config-if)#ip address 192.168.100.1 255.255.255.0
SW-3L(config-if)#no shutdown
```

有一点需要注意，DHCP 服务器上需要配置多个地址池。在本例中，包含三个 VLAN，因此有三个地址池，分别包含 192.168.2.0、192.168.3.0、192.168.100.0 三个网段，并包含各 VLAN 的网关地址。

2. DHCP 中继服务的验证

客户机自动获取 IP 地址后，可以使用“ip config”命令来查看获得的 IP 地址。

3. 配置 DHCP 中继的注意事项

（1）配置接口

在以下情形，将 DHCP 中继配置在客户端所在的网关接口上。

- 客户端网关对应的接口是路由器的子接口（单臂路由）时，DHCP 中继配置在子接口而不是物理接口。
- 客户端网关对应的接口是三层交换机的 VLAN 虚接口时，DHCP 中继配置在虚接口而不是物理接口。

（2）路由问题

- 配置 DHCP 中继的接口 IP 地址和 DHCP 服务器地址要在中继设备和 DHCP 服务器之间可路由。

本章总结

本章介绍了局域网中的隔离技术 VLAN 以及 VLAN 间的通信技术，包括单臂路由和三层交换机技术。三层交换机是局域网环境中最为常见的设备，既具备二层 VLAN 通信功能，又拥有三层路由转发功能，同时，三层交换机基于硬件的数据转发效率也是路由器无法比拟的。本章内容是与真实组网相关的技术，不仅用到了之前介绍的 OSI 七层知识，还对网络进行了抽象化，所以读者学习本章内容要结合实验多加理解。

本章作业

一、选择题

1. 以下（　　）是 VLAN 带来的最主要好处。
   A. 使交换机配置更容易　　B. 广播可以得到控制
   C. 安全性　　D. 降低交换机 CPU 的利用率
2. 对于 ISL 的说法，以下正确的是（　　）。
   A. ISL 用在接入链路上
   B. ISL 用在不同厂商的交换机间
   C. ISL 用在 Cisco 交换机的中继链路上
   D. ISL 用在交换机间的任何链路上

3．关于三层交换机基于 CEF 的 MLS 技术，以下描述错误的是（　　）。

A．CEF 主要包含两个转发用的信息表：FIB 和邻接关系表

B．CEF 的 FIB 随路由表的改变进行更新

C．CEF 的邻接关系表随路由表的改变进行更新

D．邻接关系表用于重写二层信息

二、判断题

1．局域网中使用 VLAN 的最大好处就是可以杜绝不同 VLAN 间的通信。（　　）

2．三层交换机的功能强大，但是转发效率不如路由器。（　　）

3．单臂路由通过划分子接口并配置中继来实现不同 VLAN 间的通信。（　　）

4．网络中如果没有 DHCP 服务器，可以通过配置三层交换机的 DHCP 中继实现 IP 地址的分配。（　　）

三、简答题

1．使用 VLAN 的好处有哪些？

2．交换网络中有哪两种链路类型？区别是什么？

3．实现 VLAN 间通信的方式有哪几种，各有什么特点？

第9章

设备管理

技能目标

- 了解路由器的硬件组成
- 掌握路由器的启动过程
- 恢复路由交换设备的密码
- 了解交换机 IOS 备份、恢复、升级的方法
- 了解 Cisco 路由器、交换机产品体系

网络管理员在刚刚入行时，总要从最基础的工作做起，设备的管理就是其中之一。给设备配置本地管理或远程管理密码，忘记密码时进行密码恢复，保存和备份设备的IOS以及配置文件等工作都是需要网络管理员掌握的，本章将要学习的内容就是围绕这些主题展开的。

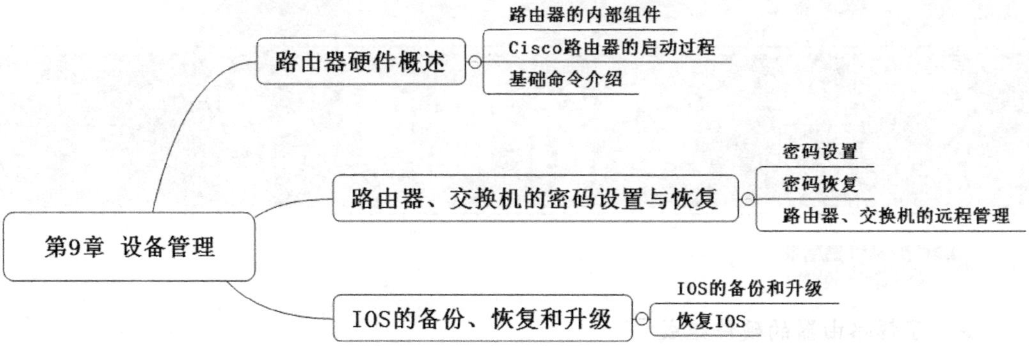

9.1 路由器硬件概述

9.1.1 路由器的内部组件

前面学习了如何对路由设备进行基础配置，并学习了静态路由的配置方法。本节将就设备的内部结构进行细致地讲解，为了便于理解，可以将路由器简单地看作一台没有输入/输出设备的计算机，它也有相应的处理器、存储器等，以支持内部系统的运行。

1. 处理器

与计算机一样，运行着IOS的路由器也包含着一个“中央处理器”（CPU），不同系列和型号的路由器所用的CPU也不尽相同。路由器的处理器负责执行处理数据包所需的工作，如路由发现、路由转发以及做出路由决策等。路由器处理数据包的速度在很大程度上取决于处理器的类型。

2. 存储器

路由器都安装了某种形式的存储器，主要有以下4种类型。

➢ RAM：随机访问存储器，相当于计算机的内存。在RAM中包含路由器得以工作的软件和数据结构，RAM中运行的主要软件是IOS映像和配置文件（running-config），还包含路由表和数据缓冲区。RAM具有易失性，一旦断电，所存储的内容会丢失。

➢ ROM：只读存储器。在ROM中驻留了用于启动和维护路由器基本功能的一些微代码，如Bootstrap和POST代码。ROM具有非易失性，即使关闭电源也不会丢失内容。

➢ Flash：闪存，相当于计算机的硬盘，主要用于存储 IOS 软件映像，维持路由器的正常工作。只要闪存容量足够，便可保存多个 IOS 映像，以提供多重启动选项。闪存具有非易失性，即使关闭电源其存储的内容也不会丢失。

➢ NVRAM（Non-Valatile RAM）：非易失性的随机访问存储器，主要用于存储启动配置文件（startup-config）。即使关闭电源，NVRAM 存储的内容也不会丢失。当路由器关闭电源时，NVRAM 将靠内置的电池来维持数据。在 NVRAM 中还有一个重要的部分是 Configuration Register（配置寄存器），它用来控制路由器启动。

9.1.2　Cisco 路由器的启动过程

路由器加电或启动的事件顺序是很重要的，掌握这方面的知识有助于完成路由器的操作任务，排除路由器的故障。图 9.1 所示为路由器加电后的启动过程。

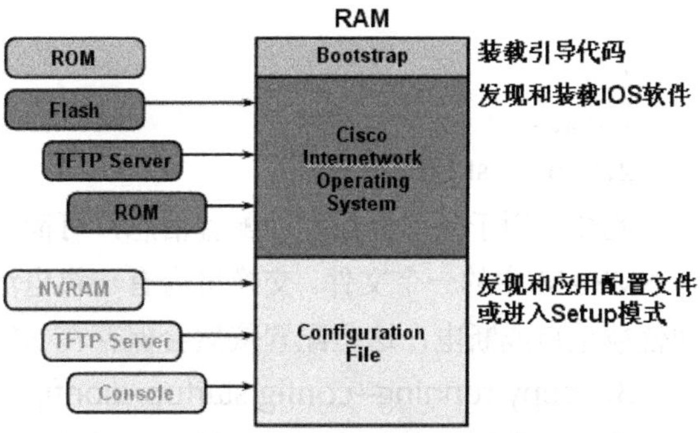

图9.1　路由器的启动过程

1．加电自检

加电自检（POST）实际上是一系列的硬件自检，以验证路由器的所有部件是否能正常工作。在检测期间，路由器将决定哪个硬件将要运行。POST 负责执行驻留在系统 ROM 中的微代码。

2．装载运行自主引导代码

自主引导（Bootstrap）代码用于执行后续事件，如查找、装载并运行 IOS 软件。在 IOS 装载并运行之后，自主引导代码直到路由器下次重载或加电时才被再次使用。

3．查找 IOS 软件

闪存是存放 IOS 映像的位置，配置寄存器和配置文件（在 NVRAM 中）可以帮助查找 IOS 映像的位置，并且决定用什么映像文件来引导。

4．装载 IOS 软件

在 Bootstrap 找到合适的 IOS 软件后，它将 IOS 软件装入 RAM 并且开始运行。

5．寻找配置

默认在 NVRAM 中寻找有效的配置。如果在 NVRAM 中没有找到配置，就尝试从 TFTP 服务器中寻找配置。如果还没有找到，就进入 Setup 模式。

9.1.3　基础命令介绍

1．show running-config

此命令用于查看交换机当前配置信息，可简写为 sh run。执行此命令可以查看对交换机进行的所有修改和配置，示例如下。

```
sw1#sh run
Building configuration……
Current configuration : 887 bytes
```

```
!
version 12.4
service timestamps debug datetime msec
service timestamps log datetime msec
no service password-encryption
!
hostname sw1                                         //修改后的主机名称
!
boot-start-marker
boot-end-marker
!
!
--More--
```

2. show startup-config

此命令用于显示已保存的配置信息，可简写为 sh star。startup-config 实际上是保存在 NVRAM 中的一个文件。交换机内有一块电池可以为 NVRAM 持续供电，所以交换机即使被重启或断电，这些配置依然会保存在 NVRAM 中。

3. copy running-config startup-config

此命令用于保存当前配置信息。虽然对交换机所做的配置会即时生效，但如果重新启动，这些更改后的配置便会全部丢失。这就需要用到命令 copy run star 来保存当前配置信息，即复制 RAM 中的 running-config 文件到 NVRAM 中的 startup-config 文件。这样做的好处是对交换机所做的配置内容会被保存下来，即使交换机重新启动，也能恢复到配置后的状态。还有一条命令与这个命令等效，即 write（简写为 wr）。

保存前的配置如下。

```
sw1#sh star
startup-config is not present
sw1#copy run star
Destination filename [startup-config]?
Building configuration...
[OK]
```

保存后的配置如下。

```
sw1#sh star
Using 887 out of 129016 bytes
!
version 12.4
service timestamps debug datetime msec
service timestamps log datetime msec
no service password-encryption
!
hostname sw1
!
boot-start-marker
```

```
boot-end-marker
!
```

4. erase nvram

此命令用于删除已保存的配置信息，等效于“delete nvram：startup-config”。

```
sw1#erase nvram:
Erasing the nvram filesystem will remove all configuration files! Continue? [confirm]
[OK]
Erase of nvram: complete
sw1#sh star
startup-config is not present
```

9.2 路由器、交换机的密码设置与恢复

9.2.1 密码设置

路由器、交换机都是关键的网络设备，因此它们的安全很重要。为它们设置密码是防止非法访问的常用方法。密码的种类较多，并且密码是区分大小写的。本节介绍 Console 口密码和特权模式密码的配置方法。

1. **配置 Console 口密码**

给路由器、交换机配置密码的方法是相似的，下面以交换机为例来配置 Console 口密码。

```
sw1(config)#line console 0
sw1(config-line)#password cisco
sw1(config-line)#login
```

完成配置后，可以在配置信息里查看到如下内容。

```
sw1# show run
……
line con 0
 password cisco
 login
……
```

当从 Console 口配置交换机时，交换机会提示输入密码，如果输入不正确将无法配置交换机。

```
User Access Verification
Password:
Password:
Password:
sw1>
```

2. **配置特权模式密码**

配置特权模式密码的命令如下。

```
sw1(config)# enable password cisco0
```

或者用下列命令配置。

```
sw1(config)# enable secret cisco
```

这两条命令的区别在于，前者配置的密码是明文的，而后者配置的密码是加密的，这一点可以从“show run”命令输出的信息中看到。

```
sw1# show run
Building configuration……

Current configuration : 1002 bytes
!
version 12.4
service timestamps debug datetime msec
service timestamps log datetime msec
no service password-encryption
!
hostname sw1
!
boot-start-marker
boot-end-marker
!
enable secret 5 $1$Q0y4$Yw6AnV7NiiMwGmJsuGETo1
enable password cisco0
……
```

当两个密码都配置好后，将只有 secret 密码生效，而 password 密码不生效。

当进入特权模式时，交换机会提示输入密码。如果密码输入错误，将无法进入特权模式；只有输入正确的密码 cisco，才能进入特权模式。

```
sw1>en
password:
sw1#
```

3. ***配置加密明文密码***

像 Console 口密码、enable password 密码，还有即将学到的虚拟类型终端（Virtual Type Terminal，VTY）密码在配置信息中都是以明文形式显示的，可以使用“show run”命令查看，但很不安全，所以在实际工作中一般使用“service password-encryption”命令加密这些明文密码。

```
sw1(config)# service password-encryption
```

再通过“show run”命令查看密码，可以看到全是加密的了。

```
sw1# show run
Building configuration……

Current configuration : 1002 bytes
!
version 12.4
```

```
service timestamps debug datetime msec
service timestamps log datetime msec
service password-encryption
!
hostname sw1
!
boot-start-marker
boot-end-marker
!
enable secret 5 $1$Q0y4$Yw6AnV7NiiMwGmJsuGETo1
enable password 7 060506324F41
……
!
line con 0
 password 7 070C285F4D06
 login
!
```

注意

Cisco 设备密码不能以空格开始。例如，密码“ 123456 ”在配置完成以后就是“123456”。

9.2.2 密码恢复

在日常管理和维护网络的工作中，可能会遇到如下两种情况。

- 管理员忘记设备的密码，不能对设备进行调试。
- 刚到一个新公司负责网络管理，前面的管理员没有交接设备的密码，公司设备的密码无从得知。

当遇到以上情况时，就需要对设备进行密码恢复。对路由器、交换机进行密码恢复的步骤是不同的，下面分别以 Cisco 2811 路由器、Cisco 2960 交换机为例，介绍如何进行密码恢复。

1. 路由器的密码恢复

忘记路由器的 enable 密码，就不能进入特权模式，也就无法对路由器执行配置。这时如果要重新配置路由器，必须使路由器在启动时绕过 startup-config 的配置（enable 密码保存在 startup-config 中），然后重新配置 enable 密码。

要使路由器在启动时绕过 startup-config 的配置，只能修改配置寄存器的值。正常情况下，配置寄存器的值是 0x2102（0x 代表十六进制），把 2102 换算成二进制为 0010.0001.0000.0010，其中第 6 位（从右边数）可以控制路由器启动时的顺序。如果该位为 0，表示在启动时运行 startup-confg 的配置；如果该位为 1，表示在启动时忽略 startup-config

的配置，进入 Setup 模式。当该位为 1 时，配置寄存器的值应为 0x2142。下面来看看密码恢复的具体过程。

（1）重启路由器，同时按下 Ctrl+Break 组合键中断 IOS 的加载，路由器将进入 ROM Monitor 模式。

（2）将配置寄存器的值更改为 0x2142，表示在启动时忽略 startup-config 的配置。

```
rommom>confreg 0x2142
rommom>reset
```

（3）路由器将再次重启，由于更改了配置寄存器的值，路由器将无法加载配置文件，因此也就不会再要求输入登录密码。

（4）进入配置模式后，将配置文件手动加载进来。

```
Router#copy startup-config running-config
```

（5）通过“show run”命令查看路由器配置了哪些密码，然后逐一更改密码。

（6）修改配置寄存器的值，并保存配置。

```
Router(config)#config-register 0x2102
Router(config)#exit
Router#copy running-config startup-config
```

2．交换机的密码恢复

Cisco 交换机的出厂设置默认是没有密码的，各种密码都是后来设置的。交换机的密码被保存在 Flash 中的配置文件 config.text 里，可以通过命令“dir”来查看。

```
Switch# dir
Directory of flash:/
    2   -rwx   676    Mar 1 1993 05:44:43 +00:00   vlan.dat
    3   -rwx     5    Mar 1 1993 06:47:52 +00:00   config.text
    5   -rwx     5    Mar 1 1993 06:47:52 +00:00   private-config.text
    7   drwx   256    Mar 1 1993 02:08:25 +00:00   c2960-lanbase-mz.122-35.SE5
```

信息中显示的 config.text 就是配置文件，只要启动时绕过 config.text 的加载就可以配置交换机。

可以将 config.text 改名，让系统在加载配置文件时找不到它，这样交换机在启动后就会恢复出厂设置，登录交换机也就不需要密码。但需要注意的是，进入 IOS 后，要把原来的配置恢复回来，再把密码改成自己的。

下面来看看密码恢复的具体过程。

（1）拔掉交换机的插头。

因为 Cisco 2960 交换机没有电源开关，所以只能切断电源来重启交换机。

（2）重新插好电源后，立刻按住交换机上的 mode 键，当看到配置界面出现“switch:”命令提示符，便可松开 mode 键。这表示已经进入到一个专门用来完成故障恢复的简单 IOS，由于没有密码，正常的 IOS 无法进入，所以只能先在这里进行一些参数设定。

```
The password-recovery mechanism is enabled.

The system has been interrupted prior to initializing the
```

```
flash filesystem.  The following commands will initialize
the flash filesystem, and finish loading the operating
system software:

    flash_init
    boot

switch:
```

（3）使用上面提示的命令"flash_init"初始化 Flash。

```
switch: flash_init
Initializing Flash...
flashfs[0]: 350 files, 5 directories
flashfs[0]: 0 orphaned files, 0 orphaned directories
flashfs[0]: Total bytes: 15998976
flashfs[0]: Bytes used: 8311296
flashfs[0]: Bytes available: 7687680
flashfs[0]: flashfs fsck took 16 seconds.
...done Initializing Flash.
Boot Sector Filesystem (bs:) installed, fsid: 3
switch:
```

（4）将 config.text 文件名改成 config.old。

```
switch：rename flash:config.text flash:config.old
```

这样，系统在重启时就不会再加载该配置文件，当然也就不用输入密码。

（5）重启交换机。

```
switch:boot
```

现在可以进入 IOS，但是到了这步，密码恢复并没有完成，因为在配置文件里不只存有密码，还有很多其他的参数需要设定，必须恢复这些参数。

（6）把配置文件的名称改回来。

```
switch# rename flash:config.old flash:config.text
```

（7）手动加载配置文件。

```
switch# copy flash:config.text system:running-config
```

（8）配置文件加载完成后，还需要进入配置模式修改密码，最后保存配置，才能完成密码的恢复。

9.2.3 路由器、交换机的远程管理

上节讲解的密码恢复需要在本地进行，但不是所有的配置都必须在本地进行。在实际工作中，不可能设备一出问题，网络管理员就到机房插上 Console 口配置，这样很不方便。况且，有些机房不能轻易进去，所以要借助 Telnet 协议对交换机进行远程管理。

1. 配置管理 IP 地址

由于路由器是三层设备，可以在其接口上配置 IP 地址，所以直接使用接口地址作为管理 IP 地址即可。

对二层交换机而言，必须配置管理 IP 地址。

如图 9.2 所示，需要通过管理员主机远程管理一台 Cisco 2960 交换机。实现远程管理任务，需要满足如下两个条件。

- 在 Cisco 2960 上配置管理 IP 地址。
- 在 Cisco 2960 上配置 VTY 密码。

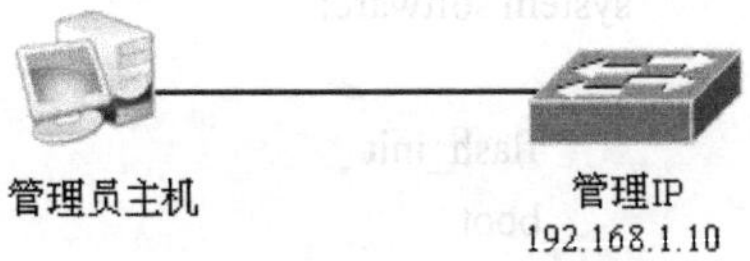

图9.2 管理一台交换机

假设管理 IP 地址是 192.168.1.10，配置命令如下。

```
sw1(config)# interface vlan 1          //vlan1 是一个虚接口，以后会详细讲解
sw1(config-if)# ip address 192.168.1.10 255.255.255.0
sw1(config-if)# no shutdown
```

这相当于在交换机上配置了一个 IP 地址，管理员可以 telnet 这个 IP 地址以登录到交换机上进行配置。对于二层设备，这个配置很重要，因为在二层设备上无法配置各种接口的 IP 地址，所以管理员只能通过这个 IP 地址管理二层设备。

2. **配置 VTY 密码**

远程 telnet 登录一台设备时，可以通过 VTY 密码进行验证。由于不希望非法用户远程登录到自己的设备进行配置，所以配置 VTY 密码是必需的。而且基于安全考虑，在 Cisco 的设备上若没有配置 VTY 密码也是无法实现远程登录的，具体配置如下。

```
sw1(config)# line vty 0 4
sw1(config-line)# password cisco
sw1(config-line)# login
```

和前面学的 Console 口密码配置类似，其中"line vty 0 4"表示允许同时进入 VTY0、VTY1、VTY2、VTY3、VTY4 这 5 个虚拟端口，"vty 0 4"表示从 VTY0 到 VTY4 这 5 个虚拟控制台。

下面来看一下 PC 远程登录交换机的过程。

（1）在 PC 命令行窗口中输入以下命令。

```
C:\> telnet 192.168.1.10
```

（2）接下来会显示以下内容。

```
User Access Verification
      Password:
      switch> en
      % No password set
      switch>
```

输入密码"cisco"登录到交换机的用户模式，可以看到输入"en"后并没有进入特权模式，这是由于远程访问交换机必须配置特权模式密码。

通过"enable secret cisco1"命令配置特权模式密码后再次登录，如下所示。

```
User Access Verification
      Password:
      switch> en
      Password:
      switch#
      switch# conf t
```

```
Enter configuration commands, one per line. End with CNTL/Z.
switch(config)#
```

这样就可以成功登录到每一个模式，就像用 Console 口配置一样。

路由器也可以通过 VTY 与 Telnet 进行远程管理。

3. 配置默认网关

如果管理员主机与要管理的交换机不在同一网段，就必须给交换机指定默认网关，否则无法实现远程登录。如图 9.3 所示，管理员主机与交换机 SW2 不在同一网段，现在要对交换机 SW2 进行远程管理。

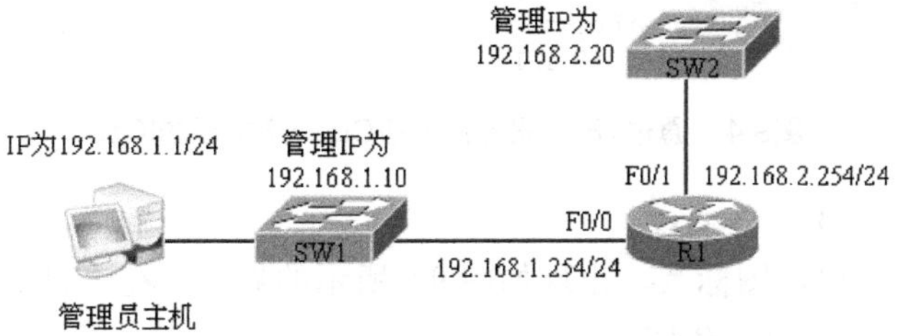

图9.3　配置默认网关示意图

必须在交换机 SW2 上配置默认网关为 192.168.2.254，命令如下所示。

```
sw2(config)# ip default-gateway 192.168.2.254
```

然后，就可以在管理员主机上远程管理交换机 SW2。

思考

从远程管理不同网段的一台交换机时，为什么要给交换机配置默认网关呢？

9.3 IOS 的备份、升级和恢复

在使用路由器和交换机的过程中，对 IOS 进行备份、升级和恢复是网络管理员的重要工作。

9.3.1 IOS 的备份和升级

备份和升级 IOS 的方式有两种：TFTP 和 FTP。

TFTP 传输 IOS 方便快捷、配置简便，现在仍然被广泛使用，但是也存在一定的局限性，主要是由于 TFTP 协议本身造成的，它要求传输的文件不能超过 32MB，但是很多新版的 IOS 文件已经超出这个限制，如果仍然使用 TFTP 协议，传输将无法完成。

Cisco IOS Release 12.0 开始使用 FTP 方式在设备和服务器间传输文件。由于 FTP 协议是基于传输层的 TCP 协议，因此在传输效率和稳定性方面有了很大的提高。

注意

Cisco IOS Release 12.0 版本之前的 Cisco 设备不支持 FTP 传输 IOS 的方式。

1. 通过 TFTP 升级 Cisco 路由器的 IOS

如图 9.4 所示，通过 TFTP 服务器升级 Cisco 路由器的 IOS，具体操作步骤如下。

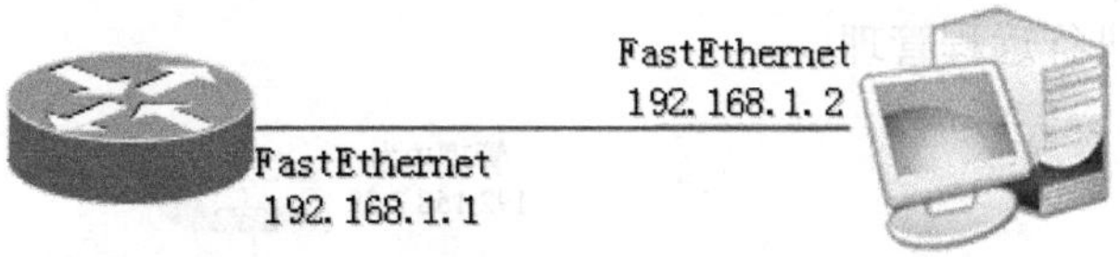

图9.4　通过TFTP服务器升级Cisco路由器的IOS

（1）运行 Cisco TFTP Server

如图 9.5 所示，单击图标，出现如图 9.6 所示的界面，在“TFTP 服务器根目录”中选择新版 IOS 文件的存放位置。

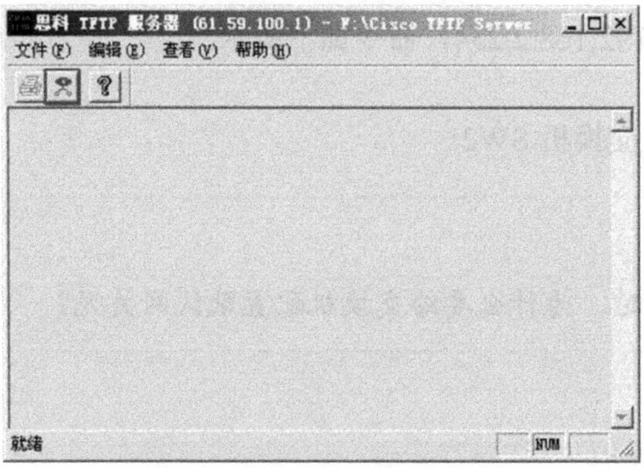

图9.5　Cisco TFTP软件界面

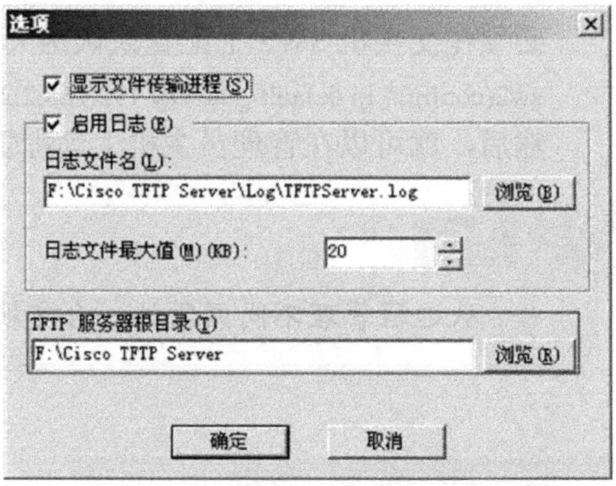

图9.6　Cisco TFTP工具选项界面

（2）升级路由器的 IOS

```
Router# copy tftp flash
Address or name of remote host [] ? 192.168.1.2                        //TFTP 服务器 IP 地址
Source filename [] ? c2800nm-ipbase-mz.123-6e.bin                      //复制的文件名
Destination filename[c2800nm -ipbase-mz.123-6e.bin] ? (回车)          //复制到设备上的文件名
```

按 Enter 键确认后，将出现一排排的感叹号，表明新的 IOS 文件正在传输到 Flash 中。如果要备份 IOS，则需要运行以下命令。

```
Router# copy flash tftp
```

2. 通过 FTP 升级 Cisco 路由器的 IOS

如图 9.7 所示，通过 FTP 服务器升级 Cisco 路由器的 IOS，具体操作步骤如下。

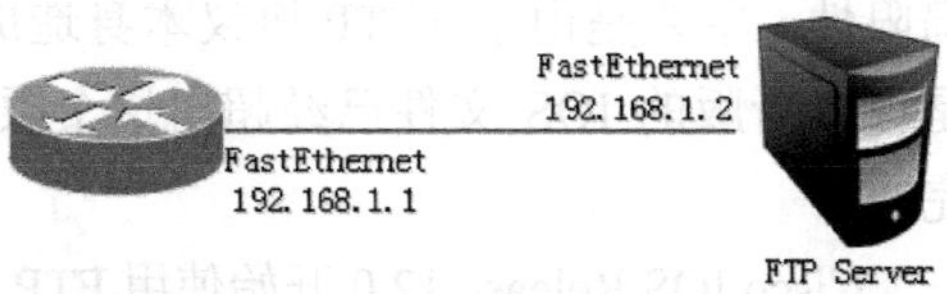

图9.7　通过FTP服务器升级Cisco路由器的IOS

（1）配置 FTP 服务器

指定 IOS 文件的存放位置（主目录）以

及登录的用户名和密码，如用户名为 benet，密码为 cisco。

（2）在路由器上配置登录 FTP 的用户名和密码

```
Router(config)# ip ftp username benet
Router(config)# ip ftp password cisco
```

后续的配置过程和 TFTP 的配置过程类似，唯一的区别在于，传输协议使用的是 FTP。

```
Router# copy ftp flash
Address or name of remote host [] ? 192.168.1.2
Source filename [] ? c2800nm -ipbase-mz.123-6e .bin
Destination filename[c2800nm -ipbase-mz.123-6e.bin] ? (回车)
```

思考

如何通过 TFTP 或 FTP 备份 Cisco 路由器的配置文件？

为 Cisco 设备升级 IOS 时，若 Flash 空间不足，应如何处理？

当 Cisco 设备的 Flash 中存在多个 IOS 镜像时，如何指定设备启动时使用哪个 IOS 文件？

9.3.2 恢复 IOS

在实际工作中，有时由于对设备的误操作会导致 IOS 文件损坏或丢失，造成无法加载 IOS，此时就需要对 IOS 进行恢复。图 9.8 所示为使用 Cisco 交换机恢复 IOS 故障的拓扑图。

图9.8　Cisco交换机恢复IOS故障

（1）连接交换机与主机

用 Console 线将交换机的 Console 口与主机的 COM 口相连。

（2）初始化 Flash

由于设备的 IOS 文件已经损坏，所以加载 IOS 的过程也必然失败，配置界面中会出现提示符“switch :”。在该提示符下输入命令“flash_init”，对 Flash 进行初始化。

```
Switch:flash_init
InitialiaingFlash……
```

（3）通过 Xmodem 协议传输 IOS 文件

```
Switch: copy Xmodem: flash: c2960-lanbase-mz.122-35.se5.bin
```

按 Enter 键确认后，配置界面中会不断出现字母“C”，表明设备已经准备好接收 IOS 文件。

（4）设置超级终端的 Xmodem 选项

在超级终端的“发送”菜单中，选择“发送文件”，在弹出的对话框中选择 IOS 文件路径和 Xmodem 协议，如图 9.9 所示。

单击“发送”按钮便开始传输文件，传输时间可能会较长，传输成功会出现如下提示。

File"Xmodem:" successfully copied to "flash:c2960-lanbase-mz.122-35.se5.bin"

（5）重启交换机

Switch:boot

这样就完成了 IOS 文件的恢复。

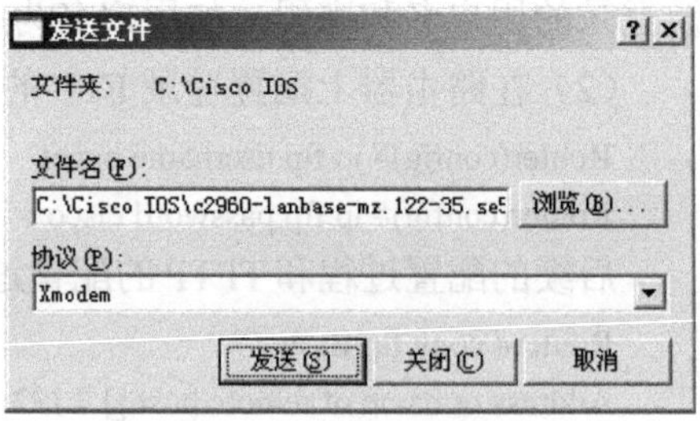

图9.9 “发送文件”对话框

本章总结

本章介绍了有关设备管理方面的知识。在实际工作中，一旦网络出现故障，大部分服务都将停止，所以对网络设备的管理就显得至关重要。虽然网络设备在出厂时都做过老化测试，大多也相对稳定，但是一旦出现问题，其影响也将是毁灭性的，所以具备网络设备的管理能力，是对网络维护人员的基本要求，需要认真学习并掌握要领。

本章作业

一、选择题

1．下列关于 c2800nm-ipbase-mz.124-3i.bin 的描述中，错误的是（　　）。

A．c2800nm 表示硬件平台为 Cisco 2800 系列路由器

B．ipbase 表示该设备基于 IP 传输数据

C．m 表示在 RAM 中运行，z 表示 IOS 文件采用 ZIP 格式压缩

D．.bin 表示 IOS 文件扩展名

2．为一台 Cisco 2811 路由器配置特权模式的加密密码为 cisco，以下命令正确的是（　　）。

A．enable password cisco　　B．password cisco

C．enable secret cisco　　D．secret cisco

3．将一台 Cisco 2811 路由器的配置寄存器的值更改为（　　），表示在启动时忽略 startup-config 的配置。

A．0x2102　　B．0x2120　　C．0x2124　　D．0x2142

二、判断题

1．路由器的 startup-config 配置信息存储在 Flash 中。（　　）

2．路由器的 running-config 配置信息存储在 RAM 中。（　　）

3．执行 wr 命令可以删除已保存的配置信息。（　　）

4．执行“copy ftp flash”命令可以备份路由器 IOS。（　　）

三、简答题

1．路由器内部包括哪些硬件组件？

2．列表比较路由器中的 4 种存储器及其存储的主要数据。

3．“copy tftp flash”命令的作用是什么？